普通高等教育工程训练通识课程系列教材

基础工程训练项目集

主　编　高　琪　黄　瑞

副主编　李　颖　刘　赛　严剑刚

参　编　高　鸣　蓝　雪　吴飞科

　　　　杨国策　朱春鸯　贾立新

主　审　胡庆夕

机械工业出版社

本书是针对普通高等学校工程训练课程的教材。本书是根据《上海市普通高等学校工程实践教学规程》的基本要求编写的。全书共分四个单元：制造技术基础实践、先进制造技术实践、电工电子基础实践以及综合创新实践。全书共有 19 个模块，每个模块都包含若干个典型的实践项目。全书按实践项目分开编写，围绕项目介绍基本理论和实践操作，倡导"做中学"的教学模式，便于教学人员组织教学及学生训练，可操作性强。

本书可作为普通高等工科院校各专业工程训练或金工实习的指导用书，也可作为高职高专类院校工科各专业金工实习指导用书，还可供有关工程技术人员参考。

图书在版编目（CIP）数据

基础工程训练项目集/高琪，黄瑞主编. —北京：机械工业出版社，2017.8
（2021.8 重印）
普通高等教育工程训练通识课程系列教材
ISBN 978-7-111-56976-3

Ⅰ.①基… Ⅱ.①高…②黄… Ⅲ.①基础（工程）–高等学校–教材
Ⅳ.①TU47

中国版本图书馆 CIP 数据核字（2017）第 146296 号

机械工业出版社（北京市百万庄大街 22 号 邮政编码 100037）
策划编辑：丁昕祯 责任编辑：丁昕祯 安桂芳 王 荣 任正一
责任校对：张 薇 封面设计：张 静
责任印制：郜 敏
北京富资园科技发展有限公司印刷
2021 年 8 月第 1 版第 4 次印刷
184mm×260mm · 17.25 印张 · 423 千字
标准书号：ISBN 978-7-111-56976-3
定价：42.80 元

电话服务   网络服务
客服电话：010-88361066   机 工 官 网：www.cmpbook.com
　　　　　010-88379833   机 工 官 博：weibo.com/cmp1952
　　　　　010-68326294   金 书 网：www.golden-book.com
封底无防伪标均为盗版 机工教育服务网：www.cmpedu.com

前　言

本书根据《上海市普通高等学校工程实践教学规程》的基本要求，在传统加工技术的基础上，增加了现代加工技术（数控加工技术、现代测量技术、激光加工技术、快速成型等）、电工电子技术（照明电路、交流电动机、电子技能实训、可编程序控制器等）和综合创新实践。

本书融合了实践教学改革的新成果，是传统金工实习教材的延续与发展。与目前已出版的同类教材相比，本书具有以下主要特色与创新点。

1. 内容丰富，实用性强。本书内容包括制造技术基础实践、先进制造技术实践、电工电子基础实践和综合创新实践。全书遵循实践教学规律，密切结合各教学环节，以实用为原则进行内容组织。图文并茂，形象直观，可操作性强。

2. 全书以项目引导基础实践教学过程，倡导"做中学、学中做"的教育理念。全书共有19个模块，每个模块都包含若干个典型的实践项目，便于组织教学与学生训练。

3. 强调综合。本书设置综合创新实践项目，将机与电有机结合，引导学生用多学科交叉融合的视角独立思考，起到锻炼学生综合实践创新能力的作用。

4. 强调工艺。本书着重工艺分析能力的培养，在每个实践训练前，都设有问题与思考，目的是引导学生能够带着问题来实训，给学生更多的独立思考及创造性运用知识的机会。

本书共分四个单元、19个模块。参加编写的有高琪（模块一中项目一～项目八），黄瑞（模块十四、模块十五、模块十六），李颖（模块三、模块十八、模块十九），刘赛（模块二、模块十），严剑刚（模块六、模块七），高鸣（模块一中项目九～项目十二、模块十二），蓝雪（模块八），杨国策（模块十三），吴飞科（模块四、模块五、模块九），朱春莺（模块十七），贾立新（模块十一）。本书由高琪、黄瑞担任主编，并负责全书统稿，由上海大学工程训练中心主任胡庆夕教授担任主审。

本书的编写得到了很多同仁的大力支持，在此表示衷心的感谢。在编写过程中参考了大量的相关教材和资料，借鉴了兄弟院校工程训练的教学改革成果，在此也向他们表示真诚的感谢！

由于编者水平有限，书中难免有不当和错误之处，望读者批评指正。

编　者

目　　录

第一单元　制造技术基础实践

模块一　普通车削加工训练

一、训练模块简介

普通车削是传统机械加工工种之一，车削加工时，工件旋转作为主运动，刀具相对于工件的移动作为进给运动，完成各类回转体表面加工的工种。如果在车床上装上一些附件和夹具，还可以进行镗削、磨削、研磨和抛光等，加工范围很广，如图 1-1 所示。车削加工零件的尺寸公差等级可达 IT12～IT7，表面粗糙度 Ra 值可达 12.5～0.8 μm。

学生通过本训练模块的实践训练，掌握各类型面的操作要领及量具的合理使用，工件的各种装夹方法，刀具的合理运用，切削参数的合理选择，为编写正确的加工工艺与创新实践打好基础。

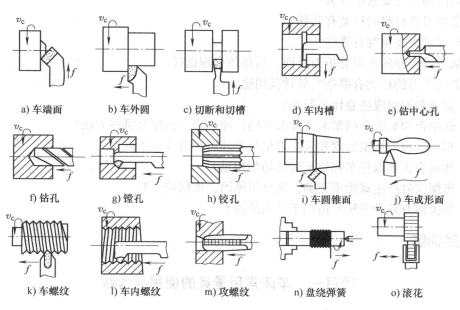

a) 车端面　　b) 车外圆　　c) 切断和切槽　　d) 车内槽　　e) 钻中心孔

f) 钻孔　　g) 镗孔　　h) 铰孔　　i) 车圆锥面　　j) 车成形面

k) 车螺纹　　l) 车内螺纹　　m) 攻螺纹　　n) 盘绕弹簧　　o) 滚花

图 1-1　车床主要加工范围

二、安全技术操作规程

1. 卡盘扳手必须随手取下，以免开车时飞出造成事故。

2. 车削时勿将头部正对工件旋转方向，以免切屑飞出伤人。

3. 开车前必须检查机床各手柄及运转部分是否正常，并在指定部位加油润滑，保证机床内油路畅通。

4. 机床导轨上严禁放置工具、刀具、量具及工件。

5. 必须停车变速，机床运转时，严禁变速，须待机床停稳后方可变速，以免损坏齿轮。

6. 操作前，必须穿戴好工作服或防护用具，不准穿大衣、戴围巾；不准穿凉鞋、拖鞋、高跟鞋；不准穿短裤、裙子；女学生要戴好工作帽，并将发辫纳入帽内。

7. 操作旋转机床不准戴手套，机床运转时，严禁用手触摸工件及运转部分或测量工件，切削中不得用棉纱擦工件和刀具。

8. 安排多人使用一台设备，操作时必须由一人独立完成，不得进行配合操作，以免发生安全事故。

9. 操作结束后，必须及时切断设备电源。

三、问题与思考

1. 车床主要由哪几部分组成？各有什么功能？

2. 车床上常用切削方法有哪些？

3. 刀架由哪些部件组成？各部件的用途是什么？

4. 什么是主运动和进给运动？

5. 切削用量三要素指什么？

6. 常用刀具材料的种类有几种？

7. 车刀的主要角度有哪些？

8. 从刀具寿命的角度分析刀具前、后角的合理选择。

9. 常用车刀的种类有哪些？简述其用途。

10. 安装车刀时应注意什么问题？

11. 低阶台和高阶台的车削有什么不同？控制阶台长度有哪些方法？

12. 车端面时的切削速度和背吃刀量与车外圆时有什么不同？

13. 如何合理选取粗车和精车时的切削用量？

14. 车螺纹时产生螺距不正确，试分析原因，如何防止？

15. 车锥体有几种方法？适用于什么范围？

四、实践训练

项目一 车床常用量具的使用与读数

1. 训练目的和要求

掌握游标卡尺与千分尺测量方法与读数。

2. 实践训练

（1）游标卡尺

1）游标卡尺的结构与读数。游标卡尺用于测量内径、外径、长度、宽度和深度，测量的精度较高，测量的准确度（分度值）有 0.1mm、0.05mm、0.02mm，即 1/10、1/20、1/50三种。游标卡尺的结构及读数如图1-2所示。

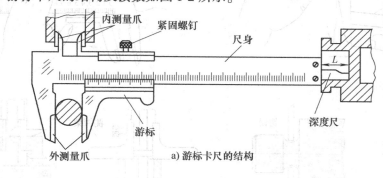

a) 游标卡尺的结构

①游标上50个分度只有49mm长，比尺身的50个分度短1mm，则分度值为1mm/50=0.02mm

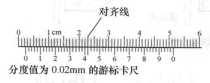

分度值为0.02mm的游标卡尺

②读数=游标0位指示的尺身整数+游标与尺身"对齐线"左侧游标数×分度值；读数=2mm+21×0.02mm=2.42mm

b) 分度值为0.02mm的游标卡尺读数原理

图1-2　游标卡尺的结构及读数

2）游标卡尺的正确测量方法（见图1-3）。

3）游标卡尺读数练习。说一说分度值为0.02mm（1/50）的游标卡尺刻度原理和读数方法，并正确读出表1-1中游标卡尺的示数。

表1-1　游标卡尺读数练习

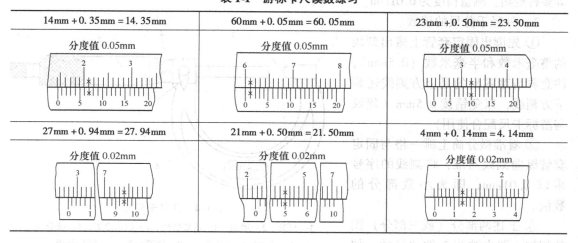

14mm + 0.35mm = 14.35mm	60mm + 0.05mm = 60.05mm	23mm + 0.50mm = 23.50mm
分度值0.05mm	分度值0.05mm	分度值0.05mm
27mm + 0.94mm = 27.94mm	21mm + 0.50mm = 21.50mm	4mm + 0.14mm = 4.14mm
分度值0.02mm	分度值0.02mm	分度值0.02mm

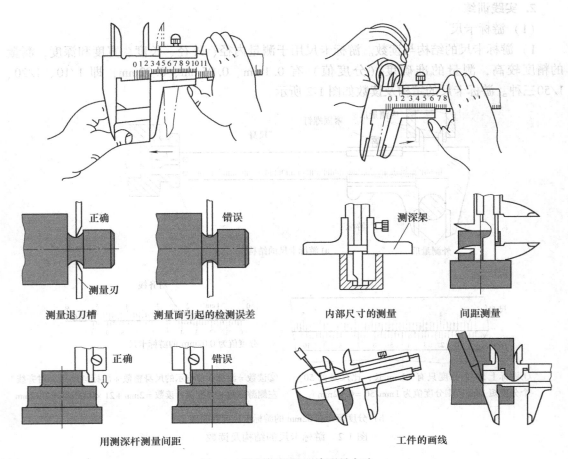

图1-3　游标卡尺的正确测量方法

（2）外径千分尺

1）外径千分尺的结构（见图1-4）。常见测量范围有0～25mm、25～250mm、50～75mm等多种规格，测量精度为0.01mm。

2）外径千分尺的读数。

① 先读出固定套管上露出刻线的整毫米数和半毫米数（0.5mm），注意看清楚露出的是上方刻线还是下方刻线，以免错读0.5mm（建议与游标卡尺配合使用）。

② 看准微分筒上哪一格与固定套管纵向刻线对准，将刻线的序号乘以0.01mm，即为小数部分的数值。

③ 上述两部分（或三部分）读数相加，即为被测工件的尺寸，如

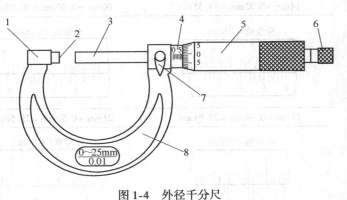

图1-4　外径千分尺

1—尺架　2—测砧　3—测微螺杆　4—固定套管　5—微分筒　
6—测力装置（棘轮）　7—锁紧装置　8—隔热装置

图 1-5 所示。

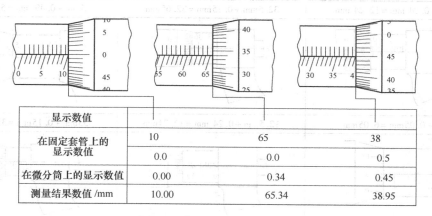

显示数值			
在固定套管上的显示数值	10	65	38
	0.0	0.0	0.5
在微分筒上的显示数值	0.00	0.34	0.45
测量结果数值 /mm	10.00	65.34	38.95

图 1-5　外径千分尺读数方法

3）外径千分尺的正确使用与测量方法。外径千分尺的正确使用方法如图 1-6a 所示，将被测件放到两测量面之间，开始先用右手转动微分筒，测微螺杆前移，当测微螺杆快接触到被测件时，应转动测力装置（棘轮），直到听到"咔、咔、咔"三声时停止。注意不要一直转动微分筒至被测工件（见图 1-6b），会产生高的测量压力而影响测量的正确性。外径千分尺的测量方法如图 1-6c、d 所示。

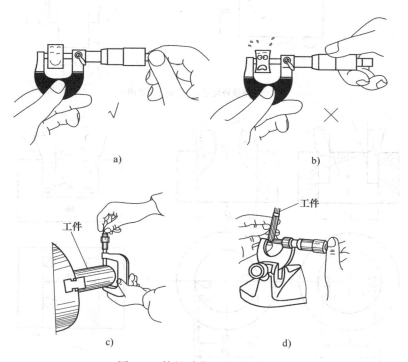

图 1-6　外径千分尺的测量方法

4）外径千分尺读数练习。简述外径千分尺的读数方法，并正确读出表 1-2 中的示数。

表1-2 千分尺读数练习

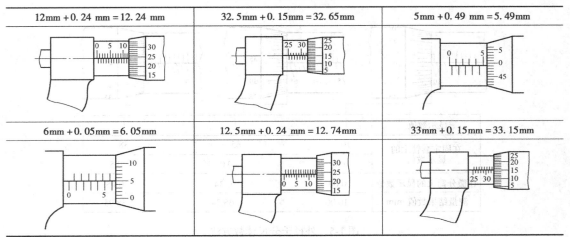

| 12mm + 0.24 mm = 12.24 mm | 32.5mm + 0.15mm = 32.65mm | 5mm + 0.49 mm = 5.49mm |
| 6mm + 0.05mm = 6.05mm | 12.5mm + 0.24 mm = 12.74mm | 33mm + 0.15mm = 33.15mm |

（3）容易出现的问题与注意事项

1）游标卡尺测量前须校对"零"位，用后擦净涂油放入盒中。

2）游标卡尺测量平面要垂直于工件中心线，否则存在测量误差，如图1-7所示。

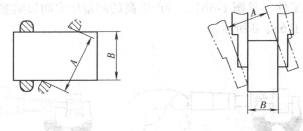

a) 测量外尺寸（B正确，A错误）

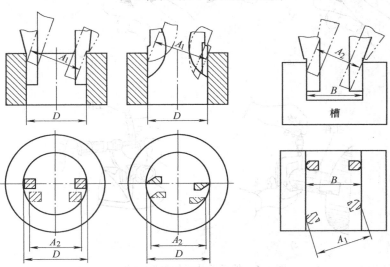

b) 测量内孔直径（D正确，A_1、A_2错误）　　c) 测量沟槽宽度（B正确，A_1、A_2错误）

图1-7 游标卡尺正确和错误的测量接触位置

3）外径千分尺测量时，固定测砧端，轴向找最小，径向找最大。当测量头靠近工件时应用测力装置（棘轮），以免造成测量误差。

4）测量面应该洁净、无毛刺。

项目二 车床的操纵训练

1. 训练目的和要求

1）应知应会安全文明生产规程。

2）了解车床的基本结构及传动系统。

3）掌握车床各手柄的位置与作用。

4）掌握车床各附件的功能。

2. 实践训练

（1）车床操纵训练之一：认识车床的结构及传动系统 HG32 型卧式车床结构如图 1-8 所示。主要技术参数：主轴转速范围 39～2000r/min；最大加工直径：320mm；最大加工长度：700mm。HG32 车床传动框图如图 1-9 所示。

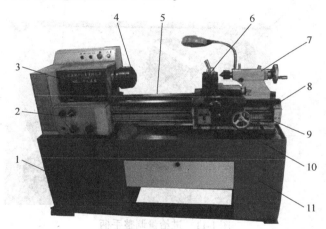

图 1-8 HG32 型卧式车床结构

1—电动机 2—进给箱 3—主轴箱 4—自定心卡盘 5—导轨 6—刀架
7—尾座 8—丝杠 9—光杠 10—溜板箱 11—床身

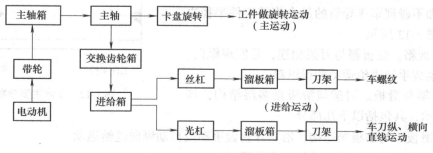

图 1-9 HG32 车床传动框图

1）主轴箱。主轴箱内装主轴和一套变速齿轮，主轴上安装夹具，夹持工件实现主运动。主轴箱外设有两个手柄，通过手柄可改变变速箱内的齿轮搭配（啮合）位置，得到不同的转速。主轴转速调整手柄如图 1-10 所示。

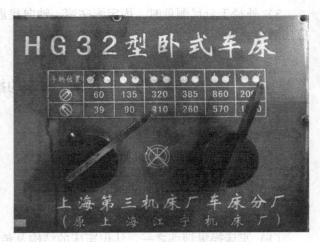

2）交换齿轮箱及进给箱。交换齿轮箱是把主轴的转动通过轮系传递给进给箱。进给箱内装有进给运动的变速齿轮，变换进给箱外手柄位置，可使由进给箱输出的光杠或丝杠获得不同的转速。通过调换交换齿轮箱内的不同齿轮啮合，并与进给箱配合，以改变进给量的大小或车削不同螺距的螺纹。进给量调整手柄如图 1-11 所示。

图 1-10　主轴转速调整手柄

图 1-11　进给量调整手柄

1—进给手柄 2　2—进给量锁紧手柄　3—进给手柄 1　4—光杠、丝杠调换手柄

3）导轨。导轨是车床的重要组成部分，其长度决定了加工最长杆的长度。车床尺寸是由最长的支承零件和不碰到车床导轨的最大旋转工件半径决定的，如图 1-12 所示。

4）溜板箱。溜板箱与刀架相连，是实现纵向、横向，自动或手动进给运动的操纵箱。

5）刀架与滑板。刀架与滑板是多层结构，如图 1-13 所示，其包括以下几部分。

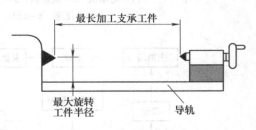

图 1-12　车床主要参数

① 大滑板。与溜板箱连接，沿着导轨做手动或自动纵向进给运动。

② 中滑板。做手动或自动横向进给运动。

③ 转盘。固定在中滑板上，实现在水平面内使小滑板与导轨成一个所需要的角度。

④ 小滑板。做短距离手动纵向进给运动，同时可随转盘转动角度，做斜向进给运动

（车锥面）。

图1-13 HG32车床刀架与滑板箱

⑤ 方刀架。刀架可装夹4把车刀，刀杆＝宽×高（16mm×16mm），实现纵向、横向及斜向进给运动。

6）尾座。尾座主要安装顶尖，用于支承工件；安装钻头、铰刀等刀具进行孔加工；顶尖套筒 $\phi 40mm$，莫氏3号，顶尖套筒最大移动量90mm。尾座的组成结构如图1-14所示。偏移尾座可车出长工件的锥体，尾座横向最大移动量±6mm。尾座体横向调节如图1-15所示。

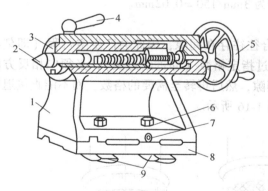

图1-14 尾座

1—尾座体 2—顶尖 3—套筒 4—套筒锁紧手柄 5—手轮
6—固定螺钉 7—调节螺钉 8—底座 9—底板

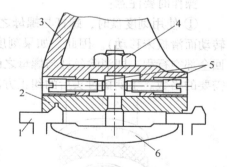

图1-15 尾座体横向调节

1—床身导轨 2—底座 3—尾座体
4—固定螺钉 5—调节螺钉 6—底板

7）光杠和丝杠。光杠和丝杠将进给箱的运动传至溜板箱。车外圆、车端面等自动进给时，用光杠传动；车螺纹时，用丝杠传动。

8）床身。床身是车床的基础件，用来支承和安装车床的各部件，保证其相对位置。

（2）车床操纵训练之二：车床基本操作练习

1）手动操作练习。

① 按主轴箱铭牌调整变速手柄位置，依次练习变速。

② 按进给箱铭牌调整手柄位置。

③ 溜板箱操纵手柄的操纵方法。

④ 大滑板、中滑板、小滑板进退动作。

⑤ 尾座和套筒前后移动和锁紧。

⑥ 开合螺母的闭合与打开操作。

⑦ 刀架松开、锁紧、转位与装刀操作练习。

2）机动操作练习。

① 车床起动、停止操作。

② 主轴箱变速操作（转速低档、高档试运转）。

③ 自动进给操作（大滑板、中滑板的自动进给，变换进给速度和方向）。

④ 在丝杠低速运转条件下，控制开合螺母，进行丝杠带动滑板的移动练习。

3）车床操作注意事项。

① 必须停车变速，以免打坏齿轮。

② 当变速手柄扳不到正常位置时，要用手配合扳转自定心卡盘调整。

③ 为安全操作，转速不高于360r/min。

（3）车床操纵训练之三：刻度盘的计算与应用　在车削工件时，为了正确迅速地控制进刀深度（背吃刀量），通常利用中滑板或小滑板上的刻度盘进行操作。

1）中滑板上的刻度。中滑板的刻度盘装在横向进给的丝杠上，当摇动横向进给丝杠转一圈时，刻度盘也转了一周，这时固定在中滑板上的螺母就带动中滑板车刀移动一个导程。如 HG32 横向进给丝杠导程为 3mm，刻度盘分 150 格，当摇动丝杠转一周时，中滑板移动 3mm，当刻度盘转过一格时，中滑板移动量为 3mm/150 = 0.02mm。

操作时要注意：

① 使用刻度盘时，螺杆与螺母之间配合往往存在间隙，因此会产生空行程（即刻度盘转动而滑板未移动）。因此，如果刻度盘摇过指定格数（即进给过头），必须向相反方向退回全部空行程，即消除丝杠与螺母之间的间隙，然后再转至需要的格数，而不能直接退回到需要的格数。手柄摇过头后的纠正方法如图 1-16 所示。

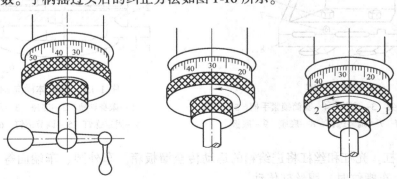

a) 要求手柄转至30，但摇过头成40　　b) 错误：直接退至30　　c) 正确：反转约3/4以上圈后，再转至30

图 1-16　手柄摇过头后的纠正方法

② 由于工件是旋转的，所以工件直径的改变量是刀具进给量的 2 倍。即当刻度盘转动 n 格时，刀架横向移动的距离为 $n \times 0.02$mm，工件直径改变量为 $n \times 0.04$mm。当要求工件直

径改变量为 ΔD 时，刻度盘应转过 $n = \Delta D / 0.04\mathrm{mm}$（格）。

③ 刀架横向最大行程（手动）200mm。

2）小滑板上的刻度。小滑板的刻度盘主要用于控制工件长度方向的尺寸，其刻度原理和使用方法与中滑板相同。但注意以下两点：

① 小滑板刻度盘上的一格与中滑板上的一格，表示移动距离可能不同。请看刻度盘上的标识（HG32 小滑板每格表示移动 0.02mm）。

② 用小滑板控制工件长度的改变量等于进给量，不是两倍的关系。

③ 小滑板最大行程 90mm。

（4）车床操纵训练之四：自定心卡盘装夹工件与找正 定位与夹紧是工件装夹的主要目的。

定位：让车削工件的回转中心与车床主轴中心重合。

夹紧：使定位好的工件在加工过程中保持不变，并能承受切削力，保证加工质量。

1）工件装夹方法。自定心卡盘结构如图 1-17 所示，其装夹方法如图 1-18 所示。当工件长度小于 4 倍直径时，工件置于三个长爪之间装夹，如图 1-18a 所示；还可将三个卡爪伸入工件孔中，利用长爪的径向张力装夹盘类、套类、环状零件，如图 1-18b 所示；当工件直径较大，用顺爪不便装夹时，可将三个顺爪换成反爪进行装夹（有的机床可以将卡爪反装即成反爪），如图 1-18c 所示；当工件长度大于 4 倍直径时，需要自定心卡盘与顶尖配合装夹（注意先顶后夹，夹持距离 10~15mm 为宜），如图 1-18d 所示。

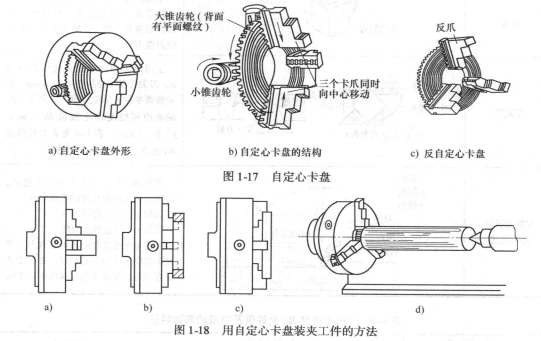

a) 自定心卡盘外形　　b) 自定心卡盘的结构　　c) 反自定心卡盘

图 1-17　自定心卡盘

a)　　　b)　　　c)　　　d)

图 1-18　用自定心卡盘装夹工件的方法

2）工件找正练习。

① 使用划针盘找正：工件装夹后（不可过紧），用划针对准工件外圆并留有一定的间隙，如图 1-19 所示。主轴应放在空档位置，用手扳动卡盘带动工件旋转，观察划针在工件圆周上的间隙，调整最大间隙和最小间隙，使其达到间隙均匀一致。注意找正时敲击一次工

件应轻轻夹紧一次，最后工件找正合格再将工件夹紧。此种方法一般找正精度在 0.05~0.15mm 以内。

② 开车找正法：在刀架台上装夹一个硬木块，工件装夹在卡盘上（不可用力夹紧），开车使工件旋转，硬木块向工件端面靠近，直至把工件靠正，然后夹紧。此种方法为端面辅助定位，适合工件较短或盘类零件的找正。

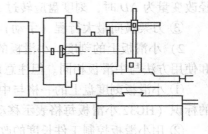

图 1-19　划针盘找正

（5）车床操纵训练之五：认识车刀的基本结构（见表 1-3）

表 1-3　车刀的基本结构

刀　面	图　示	说　明
前面		切屑沿着它流出的那一面
后面		与工件上加工表面相对的面
副后面		与工件上已加工表面相对的面
主切削刃	进给方向　刀柄　前面　副后面　后面	前面和后面的交线，切削时担任主要切除金属层的工作
副切削刃	主切削刃　刀尖　副切削刃	前面和副后面的交线，配合主切削刃完成切削工作，也担任部分切削工作
刀尖		主切削刃与副切削刃的交点 为了提高刀尖强度，延长车刀寿命，很多刀具将刀尖磨成圆弧形或直线过渡刃
刀尖角	工件　主偏角 κ_r　刀尖圆弧半径 r_ε　进给方向　刀尖角 ε　工件　r_ε　刀具　Ra　f	主切削刃和副切削刃构成刀尖角 ε。刀尖圆弧半径从 0.4~2.4mm。刀尖圆弧半径 r_ε 和进给量 f 决定着工件的表面粗糙度理论数值 Ra。$Ra = f^2/8r_\varepsilon$（μm）。表 1-4 为表面粗糙度 Ra 允许值及对应的表面特征
车削刀具的基本角度	α 后角　β 楔角　γ 前角　刀楔　前面　后面　切削方向　工件　90°　γ　β　α	楔角 β：刀楔由前面和后面组成，这两个面之间的角度称为楔角 β 前角 γ：对应前面的角 后角 α：对应后面的角 上述每个角度都应该可以调节，其大小取决于待加工的材料、加工工艺及方法等，保证车削刀具的正确工作

表 1-4　表面粗糙度 *Ra* 允许值及对应的表面特征

表面加工要求	表面特征	*Ra*/μm
粗加工	明显可见刀纹/可见刀纹/微见刀纹	50/25/12.5
半精加工	可见加工痕迹/微见加工痕迹/不见加工痕迹	6.3/3.2/1.6
精加工	可辨加工痕迹/微辨加工痕迹/不辨加工痕迹	0.8/0.4/0.2
精密加工或光整加工	暗光泽/亮光泽/镜面	0.1/0.05/<0.012

项目三　车外圆、端面、倒角

1. 训练目的和要求

1）应知应会安全文明生产规程。

2）掌握试车法加工外圆的方法与步骤。

3）掌握手动进给车外圆、端面和倒角的操作方法。

2. 实践训练

（1）车外圆　车外圆是每个车工必须熟练掌握的基本功之一，要做一个好的车工，就必须能够正确熟练地车好外圆。车外圆一般采用粗车和精车进行，粗车后一般留 0.3 ～ 0.5mm 作为精车余量。

1）车外圆步骤。

① 安装车刀和工件。车刀装夹在刀架上的伸出部分应尽量短，为刀柄厚度的 1 ～ 1.5 倍，车刀刀尖应与中心等高，确保工件装夹牢靠。

② 准备。根据图样检查工件的加工余量，做到车削前心中有数，大致确定横向进给的次数。

③ 试切削。试切削的目的是控制背吃刀量，保证工件的加工尺寸。试车法车外圆的步骤见表1-5。

表1-5　试车法车外圆的步骤

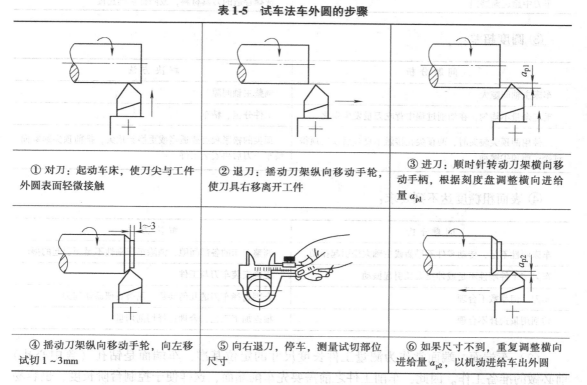

① 对刀：起动车床，使刀尖与工件外圆表面轻微接触	② 退刀：摇动刀架纵向移动手轮，使刀具右移离开工件	③ 进刀：顺时针转动刀架横向移动手柄，根据刻度盘调整横向进给量 a_{p1}
④ 摇动刀架纵向移动手轮，向左移试切 1～3mm	⑤ 向右退刀，停车，测量试切部位尺寸	⑥ 如果尺寸不到，重复调整横向进给量 a_{p2}，以机动进给车出外圆

2）车外圆常见的问题和解决方法。

① 尺寸精度达不到要求：

问 题 分 析	解 决 方 法
操作者粗心大意看错图样或刻度盘使用不当	车削前必须看清图样尺寸要求，正确使用刻度盘，如图 1-16 所示
车削时盲目进给没有进行试切削	根据余量算出背吃刀量，进行试切削，然后修正背吃刀量，见表 1-5
没有校对量具或测量不正确	量具使用前必须仔细检查和校对零位
由于切削热的影响尺寸发生变化	不能在工件温度较高时测量，如要测量，应先掌握工件的收缩情况，或在车削时浇注切削液，降低工件的温度
机动进给没有及时关闭，使车刀进给长度超过台阶长度	注意及时关闭机动进给

② 产生锥度：

问 题 分 析	解 决 方 法
一夹一顶装夹时，后顶尖不在主轴轴线上	车削前调整尾座找正锥度
用小滑板车外圆，小滑板的基准刻线没与中滑板的"0"刻线对准	检查小滑板基准刻线与中滑板的"0"刻线是否对准
床身导轨与主轴轴线不平行	调整车床主轴与床身导轨的平行度
车削过程中让刀	尽量减少工件的伸出长度
车刀中途逐渐磨损	选择合适的刀具材料，或降低切削速度

③ 圆度超差：

问 题 分 析	解 决 方 法
车床主轴间隙大	调整主轴间隙
毛坯余量不均匀，在切削过程中背吃刀量发生变化	工件分粗、精车
工件用两顶尖装夹时，两顶尖孔接触不良或后顶尖顶得过松，前顶尖跳动	顶尖的松紧程度要适当或更换新顶尖，把前顶尖圆锥面精车一刀后再安装工件

④ 表面粗糙度达不到要求：

问 题 分 析	解 决 方 法
车床刚性不足，传动零件不平衡或主轴太松引起振动	调整车床的各部间隙，消除车床刚性不足而引起的振动
车刀与工件刚性不足或伸出太长引起振动	正确安装车刀与工件
车刀几何参数不合理	合理选择车刀的几何参数，用磨石研磨切削刃
切削用量选择不合理	根据加工工艺，合理选择切削用量

(2) 车端面 端面常作为测量工件长度尺寸的定位基准，车端面是钻孔（含中心孔）前必做的准备工作。因此，车削工件之前需要先车削端面，这样便于控制台阶长度，也容易保证工件的内、外圆轴线对端面的垂直度要求。

1) 车端面刀具的选择与车削见表 1-6。

表 1-6 车端面刀具的选择与车削

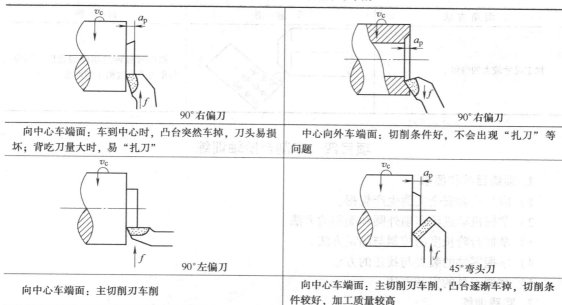

90°右偏刀	90°右偏刀
向中心车端面：车到中心时，凸台突然车掉，刀头易损坏；背吃刀量大时，易"扎刀"	中心向外车端面：切削条件好，不会出现"扎刀"等问题
90°左偏刀	45°弯头刀
向中心车端面：主切削刃车削	向中心车端面：主切削刃车削，凸台逐渐车掉，切削条件较好，加工质量较高

2）容易出现的问题及注意事项。

① 车刀安装时，刀尖要对准圆心，高了易崩坏刀尖，低了端面中心处会留有小凸台。

② 车端面常用45°弯头车刀。端面质量要求较高时，最后一刀的背吃刀量应小些，最好用90°偏刀由中心向外车削，这样可以减小端面的表面粗糙度值。

③ 车削直径较大的端面时，若出现凹心或凸肚，应检查车刀和方刀架是否锁紧，以及中滑板的间隙是否过大。

④ 为避免方刀架横向移动，应锁紧大滑板，用小滑板来调整背吃刀量，这样容易保证工件的长度尺寸。

⑤ 刀具接近中心时，要缓慢进给，以防损坏刀尖。

（3）倒角 倒角的目的：①从安全上：防止边角划伤手；②从工艺加工上：避免配合部位相互干涉，去除工件内应力防止热处理后的应力集中，避免料裂；③从外观上：让工件更加美观。

为此，零部件加工后必须要倒角（除图样中有特殊要求的例外）。工件上最常见的是45°倒角，如图1-20所示。45°倒角标注：如 C1.5，表示 1.5×45°；锐边倒钝（指去毛刺），通常为 C0.2（0.2×45°）。车床倒角方法见表1-7。

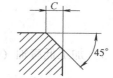

图 1-20 45°倒角示意图

表 1-7 车床倒角方法

倒角方法	示 意 图	说 明
加工尺寸较小的倒角		可采用相应角度的车刀，用中滑板或小滑板手动进给车削而成

（续）

倒角方法	示　意　图	说　明
加工尺寸较大的倒角	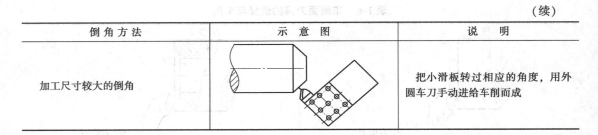	把小滑板转过相应的角度，用外圆车刀手动进给车削而成

项目四　车削台阶轴训练

1. 训练目的和要求

1) 应知应会安全文明生产规程。

2) 掌握机动进给车削外圆和端面的方法。

3) 掌握台阶长度的控制与测量方法。

4) 掌握零件的装夹与找正的方法。

5) 掌握刀具的安装方法。

2. 实践训练

（1）台阶轴的车削要点

1) 外圆尺寸采用试车法车外圆控制，见表 1-5。

2) 台阶的长度采用刻线痕方法控制，利用卡钳或钢直尺量取长度，用刀尖预先车出划痕，作为加工界线，如图 1-21a、b 所示。精度要求高的可采用深度游标卡尺测量，如图 1-21c 所示。

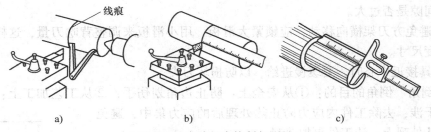

a)　　　　　　　　　　b)　　　　　　　　　　c)

图 1-21　台阶长度控制与测量

3) 加工低肩轴（高度小于 3mm）的台阶，如图 1-22 所示。

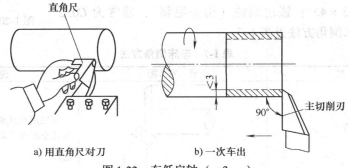

a) 用直角尺对刀　　　　　　b) 一次车出

图 1-22　车低肩轴（<3mm）

4）加工高肩轴（高度大于3mm）的台阶，如图1-23所示。

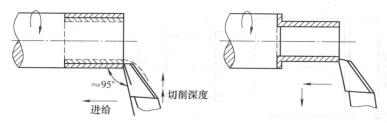

a) 主切削刃与工件轴线成约95°，分多次车削   b) 末次进给后，车刀横向退出，车出90°轴肩

图1-23 车高肩轴（>3mm）

5）车削台阶轴时，为了保证车削轴的刚性，一般先车直径较大的部分，后车直径较小的部分。

6）机动进给车削外圆与端面的主要过程。

① 纵向车外圆：起动机床工件旋转—试切削—机动进给—纵向车外圆—车至接近需要长度时停止进给—改用手动进给—车至长度尺寸—退刀—停车。

② 横向车端面：起动机床工件旋转—试切削—机动进给—横向车端面—车至接近工件中心时停止进给—改用手动进给—车至工件中心—退刀—停车。

（2）台阶轴加工实例

1）训练内容。完成如图1-24所示零件的车削加工。设备：HG32车床；刀具材料：硬质合金刀具；工件材料：Q325；毛坯尺寸：$\phi40\text{mm} \times 90\text{mm}$。

2）工艺分析。

① 同轴度。为保证同轴度要求，各相关尺寸应在一次装夹中完成。为此，在本项目零件一端车出工艺凸台，采用一顶一夹的装夹方法，可以在一次装夹中完成各相关尺寸的加工。

② 表面粗糙度。理论上表面粗糙度与刀尖圆弧半径 r_ε 和进给量 f 有关，见表1-3。但实际上影响表面粗糙度的因素很多，如刀具品质、刀具的角度、机床刚性精度、切削液、切削温度、切削速度和材料硬度等，都会使表面粗糙度值提高或者降低。表面粗糙度 Ra 允许值及对应的表面特征，见表1-4。

③ 尺寸公差。台阶直径尺寸公差通过试车法来保证，见表1-5。台阶长度尺寸公差用刻线法加工。未注公差按 IT12 标准，根据 GB/T 1804—2000（m级），$\phi28\text{mm}$ 尺寸公差应该为 $\pm0.2\text{mm}$。

④ 切削用量的选择。

● 背吃刀量（a_p）：粗车时，主要考虑提高生产率，同时兼顾刀具寿命、机床功率、工件和机床刚性。应该把第一次或头几次的背吃刀量选得大些，最后留半精车和精车余量：半精车大致为 $0.5 \sim 2\text{mm}$；精车为 $0.1 \sim 0.5\text{mm}$。

● 进给量（f）：背吃刀量选定以后，进给量应选取大些。考虑工件表面粗糙度的要求，粗车时，一般为 $0.3 \sim 1.5\text{mm/r}$；精车时，一般为 $0.1 \sim 0.3\text{mm/r}$。

● 切削速度（v_c）：其必须根据下列因素考虑：车刀材料、工件材料、表面粗糙度、背吃刀量和进给量、切削液等。

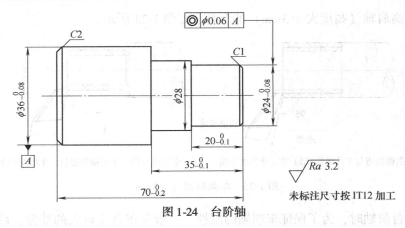

◎ | $\phi0.06$ | A

$C2$

$C1$

$\phi36_{-0.08}^{0}$

$\phi28$

$\phi24_{-0.08}^{0}$

$20_{-0.1}^{0}$

$35_{-0.1}^{0}$

A

$70_{-0.2}^{0}$

$\sqrt{Ra\ 3.2}$

未标注尺寸按 IT12 加工

图 1-24 台阶轴

3）加工步骤（见表 1-8）。

表 1-8 图 1-24 台阶轴加工步骤

序号	加工内容	加工简图	刀具	检测方法
1	落料	$\phi40$ 90	锯床	钢直尺
2	车工艺凸台： 1）用自定心卡盘夹持工件伸出长 50mm 左右，找正夹紧 2）车端面（车出即可）、车外圆至 $\phi38mm \times 40mm$；$\phi30mm \times 18mm$	伸出 50 40 18 $\phi38$ $\phi30$	45°弯头刀 90°右偏刀	钢直尺 游标卡尺
3	钻中心孔： 1）调头装夹 $\phi38mm$ 台阶，找正夹紧 2）车端面（车 0.5mm） 3）钻中心孔	71.5 $\phi30$ $\phi38$	45°弯头刀 中心钻	钢直尺
4	车台阶轴与切断： 1）一顶一夹装夹 2）粗车、精车外圆至 $\phi36_{-0.08}^{0}mm \times 71.5mm$ 3）粗车、精车外圆至（28 ± 0.2）$mm \times 35_{-0.1}^{0}mm$ 4）粗车、精车外圆至 $\phi24_{-0.08}^{0}mm \times 20_{-0.1}^{0}mm$ 5）倒角 $C1$，棱角倒钝 $C0.2$ 6）切断（71.5mm 处）	71.5 $35_{-0.1}^{0}$ $20_{-0.1}^{0}$ $C1$ 10 $\phi36_{-0.08}^{0}$ $\phi28$ $24_{-0.08}^{0}$	45°弯头刀 90°右偏刀 切断刀	钢直尺 游标卡尺

（续）

序号	加 工 内 容	加 工 简 图	刀　具	检 测 方 法
5	车总长： 1）调头装夹 φ28mm 台阶，找正夹紧 2）粗、精车端面至长度 70$_{-0.2}^{0}$mm 3）倒角 C2	70$_{-0.2}^{0}$　C2　24$_{-0.08}^{0}$　φ28　φ36$_{-0.08}^{0}$	45°弯头刀	钢直尺 游标卡尺

4）容易出现的问题与注意事项。

① 一顶一夹装夹时，应该先顶后夹，并注意顶尖是否与工件一起旋转。

② 当精车台阶长度至最后一刀时，车刀不能直接碰到台阶，应稍离台阶处停刀，改手动进给，以防车刀碰到台阶后突然增加切削量，产生扎刀现象。

③ 正确使用中滑板与小滑板刻度盘，注意消除丝杠与螺母之间的间隙，方法如图 1-16 所示。

④ 车刀安装时，应使刀尖对准工件中心，刀头伸出的长度为刀杆厚度的 1 ~ 1.5 倍，伸出过长刚性变差，车削时容易引起振动。

⑤ 车削前，应检查滑板位置是否正确，工件装夹是否牢固，卡盘扳手是否已取下。

⑥ 切记先开车，后进刀；退刀后再停车。

项目五　切槽和切断

1. 概述

在轴上的沟槽多属于工艺槽，如车螺纹的退刀槽，磨削时砂轮的越程槽，此外有些沟槽或是作为装配零件的定位和密封之用，或是作为油、气的通道及贮存润滑油之用等。

2. 实践训练

（1）切槽刀及其角度

如图 1-25 所示，切槽刀的刀头较窄，两侧磨有副偏角和副后角，因此刀头很薄弱，容易折断。装刀时，应保证刀头两边对称，刀尖与工件中心等高。切断与切槽能否掌握好，关键在于刀具的刃磨、切削用量的选择及刀具的正确安装。

（2）切槽与切断的方法（见表 1-9）

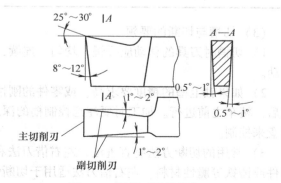

图 1-25　切槽刀及其角度

表 1-9　切槽与切断的方法

切槽与切断方法	示　意　图	说　明
切窄槽	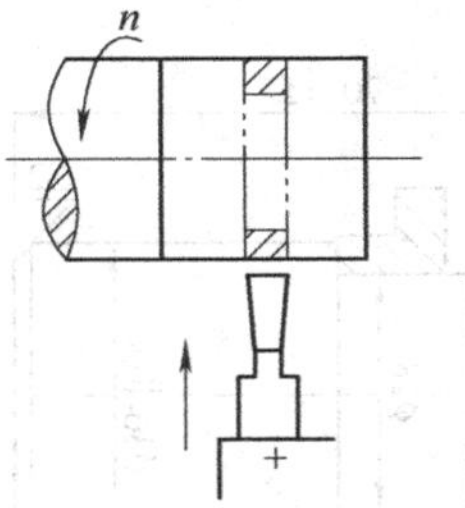	可以用刀头宽度等于槽宽的切槽刀一次横向进给车出
切宽槽	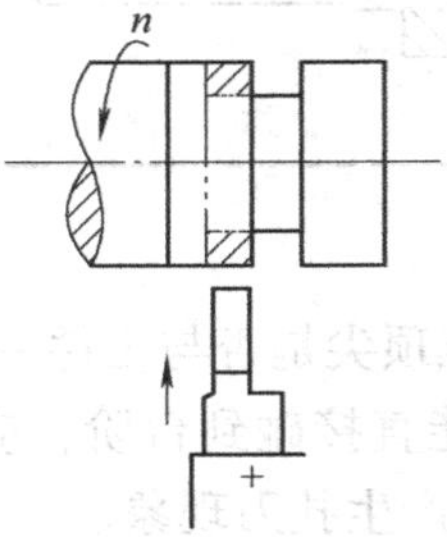	可分几次车出。车第一刀时，先用钢直尺量好距离，第一次横向送进，车一条槽，把车刀退出来向左移动继续第二次横向送进，把槽的大部分余量车去，但在槽的两侧及底部应留出精加工余量
	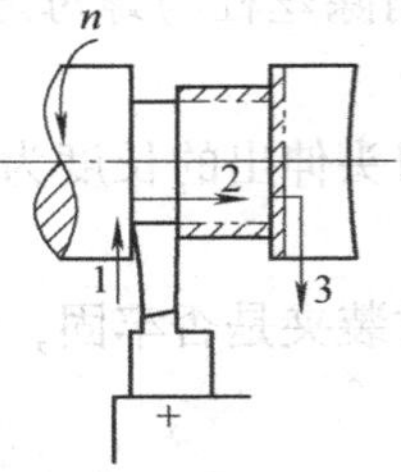	最后一次横向送进后再以纵向进给精车槽底。最后精车时可修光槽的两侧面和底面
切断	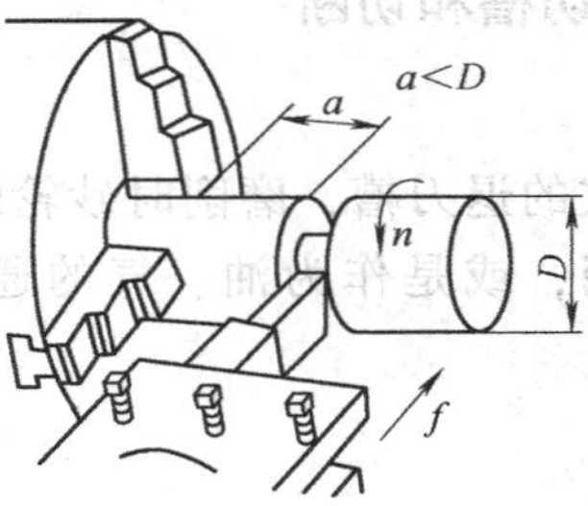	1）切断刀的刀头比切槽刀更窄更长 2）切断时，刀头切入工件较深，切削条件较差，加工更困难，切削时注意均匀进刀和退刀断屑 3）工件上的切断位置应尽可能靠近卡盘，$a<D$，如图所示 4）切断刀必须安装正确，使刀尖严格通过工件中心，否则容易折断刀具

（3）切槽与切断的要领

1）切槽时刀具的移动应缓慢、均匀、连续，刀头伸出的长度应尽可能短些，避免引起振动。

2）如果轴上槽的精度要求高，或零件的刚性较差时，切槽工序一般放在粗车和半精车之后，精车之前进行。加工时要注意控制槽的深度，槽的深度常利用刀架横向移动手柄的刻度盘来控制。

3）常用的切断方法有直进法、左右借刀法和反切断法。直进法适用于车削直径较小的钢件或铸铁等脆性材料。左右借刀法适用于切断钢等塑性材料。反切断法常用于切断大直径工件，排屑方便，能减小工件振动。

项目六　滚　花

1. 概述

滚花是在车床上用滚花刀挤压工件，使其表面产生塑性变形而形成花纹的工艺，如图 1-26 所示。花纹有直纹和网纹两种，花纹的粗细由节距 P 决定，并用模数 m 区分。模数越大花纹越粗。

2. 实践训练

（1）滚花步骤

1）滚花前根据工件材料的性质和工件花纹要求的模数 m，将工件车小（0.8~1.6）m。

2）将滚花刀装在刀架上，使滚花刀轮的表面与工件表面平行接触，保持两中心线平行。

3）开动车床，使工件转动。滚花刀对着工件轴线横向进给，当滚花刀刚接触工件时，要用较大较猛的压力，使工件表面刻出较深的花纹。

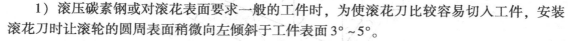

网纹滚花刀

直纹滚花刀

图 1-26　在车床上滚花

4）花纹出现后，再进行纵向机动进给。

（2）滚花操作注意事项

1）滚压碳素钢或对滚花表面要求一般的工件时，为使滚花刀比较容易切入工件，安装滚花刀时让滚轮的圆周表面稍微向左倾斜于工件表面 3°~5°。

2）车床滚花时，主轴转速应低一些（一般为 50~70r/min）。

3）在滚花过程中，应加切削液润滑，并注意清除滚花刀上的铁屑，以保证滚花质量。严禁在滚花过程中，用毛刷、棉纱等清除铁屑。

4）由于滚花时压力大，所以工件和滚花刀必须装夹牢固，工件不可伸出太长，如果工件太长，就要用后顶尖顶紧。

项目七　转动小滑板车锥面

1. 概述

（1）转动小滑板车锥面的方法　如图 1-27 所示，在小滑板下面的转盘上，刻有 ±50° 刻线，即从 0 起向左面刻 50°，向右面刻 50°，通过小滑板带动其上的方刀架按照工件上的斜度（即圆锥半角）$\dfrac{\alpha}{2}$ 大小转动角度。此时开动机床，转动小滑板移动手柄，使车刀沿着锥面母线移动，从而加工出所需要的圆锥面。该方法操作简单，可以加工任意锥度的内、外圆锥面，应用较普遍。但是，被加工圆锥面的长度受到小滑板行程的限制，不能太长，而且只能手动进给。

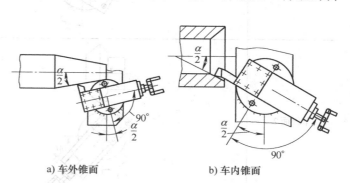

a）车外锥面　　　　b）车内锥面

图 1-27　转动小滑板车锥面

（2）小滑板转动角度 $\dfrac{\alpha}{2}$ 的计算　在图 1-28 中：

1）锥度 C（大端直径 D、小端直径 d 和长度 L）：$C = \tan\alpha = \dfrac{D - d}{L}$。

2）斜度 S：$S = \tan\dfrac{\alpha}{2} = \dfrac{D - d}{2L}$。

注意：$\dfrac{\alpha}{2}$ 为小滑板转动角度。若 $\dfrac{\alpha}{2}$ 在 6°以下，可用近似计算公式 $\dfrac{\alpha}{2}(°) = C \times 28.7° = \dfrac{D - d}{L} \times 28.7°$ 计算。

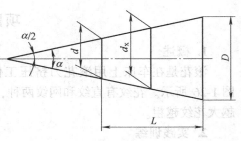

图 1-28　锥体各部分名称及代号
D—最大圆锥直径　d—最小圆锥直径
d_x—给定截面圆锥直径
L—圆锥长度　α—圆锥角　$\alpha/2$—圆锥半角

2. 实践训练

（1）训练件实例　用转动小滑板法加工如图 1-29 所示的锥齿轮轮坯，问小滑板调整的角度和方向是多少？

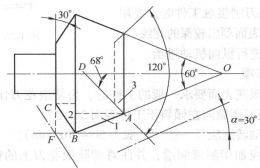

图 1-29　锥齿轮轮坯的加工

（2）操作步骤及调整方法　锥齿轮轮坯的车削见表 1-10。

表 1-10　锥齿轮轮坯的车削

车削步骤	示意图	说明
车斜锥面 1		小滑板应与线段 OB 平行（OB 线见图 1-29），OB 线与工件轴夹角为 60°/2 = 30°，即小滑板应逆时针转过 30°
车斜面 2		小滑板应与 BC 线平行（BC 线见图 1-29），BC 线与工件轴线夹角为 90° − 30° = 60°，即小滑板应顺时针转过 60°

（续）

车削步骤	示 意 图	说　　明
车斜面3	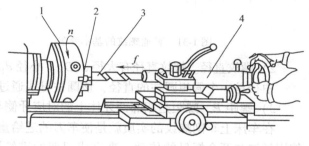	小滑板应与AD线平行（AD线见图1-29），AD线与工件轴线夹角为120°/2＝60°，即小滑板应顺时针旋转60°

项目八　车床钻孔

1. 概述

实体零件毛坯，需要在其中心位置钻孔时，既可在钻床上钻削，也可在车床上钻削。在车床上钻孔的方法如图1-30所示，该方法易保证孔和外圆的同轴度及与端面的垂直度。

钻孔的精度较低（公差等级为IT10以下）、表面粗糙度值较高（$Ra12.5\mu m$），多用于对孔的粗加工。为了提高孔的精度和降低表面粗糙度值，常用铰刀对钻孔或扩孔后的工件再进行精加工。

图1-30　在车床上钻孔
1—自定心卡盘　2—工件　3—钻头　4—尾座

2. 实践训练

（1）钻孔操作步骤

1）将工件装夹在自定心卡盘上，钻孔前先车平端面。

2）钻头安装在尾座套筒锥孔内，调整好尾座位置，并锁紧尾座紧固手柄。

3）开动车床，双手转动尾座手柄，使钻头慢慢进给，注意经常退出钻头排出切屑。

4）钻孔结束后，先把钻头退出工件，然后停车。

5）松开尾座紧固手柄，将尾座移至床尾紧固，卸下钻头。

（2）操作要点及注意事项

1）钻孔前应将工件端面车平，必要时应先钻中心孔，作为麻花钻的定位孔。

2）当钻头初入工件端面时，不能用力过大，以免钻偏或者折断钻头。当钻入工件2～3mm时，应退出钻头、停车测量孔径是否符合要求。

3）钻深孔与钢料时，要不断注入切削液，以带走切屑和切削区域的切削热，防止因钻头发热而退火。

4）钻削通孔时，当将要钻通时，部分钻刃已不参加切削，切削力将大为减小，应及时降低进给速度，待全部钻通退出钻头后才能停车。

5）钻小孔时，钻头转速应选择快些，钻头的直径越大，钻速越慢。

项目九　车削普通螺纹

1. 概述

普通螺纹的基本要素如图 1-31 所示。

1）牙型角 α。在螺纹牙型上，两相邻牙侧间的夹角。普通螺纹的牙型角 $\alpha = 60°$。装刀时，刀尖与工件轴线等高，前角为 0°，且牙型角的角平分线应与工件轴线垂直，用样板对刀校正，如图 1-32 所示。

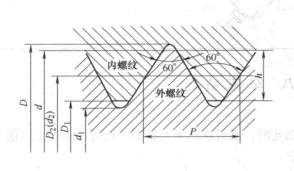

图 1-31　普通螺纹的基本要素　　　　图 1-32　内外螺纹车刀的对刀方法

2）螺纹直径。螺纹直径有大径 $d(D)$、小径 $d_1(D_1)$ 和中径 $d_2(D_2)$ 之别（大写为内螺纹）。中径是一个假想圆柱的直径，该圆柱母线通过圆柱螺纹上牙厚与牙槽宽相等的地方。

3）螺距 P。螺距是相邻两牙体上的对应牙侧与中径线相交两点间的轴向距离。

在车床上车削螺纹的实质就是使车刀的进给量等于工件的螺距。为保证螺距的精度，应使用丝杠与开合螺母的传动，来完成刀架的进给运动。图 1-33 是车床车削螺纹的示意图，当工件旋转时，按下开合螺母，车刀沿机床纵向做等速移动形成螺旋线。经多次横向进给后便可车成螺纹。

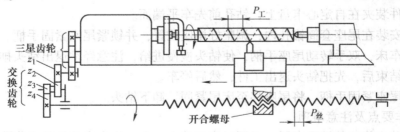

图 1-33　车螺纹示意图

2. 车螺纹的方法与步骤（见表 1-11）

3. 操作要点及注意事项

1）注意开合螺母每次一定要按到底，进刀前，刀尖离螺纹端面的距离要大于螺距的 1.5 倍左右。用正反车法加工时，要注意防止开合螺母弹起，可在开合螺母上悬挂重物解决。

2）车螺纹时第一刀背吃刀量可进 0.5~0.8mm，下面要依次减少。每次进给后应牢记刻度盘刻度，作为下次进刀时的基数，注意进刀时刀架横向移动手柄不能多摇一圈，否则会造成刀尖崩刃，工件被顶弯等。等背吃刀量深度到了，可以空进给一次来减小螺纹表面粗糙度值。

表 1-11　螺纹车削方法与步骤

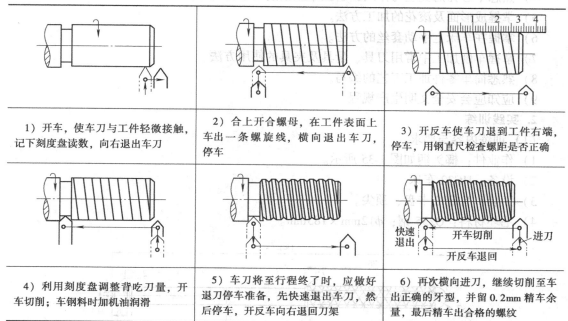

1）开车，使车刀与工件轻微接触，记下刻度盘读数，向右退出车刀	2）合上开合螺母，在工件表面上车出一条螺旋线，横向退出车刀，停车	3）开反车使车刀退到工件右端，停车，用钢直尺检查螺距是否正确
4）利用刻度盘调整背吃刀量，开车切削；车钢料时加机油润滑	5）车刀将至行程终了时，应做好退刀停车准备，先快速退出车刀，然后停车，开反车向右退回刀架	6）再次横向进刀，继续切削至车出正确的牙型，并留 0.2mm 精车余量，最后精车出合格的螺纹

3）车螺纹要避免乱扣。车螺纹要经过多次走刀才能完成。在多次走刀过程中，必须保证车刀每次都落入切出的螺纹槽内，否则就会发生"乱扣"。当丝杠的螺距是工件螺距的整数倍时，可任意打开合上开合螺母，车刀总会切入原已切出的螺纹槽内，不会"乱扣"。若不为整数倍时，多次走刀和退刀时，均不能打开开合螺母，否则将发生"乱扣"。

4）螺纹重新对刀方法。在车削过程中如果换刀或磨刀，均应重新对刀。对刀方法：如图 1-34 所示，先闭合"开合螺母"，使车刀处于 1 位置；将刀架向前移一段距离，使车刀处于 2 位置，用以消除丝杠与螺母之间的间隙；再摇动小刀架和横刀架使车刀落入原来的螺纹槽中，车刀处于 3 位置；最后将车刀移至螺纹外端相距数毫米处，以便重复切削。

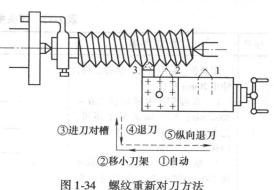

③进刀对槽　④退刀　⑤纵向进刀

②移小刀架　①自动

图 1-34　螺纹重新对刀方法

5）车螺纹时注意力要集中，要胆大心细，退刀迅速。低速车螺纹要浇注切削液。

项目十　榔头柄

1. 训练目的和要求

1）熟悉车床的结构及基本操作。

2）掌握细长轴的装夹方法。

3）掌握外圆与端面的基本车削方法。

4）熟悉中心孔的类型与作用，掌握车床钻削中心孔的方法。

5）掌握成形面及滚花的加工方法。

6）掌握在车床上手动套丝的方法。

7）掌握车削加工中常用刀具、量具及夹具的使用方法。

8）熟悉简单零件加工工艺的编写。

9）应知应会安全文明生产规程。

2. 实践训练

（1）训练内容与要求

1）作业件：榔头柄如图1-35所示。

2）设备：HG32车床。

3）工装：自定心卡盘、顶尖。

4）毛坯材料：Q235钢；$\phi 12mm \times 185mm$。

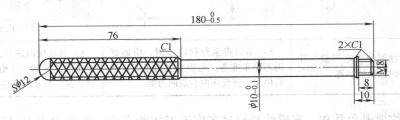

图1-35 榔头柄

（2）加工步骤（见表1-12）

表1-12 榔头柄加工步骤（参考）

序号	加工内容	加工简图	刀具量具
1	车总长、钻中心孔：夹持工件，伸出20mm左右 1）车端面：主轴转速300~500r/min；第一端面车出即可，把余量放在另一端，保证总长（180±0.5）mm 2）钻中心孔（A型）：主轴转速700~800r/min，手动进给要慢，孔口直径为5~6mm	$180^{+0.5}_{-0.5}$　20　5~6	45°车刀 中心钻 钢直尺 游标卡尺
2	滚花： 1）准备工作：主轴转速50~70r/min，进给速度调快，反向进给；滚花刀与工件外表面成3°~5°的夹角装夹 2）工件伸出110mm左右，一顶一夹装夹，用力摇刀架横向移动手柄，使刀具吃进工件表面，自动反向进给，滚花长度80mm 3）注意滚花刀不要碰到顶尖	110　80	网纹滚花刀

（续）

序号	加工内容	加工简图	刀具量具
3	车 $\phi10$mm 外径：一顶一夹，夹持 10mm 左右；刻线，车外径 $\phi10_{-0.1}^{\ 0}$mm（分 2～3 次完成），主轴转速 300～500r/min		45°车刀 游标卡尺
4	车 M8 外径：工件伸出 15mm，车 M8 外径至 $\phi8_{-0.25}^{-0.16}$mm，长 8mm 倒角 C1，主轴转速 300～500r/min		90°车刀 45°车刀 游标卡尺
5	套丝：在机床上用手动套 M8 外螺纹 注意：套丝前将主轴放低档，用以增加主轴阻力；用尾座顶住圆板牙架，以防止螺纹套歪；顺时针方向切进，动作要慢，压力要大	圆板牙	板牙及板牙架
6	车半球：车半球面。调头装夹，工件伸出 20mm，用成形刀（R刀）车球面，主轴转速 300～500r/min		R12mm 成形刀
7	安装：手柄和榔头安装 榔头加工见模块三钳工训练项目五		

（3）操作要点及注意事项

1）一顶一夹装夹工件时，首先卡盘预夹持工件的一端（不要夹太紧），之后推动尾座带动顶尖顶住工件另一端的中心孔（注意顶尖施加力要适中），锁紧尾座后，再用加力棒夹紧预夹持的一端；开动机床，观察顶尖是否与工件一起旋转。

2）注意车削 M8 外径时，$\phi8$ 是负偏差，应保证在 $\phi8_{-0.25}^{-0.16}$ mm 公差范围内。

3）滚花时工件的转速要低些，反向进给，注意顶尖是否旋转。滚花时要充分供给切削液，以免辗坏滚花刀和防止细屑滞塞在滚花刀内而产生乱纹。

4）60°A 型中心孔。中心孔是一个标准结构，60° 中心孔（GB/T 145—2001）分 A型、B 型、C 型和 R 型四种，图 1-36 所示为 A 型中心孔结构。中心孔是由中心钻钻削加工完成的，中心钻的安装如图 1-37 所示。将钻夹头插入车床尾座锥孔，中心钻装在钻夹头上。

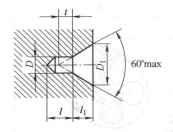

注：尺寸 l 取决于中心钻的长度，此值不应小于 t 值。

图 1-36 60° A 型中心孔

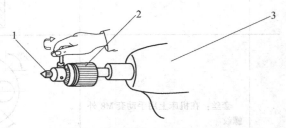

图 1-37 中心钻安装示意图

1—中心钻 2—钻夹头 3—尾座

项目十一 综 合 轴

1. 训练目的和要求

1）掌握端面、中心孔、外圆、螺纹、锥面、切槽车削加工方法。

2）了解刀具的材料、性能、结构、角度作用及合理选用等基本知识。

3）掌握切削用量的选用。

4）了解车床常用装夹方法及特点。

5）掌握常用量具的选用及使用。

6）综合轴类零件加工工艺的编写。

7）应知应会安全文明生产规程。

2. 实践训练

（1）训练内容与要求

1）作业件：综合轴如图 1-38 所示。

2）设备：HG32 车床。

3）工装：自定心卡盘、顶尖。

4）毛坯材料：Q235 钢；$\phi40$mm×150mm。

（2）加工步骤（见表 1-13）

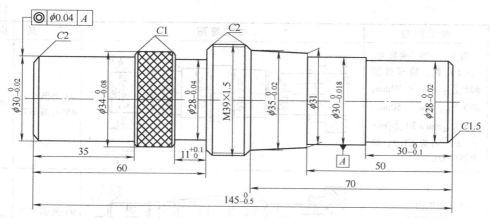

技术要求

1. 锐角倒钝 C0.3。
2. 未注公差尺寸按 IT14 加工。
3. 表面粗糙度值为 Ra3.2μm。

图 1-38 综合轴

表 1-13 综合轴加工步骤（参考）

序号	加工内容	加工简图	刀具	检测方法
1	（1）工件伸出 80mm 左右，找正夹紧 （2）车端面：车出即可 （3）粗车外圆 φ37mm×70mm （4）钻中心孔（A 型）	φ37 70 80	45°外圆车刀 中心钻	钢直尺 游标卡尺
2	调头装夹（夹 φ37mm 台阶） （1）车端面，保证总长 145$_{-0.5}^{0}$mm （2）粗车台阶轴 φ35mm×60mm （3）钻中心孔（A 型）	φ37 φ35 60 145$_{-0.5}^{0}$	45°外圆车刀 中心钻 90°外圆车刀	钢直尺 游标卡尺
3	一顶一夹装夹 （1）粗、精车外圆 φ34$_{-0.08}^{0}$mm×60mm 与 φ30$_{-0.02}^{0}$mm×35mm （2）倒角 C2 与棱边倒钝 C0.3	10~15 C2 φ37 φ34$_{-0.08}^{0}$ φ30$_{-0.02}^{0}$ 35 60	90°外圆车刀 45°外圆车刀	钢直尺 游标卡尺

（续）

序号	加工内容	加工简图	刀具	检测方法
4	调头，一顶一夹装夹： （1）粗、精车外圆 $\phi35_{-0.02}^{0}$ mm × 70mm；$\phi30_{-0.018}^{0}$ mm × 50mm；$\phi28_{-0.02}^{0}$ mm ×$30_{-0.1}^{0}$ mm （2）倒角 $C1.5$、棱边倒钝 $C0.3$	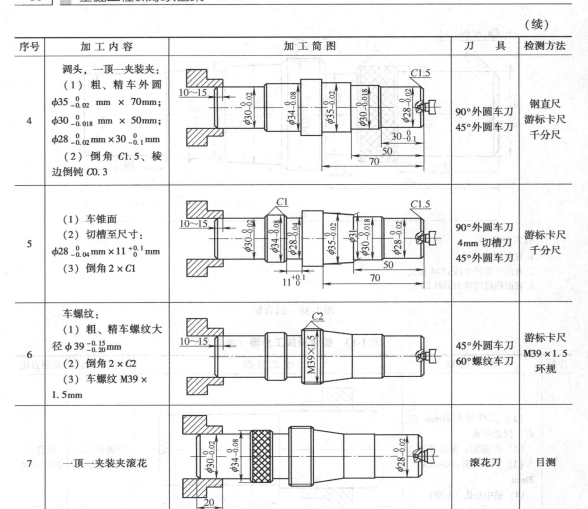	90°外圆车刀 45°外圆车刀	钢直尺 游标卡尺 千分尺
5	（1）车锥面 （2）切槽至尺寸：$\phi28_{-0.04}^{0}$ mm ×$11_{0}^{+0.1}$ mm （3）倒角 $2×C1$		90°外圆车刀 4mm 切槽刀 45°外圆车刀	游标卡尺 千分尺
6	车螺纹： （1）粗、精车螺纹大径 $\phi39_{-0.20}^{-0.15}$ mm （2）倒角 $2×C2$ （3）车螺纹 M39 × 1.5mm		45°外圆车刀 60°螺纹车刀	游标卡尺 M39 × 1.5 环规
7	一顶一夹装夹滚花		滚花刀	目测

（3）操作要点及注意事项

1）一顶一夹装夹工件时，注意先顶后夹，夹持距离 10 ~ 15mm 为宜，开车时注意观察顶尖是否与工件一起旋转。另外，为使大滑板移动时不易碰到尾座，尾座套筒需摇出 4 指左右宽再安装顶尖。

2）为了保证同轴度，各种相关尺寸在最后加工完成。加工时要多调头，每次调头装夹时，要保证卡盘三爪端工件不得跳动，顶尖端要保证顶尖不得跳动。

3）对于表面粗糙、有氧化皮的毛坯棒料，粗车外圆时，为保护刀尖应先选用 45°车刀车削后，再用 90°车刀。因为 45°车刀车削时是刀刃先碰工件，而 90°车刀车削时是刀尖先碰工件。

4）车削时注意观察铁屑颜色，通过铁屑颜色可以辅助判断切削速度是否合适。

5）转动小滑板车削锥面过程中，注意大滑板不能动，由小滑板严格控制长度尺寸，否则锥度一端直径不准确；转动小滑板车锥面的方法，见本模块项目七。

6）正确使用量具。注意测量前去毛刺，精车前的测量要等工件冷却后再测量。

项目十二 螺母与短轴配合件

1. 训练目的和要求

1）掌握车外圆、端面、台阶、倒角、切槽及切断、钻孔、车孔、车内外螺纹等加工方法。

2）正确使用游标卡尺、外径千分尺及钻夹头等工量具。

3）掌握外圆车刀、内孔车刀、内外螺纹车刀及切槽刀的正确安装。

4）掌握孔径的测量方法与孔径尺寸的控制方法。

5）掌握普通内、外螺纹的车削方法。

6）掌握车宽槽的加工方法。

7）应知应会安全文明生产规程。

2. 实践训练

（1）训练内容与要求

1）作业件：螺母与短轴如图 1-39 所示。

① 螺母，如图 1-39a 件 1 所示，加工步骤见表 1-14。

② 短轴，如图 1-39b 件 2 所示，加工步骤见表 1-15。

2）设备：HG32 车床。

3）工装：自定心卡盘。

4）毛坯材料：铝合金；件 1：$\phi 40\text{mm} \times 40\text{mm}$；件 2：$\phi 40\text{mm} \times 60\text{mm}$。

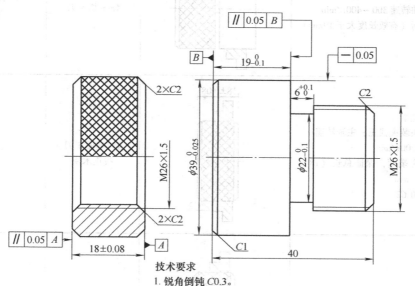

技术要求
1. 锐角倒钝 C0.3。
2. 未注公差尺寸按 IT14 加工。
3. 表面粗糙度值为 Ra1.6μm。

a) 件 1– 螺母　　　　　　　　　　　　b) 件 2– 短轴

图 1-39 螺母与短轴

（2）加工步骤

表 1-14　件 1-螺母加工步骤（参考）

序号	加工内容	加工简图	刀　具	检测方法
1	滚花： 　伸出长 25mm 左右，夹紧工件 主轴转速 50～70r/min 滚花（有效长度大于 20mm）	22	网纹滚花刀	钢直尺
2	车右端： 主轴转速 400～500r/min 车右端面，车出即可 倒角 C2	C2	45°端面车刀	目测
3	切断： 主轴转速 300～400r/min 切断（有效长度大于 19mm）	20	4mm 切断刀	游标卡尺 钢直尺
4	车左端： 调头装夹找正，主轴转速 400～500r/min 车左端面，保证总长（18±0.08）mm 倒角 C2	18±0.08　C2	45°端面车刀 找正木块	游标卡尺
5	钻中心孔： 主轴转速 700～800r/min 手动钻中心孔		中心钻	目测

（续）

序号	加工内容	加工简图	刀 具	检测方法
6	钻孔： 主轴转速 300～400r/min 手动钻 ϕ23mm 通孔	ϕ23	麻花钻	游标卡尺
7	车孔： 主轴转速 300～400r/min 车通孔至内螺纹底径 ϕ24.4 $^{+0.15}_{+0.10}$mm 倒内角 C2	ϕ24.4 $^{+0.15}_{+0.10}$ C2	车孔刀 45°端面车刀	游标卡尺
8	车内螺纹： 主轴转速 200～300r/min 车内螺纹 M26×1.5mm	M26×1.5	内螺纹车刀	螺纹通规、止规
9	倒内角： 调头装夹，找正 倒内角 C2		45°端面车刀	目测

表 1-15 件 2-短轴加工步骤（参考）

序号	加工内容	加工简图	刀 具	检测方法
1	伸出长 25mm，夹紧工件 主轴转速 400～500r/min 车端面，车出即可 粗、精车外圆 ϕ39 $^{0}_{-0.025}$mm × 19mm 倒角 C1	25 19 ϕ39 $^{0}_{-0.025}$ C1	45°端面车刀 90°偏刀	游标卡尺 钢直尺 千分尺

（续）

序号	加工内容	加工简图	刀 具	检测方法
2	调头找正，主轴转速 400~500r/min，车端面并保证总长 40mm；粗、精车螺纹大径 $\phi 26^{-0.15}_{-0.20}$mm 及 $19^{\ 0}_{-0.1}$mm 倒角 C2 棱边倒钝 C0.3	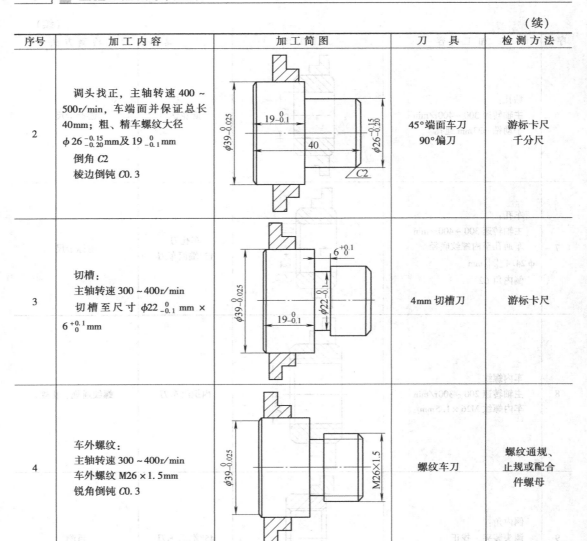	45°端面车刀 90°偏刀	游标卡尺 千分尺
3	切槽： 主轴转速 300~400r/min 切槽至尺寸 $\phi 22^{\ 0}_{-0.1}$mm × $6^{+0.1}_{\ 0}$mm		4mm 切槽刀	游标卡尺
4	车外螺纹： 主轴转速 300~400r/min 车外螺纹 M26×1.5mm 锐角倒钝 C0.3		螺纹车刀	螺纹通规、止规或配合件螺母

（3）操作要点及注意事项

1）刀具安装。根据经验，车端面、车锥面、车螺纹、切槽、切断实心工件时，刀尖应与工件中心线等高；粗车一般外圆、精车孔时，刀尖应比工件中心线稍高或等高；粗车孔、切断空心工件时，刀尖应比工件中心线稍低。无论装高装低，一般不超过工件直径的1%。

2）螺母坯料装夹找正方法。在刀架上装夹一个硬木块，工件装夹在卡盘上（不可用力夹紧），开车使工件旋转，刀杆（或硬木块）向工件靠近，直至把工件靠正，然后夹紧。

3）钻孔时，要注意刀架停留的位置，防止碰到卡盘造成人身设备安全事故，钻孔方法见本模块项目八。

4）车孔时的切削用量要比车外圆时低些。孔径的控制基本上与车外圆时一样，用试切法来控制，对一般精度的孔，可用游标卡尺测量。

5）为防止车削螺纹时车刀移位产生乱扣，小滑板宜调整得紧一些；切削螺纹的速度应低于纵向切削速度约25%，以防止刀尖的温度过高。车削螺纹的方法及注意事项，见本模块项目九。

模块二　普通铣削加工训练

一、训练模块简介

普通铣削加工是以铣刀的旋转运动作为主运动，以工件的直线运动作为进给运动，用铣刀对工件进行切削的加工方法。铣削加工应用很广泛，主要用于铣削平面、台阶、沟槽、成形面、齿面加工及切断，还可以加工孔，如图 2-1 所示。铣削加工尺寸公差等级一般为 IT9 ~ IT8，表面粗糙度 Ra 值为 6. 3 ~ 1. 6μm。通过本训练模块的实践训练，使学生能够了解普通铣削加工的原理和应用。

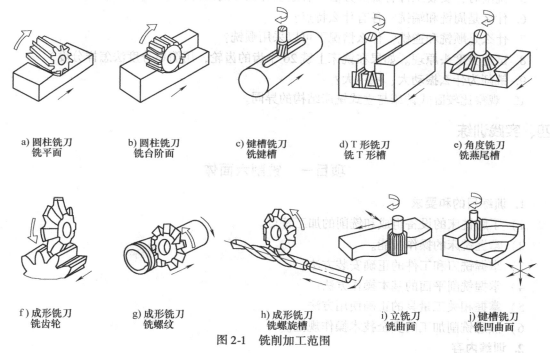

a) 圆柱铣刀　　　　b) 圆柱铣刀　　　c) 键槽铣刀　　　d) T 形铣刀　　　e) 角度铣刀
　铣平面　　　　　　铣台阶面　　　　　铣键槽　　　　　铣 T 形槽　　　　铣燕尾槽

f) 成形铣刀　　　　g) 成形铣刀　　　　h) 成形铣刀　　　i) 立铣刀　　　j) 键槽铣刀
　铣齿轮　　　　　　铣螺纹　　　　　　铣螺旋槽　　　　铣曲面　　　　铣凹曲面

图 2-1　铣削加工范围

二、安全技术操作规程

1. 实训前穿好工作服、工作鞋，女学生要戴好工作帽。严禁戴手套操作。

2. 装拆铣刀要用布衬轻放，不准直接用手握住铣刀，以免铣刀割伤手指。

3. 切削过程不得用手去触摸工件，铣刀未完全停止前不可用手去减速制动，以免被铣刀伤手指。

4. 操作者不要站在切屑流出的方向，清除切屑要用毛刷，不可用手抹，不可用嘴吹。

5. 不得在机床运转时变换主轴转速和进给量。

6. 高速铣削或铣削铸铁等脆性金属时，为防止切屑飞散，必须戴防护镜或采取其他安全措施。

7. 铣刀未离开工件时不得停止主轴旋转。

8. 主轴未停止不准测量工件。

9. 使用自动进给装置，手柄上的离合器必须脱开，否则易钩住衣服，发生危险。

10. 装夹工件一定要牢固可靠，避免发生砸伤事故。

11. 实训结束后，必须关闭总电源，认真擦拭机床，打扫卫生，工量具归位。

三、问题与思考

1. 普通铣床主要由哪几部分组成的？各部分的主要作用是什么？

2. 铣床能加工哪些表面？各用什么刀具？

3. 铣削用量由哪几部分组成？

4. 铣床的主要附件有哪几种？其主要作用是什么？

5. 铣削时，安装工件有哪些方法？各适应什么样的工件？

6. 什么是周铣和端铣？各有什么特点？

7. 什么是顺铣和逆铣？什么情况下可以采用顺铣？

8. 试述分度头原理。如果在铣床上铣 26 个齿的齿轮，用简单分度法怎样分度？

9. 铣削为什么振动大、噪声大？

10. 观察比较卧式铣床与立式铣床结构的异同。

四、实践训练

项目一　铣削六面体

1. 训练目的和要求

1）了解铣床的设备组成和铣削的加工特点。

2）掌握铣床的操作技能。

3）掌握铣刀和工件的正确安装方法。

4）掌握铣削平面的基本操作方法。

5）掌握相关工量具的正确使用方法。

6）熟悉铣削加工的安全技术操作规范。

2. 训练内容

1）训练件：铣削六面体，达到如图 2-2 所示尺寸要求。

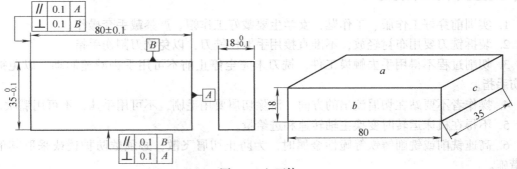

图 2-2　六面体

2）设备：万能升降台铣床 57-3C（立铣），如图 2-3 所示。

3）刀具：$\phi60mm$ 面铣刀。

4）毛坯材料：铝合金；尺寸：$85mm \times 40mm \times 20mm$。

图 2-3　57-3C 型万能升降台铣床（立式）及常用附件

1—横向移动手柄　2—垂向移动手柄　3—自动进给手柄　4—纵向移动手柄　5—平口钳　6—刀柄、弹簧夹头及铣刀

7—立铣头　8—点动按钮　9—进给速度调整手柄　10—分度头　11—纵向换向手柄　12—升降台

3. 实践步骤（见表 2-1）

表 2-1　铣削六面体工序（参考）

序号	工　序	加工简图	加工内容	工量具
1	铣削 a 面（基准面）		用平口钳夹持工件，铣工件上表面 a 面至尺寸 19mm	深度游标卡尺
2	铣削 b 面		将铣出的 a 面紧贴平口钳的固定钳口，夹紧工件，铣削工件侧面 b 面至尺寸 37mm	深度游标卡尺

（续）

序号	工　序	加 工 简 图	加 工 内 容	工 量 具
3	铣削 b 面的对应面	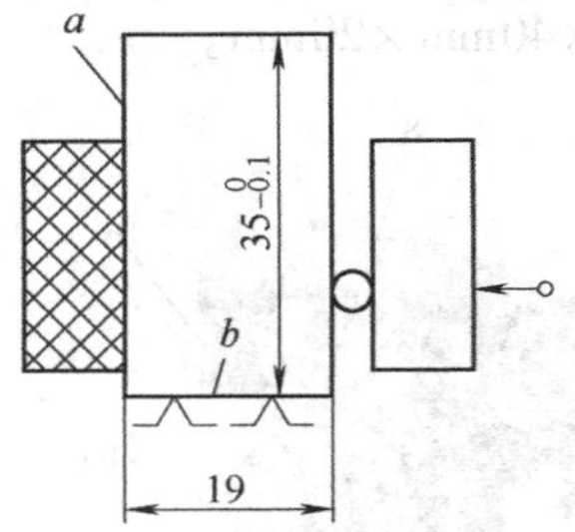 $35_{-0.1}^{0}$　　19　　a　　b	翻身装夹，将 a 面贴紧固定钳口，b 面紧贴垫铁，铣削 b 面的对应面至尺寸 $35_{-0.1}^{0}$ mm	深度游标卡尺
4	铣削 a 面的对应面及 c 面	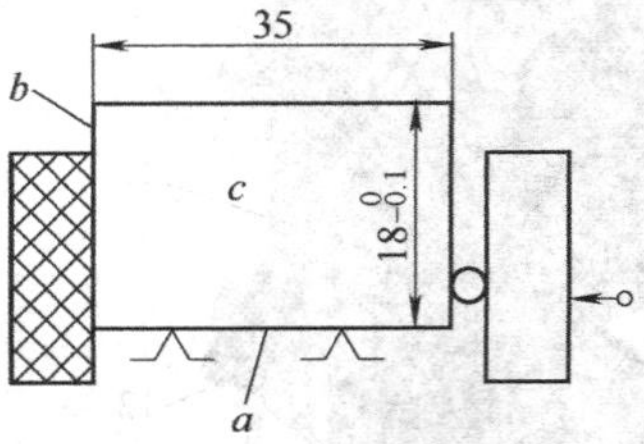 35　　b　　c　　$18_{-0.1}^{0}$　　a	将 b 面紧贴固定钳口，a 面紧贴垫铁，将工件 c 面伸出平口钳端面约 10mm，夹紧并铣削 a 面的对应面至尺寸 $18_{-0.1}^{0}$ mm，以及 c 面（铣出即可）	游标卡尺
5	铣削 c 面的对应面	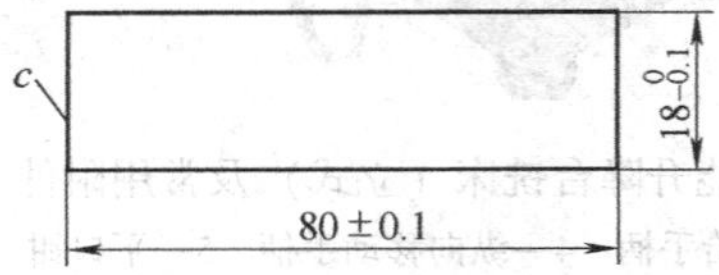 c　　$18_{-0.1}^{0}$　　80 ± 0.1	将 c 面的对应面伸出平口钳端面约 10mm，铣削 c 面的对应面至尺寸（80 ± 0.1）mm	游标卡尺

4. 容易产生的问题和注意事项

1）基准面确定，选择零件上较大的面或图样上的设计基准面作为定位基准。这个基准面应该先加工，并用其作为加工其余各面的基准面。加工过程中这个基准面应紧靠固定钳口，以保证其余各面相对这个基准面的垂直度和平行度要求。

2）加工时分粗精加工，并严格按顺序加工，统一基准。

3）使用平口钳装夹工件时，必须使工件的加工余量高出钳口，必要时可在工件下面垫放适当厚度的平行垫铁，垫铁要有精度要求。

4）及时用锉刀修整工件上的毛刺和锐边，但不要锉伤工件已加工表面。

项目二　铣削直角沟槽

1. 训练目的和要求

1）了解铣削加工工艺特点及应用范围。

2）掌握铣床的操作技能。

3）掌握铣刀和工件的正确安装方法。

4）掌握铣削沟槽，以及保证对称度的铣削方法。

5）掌握相关工量具的正确使用方法。

6）熟悉铣削加工的安全技术操作规范。

2. 训练内容

1）训练件：铣削直角沟槽，达到如图 2-4 所示尺寸要求。

2）设备：万能升降台铣床57-3C（立铣），如图2-3所示。

3）刀具：ϕ16mm 键槽铣刀。

4）毛坯材料：铝合金；尺寸：60mm×60mm×60mm。

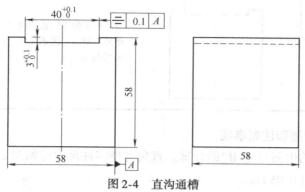

图2-4　直沟通槽

3. 实践步骤（表2-2）

表2-2　铣削直角沟槽工序（参考）

序号	工　序	加工简图	加工内容	工量具
1	铣平面	59	用平口钳夹持工件，铣削三个相邻面至尺寸59mm	深度游标卡尺
2	铣平面	58	铣削三个相邻面的对应面至尺寸58mm	深度游标卡尺
3	铣沟槽	16 / $3^{+0.1}_{0}$	用 ϕ16mm 键槽铣刀在工件中间铣削出宽度为16mm、深度为 $3^{+0.1}_{0}$ mm的沟槽（铣削沟槽对刀方法参见图2-7或用划线对刀）	深度游标卡尺
4	铣沟槽一侧面	M^{es}_{ei}	用顺铣的方法铣削沟槽一侧面，保证尺寸 $M^{es}_{ei} = 9^{\ 0}_{-0.05}$ mm（尺寸链的计算参见图2-5）	游标卡尺

（续）

序号	工 序	加工简图	加工内容	工 量 具
5	铣沟槽另一侧面	$40^{+0.1}_{0}$	用顺铣的方法铣削沟槽另一侧面，保证尺寸 $40^{+0.1}_{0}$ mm	游标卡尺

4. 容易产生的问题和注意事项

1）保证对称度的中间尺寸 M^{es}_{ei} 的计算。直角沟槽零件尺寸链如图 2-5 所示，图中：

封闭环：$\Delta = (0 \pm 0.05)$ mm

增环：$L/2 = 29$ mm

减环：M^{es}_{ei}，$b/2 = 20^{+0.05}_{0}$ mm

封闭环的公称尺寸 = 增环的公称尺寸之和 − 减环的公称尺寸之和

$$0 = L/2 - M - b/2 \Rightarrow M = L/2 - b/2 = 9\text{mm}$$

封闭环的上极限偏差 = 增环的上极限偏差之和 − 减环的下极限偏差之和

$$+0.05 = 0 - ei - 0 \Rightarrow ei = -0.05$$

封闭环的下极限偏差 = 增环的下极限偏差之和 − 减环的上极限偏差之和

$$-0.05 = 0 - es - 0.05 \Rightarrow es = 0$$

$$M^{es}_{ei} = 9^{\ 0}_{-0.05}\text{mm}$$

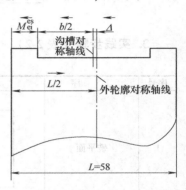

图 2-5　直角沟槽零件尺寸链

2）工件的装夹与校正。

① 校正平口钳。将平口钳安放在工作台中间位置。利用百分表校正固定钳口与工作台纵向进给方向平行并紧固，如图 2-6 所示。

② 装夹工件。工件放入平口钳中，将基准面紧贴固定钳口，找正后夹紧工件。

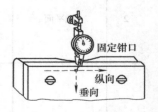

图 2-6　校正平口钳

3）铣削沟槽时的对刀方法。

① 划线对刀。在工件加工部位划出直角槽的尺寸位置线，装夹校正工件后调整机床，使铣刀端面刃对准工件上所划的宽度线，调整好铣削深度，分次纵向进给铣削出沟槽。

② 侧面对刀法。如图 2-7 所示，装夹校正工件后，调整机床，使铣刀侧面刃轻轻与工件侧面接触，垂直降落工作台，使工作台横向移动 $S = B/2 + D/2$ 的距离，调整好铣削深度，分次纵向进给铣削出沟槽。

4）调整铣削深度时，应注意消除丝杠和螺母之间的间隙，以免铣削尺寸错误。

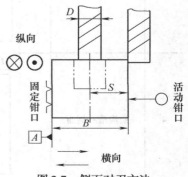

图 2-7　侧面对刀方法

5）铣削沟槽操作时，要注意铣刀的轴向摆差，因为铣刀产生轴向摆差时，会把沟槽的宽度铣大。

6）在槽宽分几刀铣削时，要注意铣刀单面切削时的让刀。

7）在铣削过程中，不能中途停止进给。

8）注意测量前用锉刀去除零件的毛刺。

项目三　铣削内外 T 形槽

1. 训练目的和要求

1）了解铣削加工工艺的基本知识。

2）了解铣削加工方法及所用刀具种类、用途和安装方法，工件装夹方法。

3）掌握内外 T 形槽的铣削及配合的加工方法。

4）掌握相关工量具的正确使用方法。

5）熟悉铣削加工的安全技术操作规范。

2. 训练内容

1）训练件：内 T 形槽与外 T 形块如图 2-8 所示。要求内 T 形槽与外 T 形块配合，配合间隙小于 0.5mm，错边量小于 1mm。

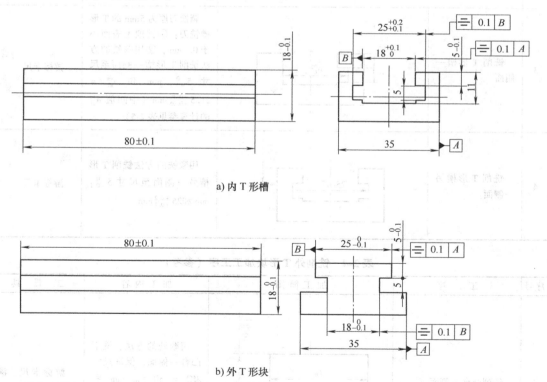

a) 内 T 形槽

b) 外 T 形块

图 2-8　内 T 形槽与外 T 形块

2）设备：万能升降台铣床 57-3C（立铣），如图 2-3 所示。

3）刀具：ϕ16mm 立铣刀；T 形槽铣刀（切削部分直径 $D = \phi$20mm，刃部厚度 $T = 5$mm）。

4）毛坯材料：铝合金；尺寸：$(80\pm0.1)\text{mm}\times35^{\ 0}_{-0.1}\text{mm}\times18^{\ 0}_{-0.1}\text{mm}$（二块）。

注：该坯料为项目一的训练件，加工方法见表2-1。

3. 实践步骤

1）铣削内T形槽，如图2-8a所示，加工工序见表2-3。

2）铣削外T形块，如图2-8b所示，加工工序见表2-4。

表2-3 铣削内T形槽加工工序（参考）

序号	工 序	加工简图	加工内容	工量具
1	铣削凹槽一侧面	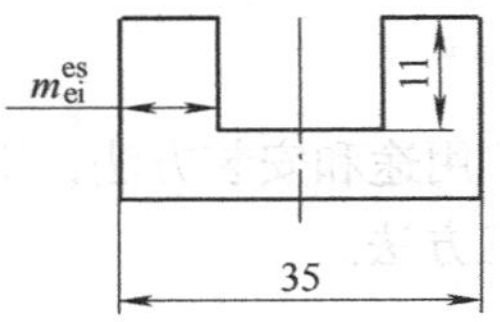 $m^{\text{es}}_{\text{ei}}$ 11 35	用顺铣的方法，铣削凹槽一侧面，保证尺寸11mm和 $m^{\text{es}}_{\text{ei}}=8.5^{\ 0}_{-0.05}\text{mm}$（中间值 $m^{\text{es}}_{\text{ei}}$ 的计算参见表2-5）	游标卡尺、深度游标卡尺
2	铣削凹槽另一侧面	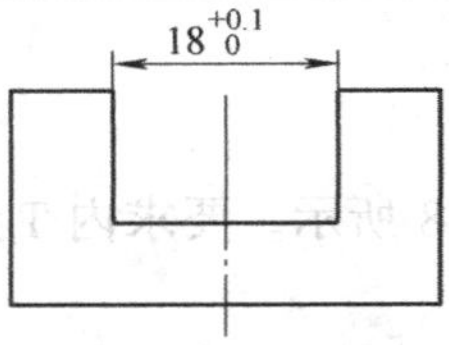 $18^{+0.1}_{0}$	用顺铣的方法，铣削凹槽另一侧面，保证尺寸 $18^{+0.1}_{0}\text{mm}$	游标卡尺
3	铣削T形槽一侧面	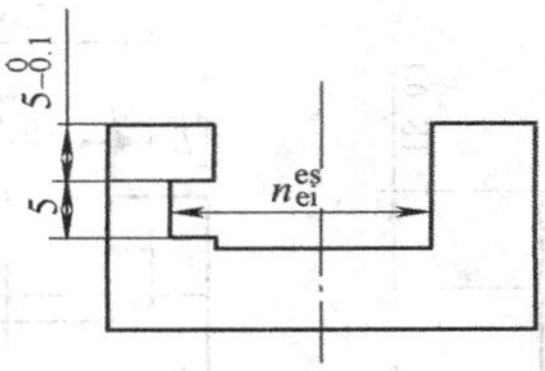 $5^{\ 0}_{-0.1}$ 5 $n^{\text{es}}_{\text{ei}}$	调换刀厚为5mm的T形槽铣刀：①铣削上表面小于0.1mm；②用顺铣的方法铣削T形槽一侧面至尺寸 $5^{\ 0}_{-0.1}\text{mm}$ 和 $n^{\text{es}}_{\text{ei}}=21.5^{+0.10}_{+0.05}\text{mm}$（中间值 $n^{\text{es}}_{\text{ei}}$ 的计算参见表2-5）	游标卡尺
4	铣削T形槽另一侧面	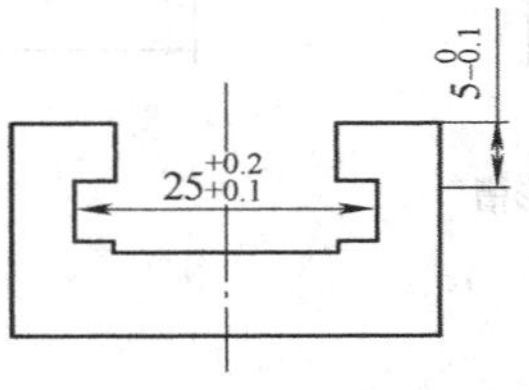 $5^{\ 0}_{-0.1}$ $25^{+0.2}_{+0.1}$	用顺铣的方法铣削T形槽另一侧面至尺寸 $5^{\ 0}_{-0.1}$ mm 和 $25^{+0.2}_{+0.1}\text{mm}$	游标卡尺

表2-4 铣削外T形块加工工序（参考）

序号	工 序	加工简图	加工内容	工 量 具
1	铣削凸台一侧面	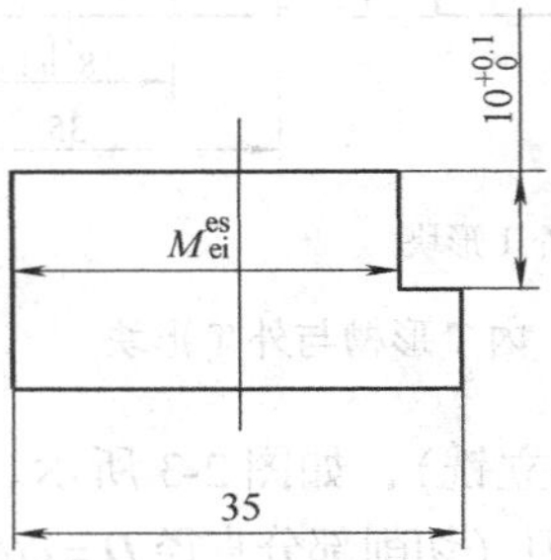 $10^{+0.1}_{0}$ $M^{\text{es}}_{\text{ei}}$ 35	用顺铣的方法，铣削凸台一侧面，保证尺寸 $M^{\text{es}}_{\text{ei}}=30^{\ 0}_{-0.05}\text{mm}$ 和 $10^{+0.1}_{0}\text{mm}$（中间值 $M^{\text{es}}_{\text{ei}}$ 的计算参见表2-6）	游标卡尺、深度游标卡尺

（续）

序号	工 序	加工简图	加工内容	工 量 具
2	铣削凸台另一侧面	尺寸 $10^{+0.1}_{0}$、$25^{0}_{-0.1}$、35	用顺铣的方法，铣削凸台另一侧面，保证尺寸 $25^{0}_{-0.1}$ mm 和 $10^{+0.1}_{0}$ mm	游标卡尺
3	铣削 T 形槽一侧面	尺寸 $5^{0}_{-0.1}$、N^{es}_{ei}、35	调换刀厚为 5mm 的 T 形槽铣刀。①铣削上表面小于 0.1mm；②用顺铣的方法铣削 T 形槽一侧面至尺寸 N^{es}_{ei} =21.5$^{0}_{-0.05}$ mm 和 $5^{0}_{-0.1}$ mm（中间值 N^{es}_{ei} 的计算参见表 2-6）	游标卡尺
4	铣削 T 形槽另一侧面	尺寸 $5^{0}_{-0.1}$、$18^{0}_{-0.1}$	用顺铣的方法铣削 T 形槽另一侧面至尺寸 $18^{0}_{-0.1}$ mm 和 $5^{0}_{-0.1}$ mm	游标卡尺

4. 容易产生的问题和注意事项

1）保证内 T 形槽与外 T 形块对称度的中间尺寸值的计算。

① 关于 m^{es}_{ei} 和 n^{es}_{ei} 的计算（见表 2-5）。

表 2-5 内 T 形槽尺寸链计算中间值 m^{es}_{ei} 和 n^{es}_{ei}

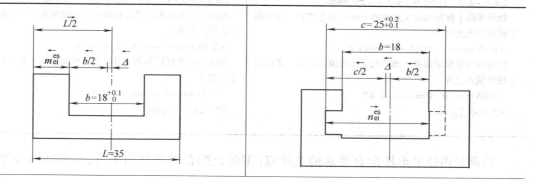

（续）

封闭环 $\Delta = (0 \pm 0.05)\,\mathrm{mm}$

增环 $L/2 = 17.5\,\mathrm{mm}$

减环 m_{ei}^{es}，$b/2 = 9\,{}^{+0.05}_{0}\,\mathrm{mm}$

封闭环的公称尺寸等于增环与减环的公称尺寸之差，即

$0 = L/2 - m - b/2 \Rightarrow m = L/2 - b/2 = 8.5\,\mathrm{mm}$

封闭环的上极限偏差等于增环的上极限偏差与减环的下极限偏差之差，即

$+0.05 = 0 - ei - 0 \Rightarrow ei = -0.05$

封闭环的下极限偏差等于增环的下极限偏差与减环的上极限偏差之差，即

$-0.05 = 0 - es - 0.05 \Rightarrow es = 0$

$m_{ei}^{es} = 8.5\,{}^{0}_{-0.05}\,\mathrm{mm}$

封闭环 $\Delta = (0 \pm 0.05)\,\mathrm{mm}$

增环 n_{ei}^{es}

减环 $c/2 = 12.5\,{}^{+0.10}_{+0.05}\,\mathrm{mm}$，$b/2 = 9\,\mathrm{mm}$

封闭环的公称尺寸等于增环与减环的公称尺寸之差，即

$0 = n - c/2 - b/2 \Rightarrow n = c/2 + b/2 = 21.5\,\mathrm{mm}$

封闭环的上极限偏差等于增环的上极限偏差与减环的下极限偏差之差，即

$+0.05 = es - 0.05 - 0 \Rightarrow es = +0.1$

封闭环的下极限偏差等于增环的下极限偏差与减环的上极限偏差之差，即

$-0.05 = ei - 0.1 - 0 \Rightarrow ei = +0.05$

$n_{ei}^{es} = 21.5\,{}^{+0.10}_{+0.05}\,\mathrm{mm}$

② 关于 M_{ei}^{es} 和 N_{ei}^{es} 的计算（见表2-6）。

表2-6　外T形块尺寸链计算中间值 M_{ei}^{es} 和 N_{ei}^{es}

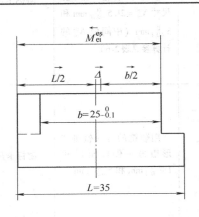
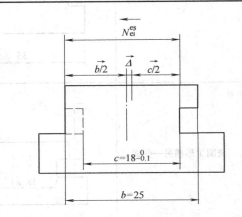

封闭环 $\Delta = (0 \pm 0.05)\,\mathrm{mm}$

增环 M_{ei}^{es}

减环 $b/2 = 12.5\,{}^{0}_{-0.05}\,\mathrm{mm}$，$L/2 = 17.5\,\mathrm{mm}$

封闭环的公称尺寸 = 增环的公称尺寸之和 - 减环的公称尺寸之和

$0 = M - b/2 - L/2 \Rightarrow M = b/2 + L/2 = 30\,\mathrm{mm}$

封闭环的上极限偏差 = 增环的上极限偏差之和 - 减环的下极限偏差之和

$+0.05 = es - (-0.05 - 0) \Rightarrow es = 0$

封闭环的下极限偏差 = 增环的下极限偏差之和 - 减环的上极限偏差之和

$-0.05 = ei - 0 - 0 \Rightarrow ei = -0.05$

$M_{ei}^{es} = 30\,{}^{0}_{-0.05}\,\mathrm{mm}$

封闭环 $\Delta = (0 \pm 0.05)\,\mathrm{mm}$

增环 N_{ei}^{es}

减环 $b/2 = 12.5\,\mathrm{mm}$，$c/2 = 9\,{}^{0}_{-0.05}\,\mathrm{mm}$

封闭环的公称尺寸 = 增环的公称尺寸之和 - 减环的公称尺寸之和

$0 = N - b/2 - c/2 \Rightarrow N = c/2 + b/2 = 21.5\,\mathrm{mm}$

封闭环的上极限偏差 = 增环的上极限偏差之和 - 减环的下极限偏差之和

$+0.05 = es - (-0.05 - 0) \Rightarrow es = 0$

封闭环的下极限偏差 = 增环的下极限偏差之和 - 减环的上极限偏差之和

$-0.05 = ei - 0 - 0 \Rightarrow ei = -0.05$

$N_{ei}^{es} = 21.5\,{}^{0}_{-0.05}\,\mathrm{mm}$

2）满足内外T形槽配合要求的关键点：①保证配合面之间的平行；②保证内外T形槽

$5_{-0.1}^{0}$ mm 尺寸要求;③保证外 T 形块 $10_{0}^{+0.1}$ mm 尺寸要求;④保证内外 T 形槽对称度的要求。

3)加工时,T 形槽铣刀的上、下切削刃和圆周面切削都在同时切削,因此摩擦力大,宜采用较小的进给量和较低的铣削速度。

4)铣削 T 形槽时排出切屑非常困难,切屑容易堵塞从而使铣刀失去切削能力,所以在加工中应经常清除切屑。

5)T 形槽铣刀的颈部细,强度低,要防止铣刀因受到过大的铣削阻力的影响或突然出现冲击力而使铣刀折断。

项目四 铣削六角螺母

1. 训练目的和要求

1)了解铣削加工工艺特点及应用范围。

2)掌握卧式万能铣床的操作方法。

3)掌握圆柱铣刀的正确安装方法。

4)了解分度头工作原理,掌握使用分度头进行简单分度的方法。

5)掌握相关工量具的正确使用方法。

6)掌握圆柱铣刀铣平面的基本操作方法。

7)熟悉铣削加工的安全技术操作规范。

2. 训练内容

1)训练件:在轴类零件上铣六角,达到如图 2-9 所示尺寸要求。

2)设备:万能升降台铣床 57-3C(卧铣),如图 2-10 所示。

3)刀具与夹具:直齿三面刃铣刀,FW125 分度头。

4)毛坯材料:Q235 钢,尺寸:$\phi 30\text{mm} \times 28\text{mm}$。

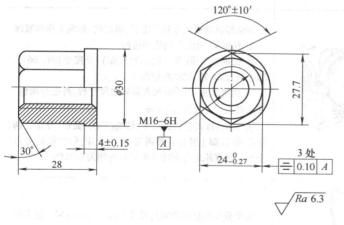

图 2-9 六角螺母

图 2-10 57-3C 型万能升降台铣床(卧式)

1—横向移动手轮 2—垂向移动手柄 3—自动
进给手柄 4—工作台 5—挂架 6—主轴
7—横梁 8—点动按钮 9—进给速度调整
手柄 10—纵向移动手轮 11—纵向换向
手柄 12—升降台

3. 实践步骤(见表2-7)

表2-7 分度头铣削六角螺母工序(参考)

序号	工 序	加工简图	加工方法
1	工件的装夹与找正		安装与校正分度头。将分度头水平安放在工作台中间T形槽偏右端,用自定心卡盘装夹工件,并找正工件,使其上素线与工作台面平行,侧素线与工作台纵向进给方向平行,以保证铣出的工件外形和尺寸一致。工件伸出的长度应尽量短,以减小切削振动,然后找正工件的外圆,使其圆跳动量在0.04mm以内,夹紧工件
2	对刀调整		①侧面对刀确定铣削深度:在工件侧面贴一张薄纸,起动机床,使铣刀处于铣削位置,慢摇横向工作台,使薄纸刚好擦去,将横向刻度盘调零。下降垂向工作台。根据深度加工要求,横向移动工作台调整铣削层的深度 ②端面对刀确定铣削长度:在工件端面贴一张薄纸,摇动纵向工作台,使工件离开铣刀,垂向上升到刀杆中心位置,起动机床,慢摇纵向工作台,使铣刀刚好擦去薄纸,将纵向刻度盘调零。下降垂向工作台。根据长度加工要求,纵向移动工作台调整铣削长度
3	铣削六角		调整好铣削层深度和长度后,将横向、纵向工作台紧固 ①铣削第一面:垂向机动进给 ②铣削第二面(第一面的对应面):分度手柄在66孔圈上转过20转,铣出对应面 ③预测尺寸:用千分尺测量对边尺寸后,再进行调整,保证对边尺寸为$24_{-0.27}^{0}$mm ④铣削:按调整后的尺寸,每铣削完一面后,分度手柄摇在66孔圈上转过6整圈与44个孔距,依次铣削完六个面。分度原理与方法见本项目的相关知识介绍
4	检查质量		用千分尺测量六角对边尺寸为$24_{-0.27}^{0}$mm;用游标卡尺测量台阶尺寸为4mm±0.15mm 用游标万能角度尺测量120°±10′

4. 容易产生的问题和注意事项

1)为保证对称度要求,铣第一面时,应先试切,然后确定铣削深度。

2)在卧式铣床上使用垂向进给时,必须精力集中,以防铣刀及工作台面或悬梁与自定心卡盘相撞。

3)平行度超差,其原因可能是分度头没安装好、工件没夹紧等。

4)利用分度头进行铣削加工时,铣削前,先要了解正多边形的重要尺寸关系,以便正确计算分度值。

5)在分度时,注意分度叉的调整应比需要转过的孔数多一个孔,因为第一个孔作为起点,不计算。

6)为了保证安全,手转动分度头手柄分度时,一定要使工件离开刀具范围。

7)主轴未停稳,不得测量工件与触摸工件表面。

5. 相关知识介绍

分度头是铣床上重要的精密附件,用来完成铣削等分面、齿轮等工作,在生产中最常用。万能分度头的结构如图 2-11 所示,分度头的传动系统如图 2-12 所示。

(1)分度头分度原理 分度头中蜗杆和蜗轮的传动比 i = 蜗杆的头数/蜗轮的齿数 = 1/40,即分度手柄转过 40 圈,主轴转一圈,"40"称为分度头的定数。当手柄转一圈时,通过齿数比为 1:1 的直齿圆柱齿轮副传动,使单头蜗杆也转一圈,相应地使蜗轮带动主轴旋转 1/40 圈。可见,若工件在整个圆周上需要等分数为 z,则每一次等分时,分度手柄所需转过的圈数 n 可由下列比例关系式求得

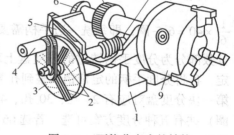

图 2-11　万能分度头的结构

1—基座　2—扇形条　3—分度盘
4—手柄　5—回转体　6—主轴
7—蜗轮　8—蜗杆　9—自定心卡盘

$$1:40 = \frac{1}{z}:n \quad 即 \quad n = \frac{1}{z} \times 40$$

式中　　n——手柄转数;

　　　　z——工件等分数;

　　　　40——分度头定数。

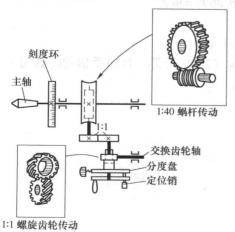

a)万能分度头传动系统

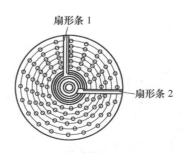

b)分度盘

图 2-12　分度头的传动系统

(2) 分度头简单分度方法　简单分度法又称为单式分度法，它是将分度盘固定，分度手柄相对分度盘转过一定的转数，使工件转过所需的等分数或度数。一般分度头备有两块分度盘，分度盘的孔数见表 2-8。简单分度法有两种分度计算形式：

1) 基本分度计算。以工件等分数 z 为计算依据，其计算关系为：

$$n = 40/z \tag{2-1}$$

表 2-8　分度盘的孔数

第一块	正面：24、25、28、30、34、37
	反面：38、39、41、42、43
第二块	正面：46、47、49、51、53、54
	反面：57、58、59、62、66

例如，铣削 $z = 6$ 的正六边形，根据式 (2-1) 计算，每边分度手柄的转数 $n = \dfrac{1}{z} \times 40 = \dfrac{1}{6} \times 40 = 6\dfrac{2}{3}$ 圈，即每铣一边手柄需要转过 $6\dfrac{2}{3}$ 圈。其中，整数部分为分度手柄整数转数，分数部分为分度手柄转过的分度盘上对应扇形条之间的孔距。具体方法为：先将分度盘固定，再将分度手柄的定位销调整到孔数为 6 的倍数的孔圈上。根据表 2-8 分度盘的孔数（在第一块分度盘对应有 24 孔、30 孔、42 孔的孔圈，第二块分度盘对应有 54 孔、66 孔的孔圈）共有五种分度方案可选。若选 66 孔的孔圈，此时分度手柄每次应转 6 整转，再转 44 个孔距（包含 44 + 1 个孔）。

2) 角度分度计算。当工件以角度数为计算依据时，可以采用角度分度法。它的分度计算与基本分度法是一致的，即分度手柄转 40r，工件转 1r，等于 360°，即手柄转 1r，工件转 9°。其计算关系为

$$1 : 40 = \frac{1}{z} : n$$

$$360° : 40 = \theta : n$$

即

$$n = 40 \times \theta/360° = \theta/9° \tag{2-2}$$

式中

θ——工件所需要转动的角度（360°/z）（°）。

例如，铣削 $z = 4$ 的四方螺钉头，根据式 (2-2) 计算，每边手柄的转数为 $n = \theta/9° = 90°/9° = 10r$，即每铣一边手柄需要转过 10r。

模块三　钳工训练

一、训练模块简介

　　钳工是使用各种手用工具和一些机械设备进行零件加工、机器装配、调试、维修和检测等工作，其基本操作内容有划线、錾削、锯削、锉削、铆接、研磨、刮削、钻孔、扩孔、铰孔、攻螺纹、套螺纹和装配等。钳工分为普通钳工、工具钳工、模具钳工、装配钳工、钣金钳工和机修钳工等。学生应灵活应用所学的钳工知识和技能，正确使用钳工设备、工具、刀具、量具和夹具，独立完成考核件的加工或者创新件的设计与制作。

二、安全技术操作规程

　　1. 实训时必须穿戴劳动防护用品，在指定的工作位置进行实训。

　　2. 工件必须牢固地装夹在台虎钳上，装夹小工件时防止钳口夹伤手指。

　　3. 不得用手挖剔锉刀齿里的切屑，也不得用嘴吹，应该用专用的刷子清除。

　　4. 锤击錾子时，视线应该集中在錾子的地方，錾削工件最后部分时锤击要轻，并注意断片飞出的方向，以免伤人。

　　5. 铰孔或者攻螺纹时，不要用力过猛，以免折断铰刀和丝锥。

　　6. 禁止用扳手代替锤子、用钢直尺代替螺钉旋具、用管子接长扳手的柄、用划针代替样冲打眼。

　　7. 锉削时，工件的表面应高于钳口，不得用钳口面做基准来加工平面，以免锉刀出现磨损或损坏台虎钳。

　　8. 发现已损坏工具时，要停止使用，及时报告指导教师修理或更换。

　　9. 锯削时锯条松紧要适当，防止锯条折断时从锯弓上弹出伤人。工件被锯削下的部分要防止跌落砸在脚上。

　　10. 使用钻床时，要严格遵守有关安全操作规程。严禁戴手套操作，不准多人操作。操作结束后，及时关闭开关，切断电源。

　　11. 使用砂轮机时必须戴好防护眼镜，磨削时不能用力过猛，以免出现伤害事故。

　　12. 实训结束后要全面清扫实训场地，并整管好自己使用的工具、材料等。

三、问题与思考

　　1. 钳工的基本操作内容包括哪些？

　　2. 划线前应做好哪些准备工作？

　　3. 怎样选择划线基准？

　　4. 怎样选择和安装锯条？

　　5. 锯条齿纹的粗细应根据什么来选择？为什么？

6. 锯削钢料时，提高锯削速度就可以提高锯削效率吗？

7. 锯条折断的原因有哪些？

8. 锉刀是用何种钢制成的？热处理后切削部分的硬度 HRC 应是多少？

9. 锉削较硬材料时应选用何种锉刀？锉削铝、铜等软金属时应选用何种锉刀？

10. 以锉削平面为例，试述锉刀的使用方法。

11. 在钳工实习中，你是怎样检验相邻两面的垂直度的？

12. 钻通孔时，当要钻通时，必须减少进给量，这是什么原因？

13. 加工韧性及脆性材料的内螺纹底孔与钻头直径如何确定？

14. 攻螺纹和套螺纹的工具有哪些？怎样区别头锥、二锥？

15. 铰刀使用时为什么不能倒转？其加工的尺寸公差等级能达到多少？

四、实践训练

项目一　熟悉钳工实训场地与常用设备

1. 钳工实训场地

钳工实训场地一般分为钳工工位区、台钻区、划线区和刀具刃磨区等区域。区域之间留有安全通道。图 3-1 所示为钳工实训场地平面图。

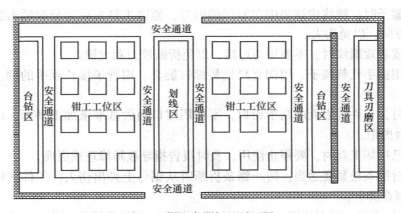

图 3-1　钳工实训场地平面图

2. 钳工实训场地中的主要设备

钳工实训场地中的主要设备有台钻、台虎钳、砂轮机和钳工台，如图 3-2 所示。

3. 钳工工具和量具的摆放

工作时，钳工工具一般都放置在台虎钳的右侧，量具则放置在台虎钳的正前方，如图 3-3 所示。要求：①工具均平行摆放，并留有一定间隙；②工作时，量具均平放在量具盒上。

注意：①工具、量具不得混放；②摆放时，工具的柄部均不得超出钳工台面，以免被碰落砸伤人员或损坏工具；③工具、量具要放在规定的部位，使用时要轻拿轻放，用完后要擦拭干净，要做到文明生产。

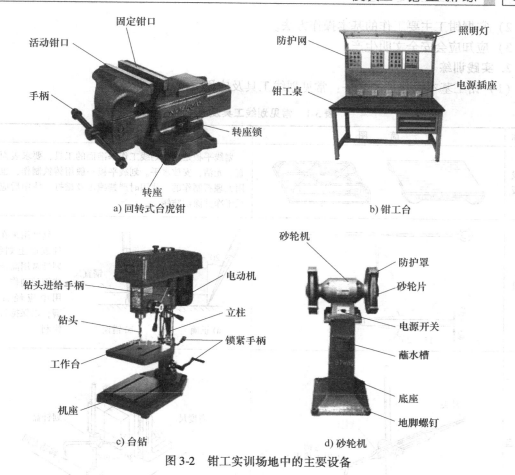

a) 回转式台虎钳　　　　　　b) 钳工台

c) 台钻　　　　　　　　　d) 砂轮机

图 3-2　钳工实训场地中的主要设备

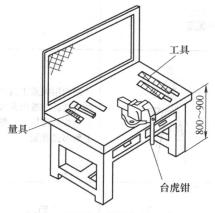

图 3-3　工具和量具摆放示意图

项目二　钳工基本操作训练

1. 训练目的

1）熟悉钳工常用设备与工量具的使用方法。

2）掌握钳工主要工作的基本操作方法。

3）应知应会安全文明生产。

2. 实践训练

（1）钳工基本操作训练之一：常见划线工具及应用（见表3-1）

表3-1　常见划线工具及应用

名称	简　图	应　用
划线平板		划线平板是用作划线工作基准面的工具，要求表面平直、光洁，安放水平。划线平板一般用铸铁制作，也有用大理石制作的。使用时严禁撞击及敲打，使用后应擦拭干净并涂油防锈
划针	$\phi 3 \sim \phi 5$　$15° \sim 20°$	划针用来在工件表面上划线，划针常用高速钢或钢丝制作，使用中应经常修磨，以保持针尖锐利
划针盘	针尖　划针　弯钩（用于找正）　底座	
划规		划规用碳素工具钢制作，尖部焊高速钢及硬质合金，两尖合拢的锥角为 $50° \sim 60°$ 划规的作用为：等分线段和角度，截取尺寸，在平板上划圆弧和圆
直角尺		用来划一条垂直于加工面的线，或检查两个面的垂直度与平面度等

（续）

名称	简　图	应　用
高度游标尺	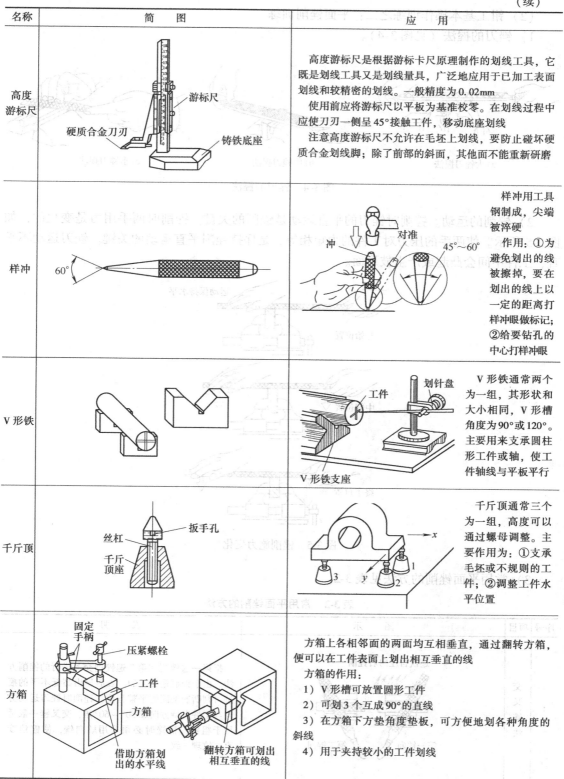	高度游标尺是根据游标卡尺原理制作的划线工具，它既是划线工具又是划线量具，广泛地应用于已加工表面划线和较精密的划线。一般精度为0.02mm 使用前应将游标尺以平板为基准校零。在划线过程中应使刀刃一侧呈45°接触工件，移动底座划线 注意高度游标尺不允许在毛坯上划线，要防止碰坏硬质合金划线脚；除了前部的斜面，其他面不能重新研磨
样冲		样冲用工具钢制成，尖端被淬硬 作用：①为避免划出的线被擦掉，要在划出的线上以一定的距离打样冲眼做标记；②给要钻孔的中心打样冲眼
V形铁		V形铁通常两个为一组，其形状和大小相同，V形槽角度为90°或120°。主要用来支承圆柱形工件或轴，使工件轴线与平板平行
千斤顶		千斤顶通常三个为一组，高度可以通过螺母调整。主要作用为：①支承毛坯或不规则的工件；②调整工件水平位置
方箱		方箱上各相邻面的两面均互相垂直，通过翻转方箱，便可以在工件表面上划出相互垂直的线 方箱的作用： 1）V形槽可放置圆形工件 2）可划3个互成90°的直线 3）在方箱下方垫角度垫板，可方便地划各种角度的斜线 4）用于夹持较小的工件划线

高度游标尺图中标注：游标尺、硬质合金刀刃、铸铁底座

样冲图中标注：60°、冲、对准、45°～60°

V形铁图中标注：划针盘、工件、V形铁支座

千斤顶图中标注：扳手孔、丝杠、千斤顶座、x、y、1、2、3

方箱图中标注：固定手柄、压紧螺栓、工件、方箱、借助方箱划出的水平线、翻转方箱可划出相互垂直的线

（2）钳工基本操作训练之二：平面锉削训练

1）锉刀的握法（见图3-4）。

| a) 大锉刀握法 | b) 中锉刀握法 | c) 小锉刀握法 |

图3-4　锉刀的握法

2）锉削的运动。锉削时锉刀的平直运动是锉削的关键。锉削时两手用力是变化的，如图3-5所示。使两手的压力对工件的力矩相等，是保持锉削平直运动的关键。锉刀运动不平直，工件中间会凸起或产生鼓形面。

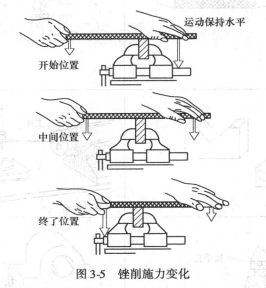

图3-5　锉削施力变化

3）常用平面锉削的方法见表3-2。

表3-2　常用平面锉削的方法

序号	项目	图　　　示	说　　　明
1	交叉锉法	逐次自左向右锉削 第一锉向　　第二锉向	指第一遍锉削和第二遍锉削交叉进行的锉削方法。由于锉痕是交叉的，表面显出高低不平的痕迹可判断锉削面的平整程度。锉削时锉刀运动方向与工件夹持方向成50°～60°角，交叉锉一般适用于粗锉，精锉时必须采用顺向锉，使锉痕变直，纹理一致

（续）

序号	项目	图　示	说　明
2	顺锉法	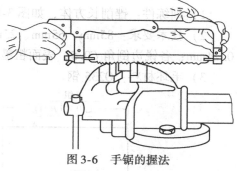	指锉刀运动方向与工件夹持方向一致的锉削方法。在锉宽平面时，为使整个加工表面能均匀地锉削，每次退回锉刀时应横向做适当的移动。顺锉法的锉纹整齐一致，比较美观，适用于精锉
3	推锉法	推锉方向	推锉法效率不高，适用于加工余量小，表面精度要求高或窄平面的锉削及修光，能获得平整光洁的加工表面

4）锉刀的选择见表3-3。

表3-3　锉刀的选择

锉　　刀	10mm 长度内齿数	特点和应用	加工余量/mm	表面粗糙度 Ra 值/μm
粗齿	4 ~ 12	适合粗加工或锉铜、铝等非铁金属	0.5 ~ 1	50 ~ 12.5
中齿	13 ~ 24	半精加工，适宜于粗锉后加工	0.2 ~ 0.5	6.3 ~ 3.2
细齿	30 ~ 40	适合精加工或锉削硬金属（钢、铸铁等）	0.05 ~ 0.23	6.3 ~ 1.6
油光齿	50 ~ 62	精加工时修光表面	0.05 以下	0.8

（3）钳工基本操作训练之三：锯削训练

1）手锯的握法，如图3-6所示。

2）起锯。保留划线，目测起锯位置到划线的距离为一合适数值，一般以 0.3 ~ 0.5mm 为宜。起锯方式有远起锯和近起锯两种，一般采用远起锯。起锯方式如图3-7所示。

3）锯条的选用和安装。锯条的选用见表3-4。安装锯条时，齿尖应向前。

图3-6　手锯的握法

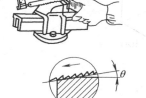  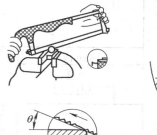

a) 远起锯 (θ<15°)　　b) 近起锯 (θ<15°)　　c) 起锯角太大 (θ>15°)　　d) 用拇指挡住锯条起锯

图3-7　起锯方式

表 3-4 锯条的选用

锯齿粗细		齿条的长度：分 200mm、250mm、300mm 三种	应 用
齿数/25mm	粗齿	14 ~ 18	适用于锯软钢、铸铁、纯铜及人造胶质材料
	中齿	22 ~ 24	适用于锯中等硬度钢及壁厚的钢管、铜管或中等厚度普通钢材、铸铁等
	细齿	32	适用于锯硬钢等硬材料、薄形金属、薄壁管子、电缆等
	细变中	32 ~ 20	适用于一般工厂，易于起锯

4）锯削应注意以下几点：①锯削时要保持锯弓与台虎钳的轴线平行；②在锯削同一个面的过程中，站立位置不得改变；③严格控制锯削的速度；④经常检查锯缝，及时纠正偏斜。

项目三　锉削长方体

1. 训练目的和要求

1）懂得平面锉削的方法及要领，初步掌握平面锉削的技能。

2）熟悉保证锉削的平面度、平行度、垂直度的方法。

3）学习基准面的选择、加工及作用，掌握正确的锉削姿势和动作。

4）掌握用刀口形直尺（或钢直尺）检查平面度的方法。

5）正确使用直角尺检查工件垂直度。

6）应知应会安全文明生产。

2. 训练内容

1）训练件：锉削长方体，如图 3-8 所示。

2）技术要求：85mm、65mm、25mm 三处尺寸，其最大与最小尺寸的差值不得大于0.24mm；各锐边倒角 C0.5；表面粗糙度值为 Ra12.5μm。

3）毛坯材料：Q235 钢。

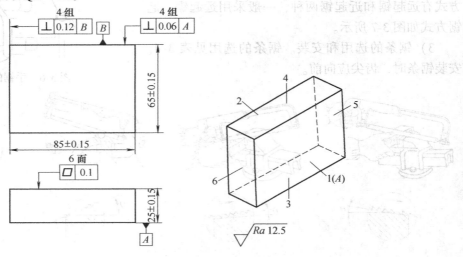

图 3-8 长方体

3. 训练器材

平口钳、粗齿平锉、直角尺、外卡钳、游标卡尺、钢直尺、高度游标卡尺、毛刷、锉刀刷、划针、划线平板。

4. 实践步骤

（1）锉削长方体加工步骤（见表3-5）

表3-5　锉削长方体加工步骤（参考）

工　序	加工内容	工　量　具
1. 检查备料	加工前，应对毛坯进行全面检查：①了解误差及加工余量的情况；②选择加工基准面：大平面为先，选择较平整且与轴线垂直的端面	游标卡尺
2. 锉削（25±0.15）mm 的平行面	1）锉削零件基准面A。如图3-8所示，本项目选1面作为加工基准面，进行粗锉、精锉，达到平面度和表面粗糙度要求，并做好标记，作为基准面A	粗齿平锉、平口钳、直角尺、毛刷、锉刀刷
	2）划线。以基准面A（1面）为基准，划25mm，以及加工余量1mm线	划线平板、高度游标卡尺
	3）锉削A面的对应面（2面）。以A面（1面）为基准，粗精锉A面（1面）的对应面（2面），达到尺寸公差（25±0.15）mm、平面度0.1mm和表面粗糙度的要求	粗齿平锉、平口钳、直角尺、游标卡尺、外卡钳、毛刷、锉刀刷
3. 锉削（65±0.15）mm 的平行面	1）锉削基准面（3面）。粗锉、精锉面3，达到平面度、垂直度（与A面的⊥）、表面粗糙度要求	粗齿平锉、平口钳、直角尺、毛刷、锉刀刷
	2）划线。以面3为基准，划65mm，以及加工余量1mm线	划线平板、高度游标卡尺
	3）锉削面3的对应面（4面）。以面3为基准，粗精锉面3的对应面（4面），达到尺寸公差（65±0.15）mm、平面度0.1mm和表面粗糙度的要求	粗齿平锉、平口钳、直角尺、游标卡尺、外卡钳、毛刷、锉刀刷
4. 锉削（85±0.15）mm 的平行面	1）锉削基准面（5面）。粗锉、精锉面5，达到平面度、垂直度（与A面的⊥）、表面粗糙度要求	粗齿平锉、平口钳、直角尺、毛刷、锉刀刷
	2）划线。以面5为基准，划85mm，以及加工余量1mm线	划线平板、高度游标卡尺
	3）锉削面5的对应面（6面）。以面5为基准，粗精锉面5的对应面（6面），达到尺寸公差（85±0.15）mm、平面度0.1mm和表面粗糙度的要求	粗齿平锉、平口钳、直角尺、游标卡尺、外卡钳、毛刷、锉刀刷
5. 精度复检	全部精度复检，并做必要的修整锉削	直角尺、外卡钳、游标卡尺、钢直尺
6. 锐边倒钝	各锐边做 C0.5 倒角	粗齿平锉

（2）容易出现的问题与注意事项

1）加工顺序。加工平行面，必须在基准面达到平面度要求后进行；加工垂直面，必须在平行面加工好后进行。这样在加工各相关面时才具有准确的测量基准。

2）工件装夹。注意加工基准面A（1面）的垂直面时，基准面A始终紧靠固定钳口，工件要敲实夹紧。

3）几何公差的保证。①垂直度控制：测量基准面外伸于台虎钳一侧，如图3-9所示。在锉削过程中，要经常目测锉削面对大平面的垂直度，以及对测量基准面的垂直度，最后使用刀口形直尺准确测量垂直度，注意检测时无须将工件取下。②平行度控制：目测锉削平面与划线之间的平行情况，调整锉削位置，注意装夹时要使划线与钳口上面平行。

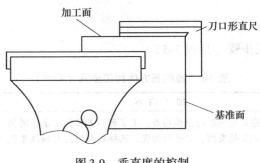

图 3-9　垂直度的控制

4）出现平面不平的形式和原因（见表 3-6）。

表 3-6　平面不平的形式和原因

形　式	产生的原因
平面中凸	1）锉削时双手的用力不能使锉刀保持平衡 2）锉刀在开始推出时，右手压力太大，锉刀被压下，锉刀推到前面，左手压力太大，锉刀被压下，形成前、后面多锉 3）锉削姿势不正确 4）锉刀本身中凹
对角扭曲或塌角	1）左手或右手施加压力时重心偏在锉刀的一侧 2）工件未夹正确 3）锉刀本身扭曲
平面横向中凸或中凹	锉刀在锉削时左右移动不均匀

项目四　阶梯镶配件

1. 训练目的和要求

1）掌握板类零件的锉削与锯削过程中，尺寸公差和几何公差的控制方法。

2）掌握锉配精度要求，并使互配零件能正反互配。

3）掌握具有对称要求的工件的加工工艺和测量方法。

4）掌握阶梯镶配件的检验及误差修正方法。

5）能区别锉削刀具的种类和应用。

6）掌握钻孔、铰孔、攻螺纹的方法及要领。

7）应知应会安全文明生产。

2. 训练内容

1）训练件：锉削阶梯镶配件，如图 3-10 所示。

2）基本要求：件 2 按件 1 配作，配合间隙不大于 0.02mm，下端错位量不大于 0.04mm；表面粗糙度值为 $Ra3.2\mu m$。

3）毛坯材料：Q235 钢，尺寸 46mm×46mm×12mm（2 件），备料要求如图 3-11 所示。

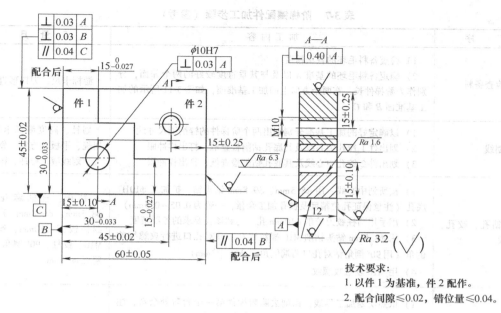

技术要求：
1. 以件 1 为基准，件 2 配作。
2. 配合间隙≤0.02，错位量≤0.04。

图 3-10　阶梯镶配件

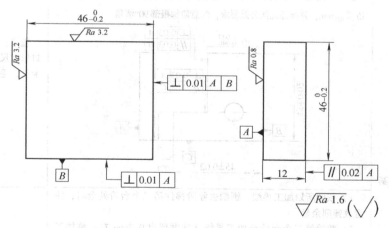

图 3-11　阶梯镶配件备料

3. 训练器材

1）设备：平口钳、软钳口；钻床 Z512B-2。

2）划线用工具：划针、划规、方箱、平板、样冲、锤子、划线液。

3）工具：粗齿平锉、中齿平锉、粗齿方锉、锯弓、锯条、直柄麻花钻 $\phi8.5\text{mm}$、$\phi9.8\text{mm}$；手用圆柱铰刀 $\phi10\text{mm}$、铰杠、丝锥 M10、毛刷、锉刀刷、润滑油、90°倒角钻。

4）量具：游标卡尺 0～150mm，钢直尺，高度游标卡尺 0～300mm，塞尺 0.02～0.5mm，千分尺 0～25mm、25～50mm，塞规 $\phi10\text{mm}$，刀口形直尺 125mm。

4. 实践步骤

（1）阶梯镶配件加工步骤（见表 3-7）

表 3-7　阶梯镶配件加工步骤（参考）

工　序	加工内容	工量具
1. 检查备料	1）检查备料毛坯的各项精度 2）确定备料毛坯的基准 A 以及与其垂直度较好的两个邻面，分别作为阶梯件长、宽两个方向上的加工基准面，如图 3-11 所示的加工基准面 B 和 C	游标卡尺、刀口形直尺
2. 划线	1）以确定好的加工基准分别划出两个阶梯件的锉削面尺寸线 2）划出件 1 铰孔中心线及其底孔钻削检查框，打出样冲眼 3）划出件 2 铰孔中心线及其底孔钻削检查框，打出样冲眼	划针、高度游标卡尺、划规、平板、方箱、钢直尺、划线液、样冲、锤子
3. 钻孔、铰孔、攻螺纹	1）按所划中心线，用 $\phi 8.5$mm、$\phi 9.8$mm 钻头钻、扩加工 $\phi 10$H7 底孔（注意保证孔位精度及铰孔加工余量，一般为 $0.05 \sim 0.5$mm） 2）用手用圆柱铰刀铰削 $\phi 10$mm 孔，达到该孔要求的各项精度 3）用 $\phi 8.5$mm 钻头钻削 M10 螺纹底孔，并对孔口进行攻螺纹前倒角（用 90° 倒角钻对孔口两端倒角至 $\phi 11 ^{+0.5}_{0}$mm） 4）用 M10 丝锥攻螺纹	钻床、直柄麻花钻 $\phi 8.5$mm、$\phi 9.8$mm 手动圆柱铰刀 $\phi 10$mm、丝锥 M10、铰杠、90° 倒角钻、塞规 $\phi 10$mm
4. 加工件 1（基准件）	1）依照所划加工界线，锯削去除阶梯件第一个台阶处余料，注意放锉削余量 2）粗锉第一个台阶至加工界线（注意留出 0.3mm 左右精加工余量） 3）精锉第一个台阶，分别达到（45 ± 0.02）mm、$30 ^{+0.047}_{-0.040}$mm、$15 ^{0}_{-0.027}$mm，并保证几何公差要求，注意阶梯根部 90° 清角 1）依照所划加工界线，锯削去除阶梯件第二个台阶处余料，注意放锉削余量 2）粗锉第二个台阶至加工界线（注意留出 0.3mm 左右精加工余量） 3）精锉第二个台阶，分别达到（45 ± 0.02）mm、$30 ^{+0.047}_{-0.040}$mm、$15 ^{0}_{-0.027}$mm，并保证几何公差要求，注意阶梯根部 90° 清角 	锯弓、锯条、锉刀、刀口形直尺、千分尺、游标卡尺、毛刷、锉刀刷 锯弓、锯条、锉刀、刀口形直尺、千分尺、游标卡尺、毛刷、锉刀刷

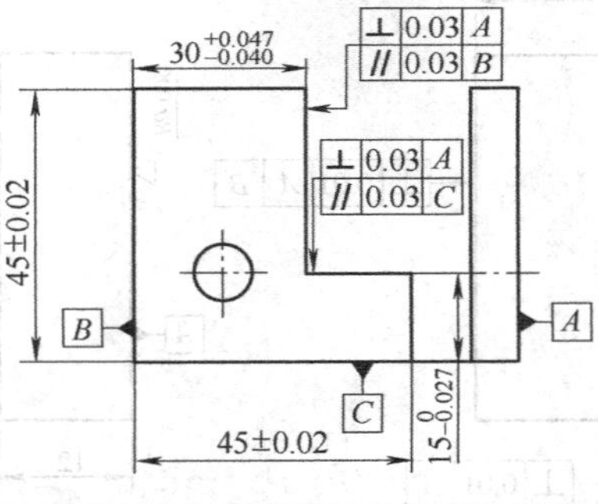

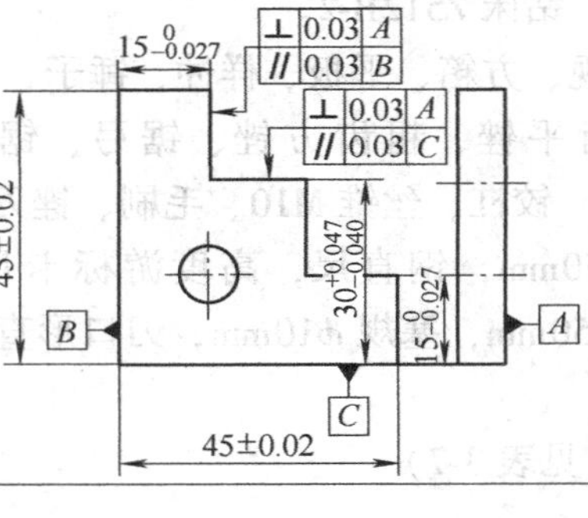

（续）

工 序	加 工 内 容	工 量 具
5. 加工件 2（配件）	1）件 2 的加工方法与件 1 相同，分别依照所划加工界线，完成阶梯件 2 的加工 2）以件 1 为基准，换向、交替精锉件 2 各配作面，使配合互换间隙不大于 0.02mm，配合后错位量不大于 0.04mm 3）全部精度复检，修整、锐边倒钝、清除毛刺	锯弓、锯条、锉刀、刀口形直尺、千分尺、游标卡尺、毛刷、锉刀刷、塞尺

（2）容易出现的问题与注意事项

1）锉配件加工要点。

① 为控制对称度的误差，外形尺寸必须加工准确。

② 阶梯面加工，为了保证对称度精度，只有先加工一角至规定要求后，才能加工另一角。千万不要先把几个台阶面都锯好，再一次性锉削，要养成良好的加工习惯。

③ 凹凸件锉配时，从基准开始就要从严控制好平行度、垂直度，才能保证配合间隙精度、尺寸精度和转位误差。本项目先加工件 1，再以件 1 为基准，锉配件 2。

2）锯削加工时压线技术的操作要点。

① 划线。在划线上均匀打上样冲眼。

② 装夹工件。夹持工件时，保证锯削划线与水平方向垂直，并用刀口形直尺检验垂直情况，如图 3-12 所示。

3）注意对图样上没有标注倒角的锐边，一般要进行倒钝，即倒出 0.1 ~ 0.2mm 的棱边，如果图样上注明不准倒角或倒钝锐边，则需要去毛刺，可保证测量精度。

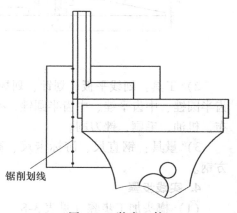

锯削划线

图 3-12　装夹工件

项目五　榔　头

1. 训练目的和要求

1）掌握划线、锯削、锉削、钻孔、攻螺纹等钳工基本操作。

2）分析图样，制订加工工艺，合理选择加工方法和保证加工质量的措施。

3）熟悉钳工常用工具、量具的使用方法。

4）应知应会安全文明生产。

2. 训练内容

1）训练件：榔头，如图 3-13 所示。

2）毛坯材料：45 钢，尺寸 18mm × 18mm × 95mm。

3）要求锉纹整齐、美观，曲面过渡要圆滑准确。

3. 训练器材

1）设备：台虎钳、台钻。

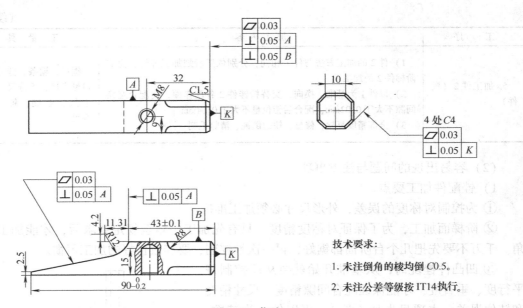

技术要求：

1. 未注倒角的棱均倒 C0.5。

2. 未注公差等级按 IT14 执行。

图 3-13　榔头

2）工具：划线平板、划针、划规、样冲、锤子、划线液、方箱、钢锯、粗齿平锉、粗齿半圆锉、中齿平锉、中齿半圆锉、φ6.7mm 麻花钻、φ10mm 麻花钻、M8 丝锥及绞手、砂布、机油、毛刷、锉刀刷。

3）量具：钢直尺、游标卡尺、高度游标卡尺、4 寸刀口形直尺、半径规、辅助划线方钢。

4. 实践步骤

（1）榔头加工步骤（见表 3-8）

表 3-8　榔头加工步骤（参考）

工　序	加工内容	简　图	工量具
1. 备料	1）擦去油污，锉去毛刺 2）按图示尺寸备料	92±1　　18　　18	钢直尺、钢锯、台虎钳、平锉、毛刷
2. 锉削基准面 K	以 A、B 面为基准，锉 K 面，确保 K 面的平面度、K 面与 A、B 面的垂直度，达图示要求	91　　18　　18	台虎钳、平锉、刀口形直尺、游标卡尺、毛刷、锉刀刷
3. 划 R12mm 圆弧及与其相切的大斜面线	1）零件表面涂色 2）以 K 平面为基准，划出 43mm、R12mm 和大斜面的加工界线，注意划对称面（共两面）	4.2　11.31　43　2.5　R12　90　K	划线平板、划针、划规、辅助划线块、钢直尺、高度游标卡尺、划线液

（续）

工　序	加工内容	简　图	工量具
4. 锯削大斜面	要求锯痕平整，放余量0.5mm；零件装夹如图3-14a所示	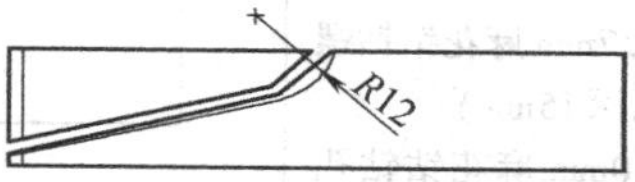	钢锯、台虎钳、毛刷
5. 锉削大斜面及R12mm圆弧	要求大斜面和R12mm圆弧面相切，所锉面与相邻面垂直，零件装夹如图3-14b、c所示。建议锉削大斜面前，先锉削长度90mm	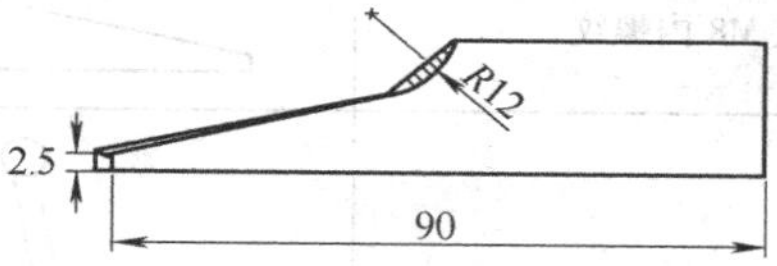	台虎钳、平锉、半圆锉、刀口形直尺、游标卡尺、毛刷、锉刀刷
6. 划R8mm圆弧及4mm倒角面的加工界线	以K平面为基准，划出R8mm加工界线（23mm）、倒角面的加工界线（4mm）。注意共划四面	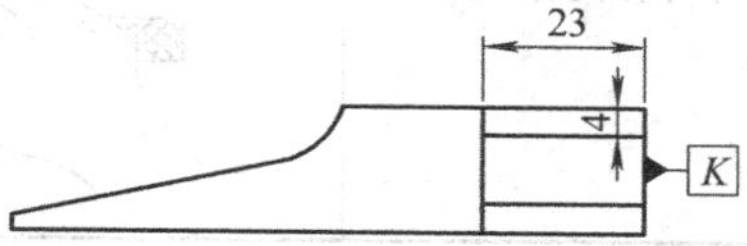	划线平板、划针、划规钢直尺、高度游标卡尺、划线液
7. 锉削R8mm圆弧，以及与R8mm圆弧相切的倒角面	零件装夹如图3－14d所示，注意加工顺序要对应面加工（图3-15）；要求4个倒角面达到图样要求的平面度和垂直度及尺寸	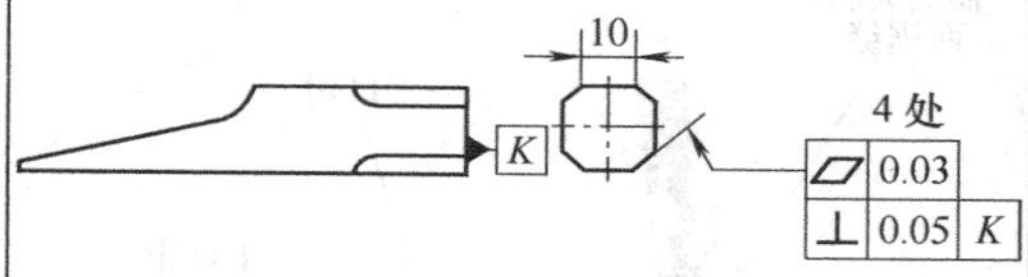	台虎钳、R8mm样规、半圆锉、平锉、刀口形直尺、游标卡尺、毛刷、锉刀刷
8. 划C1.5mm倒角线	以K面为基准划榔头端部K面C1.5mm倒角面的加工界线。注意端部倒角一圈共有8个面	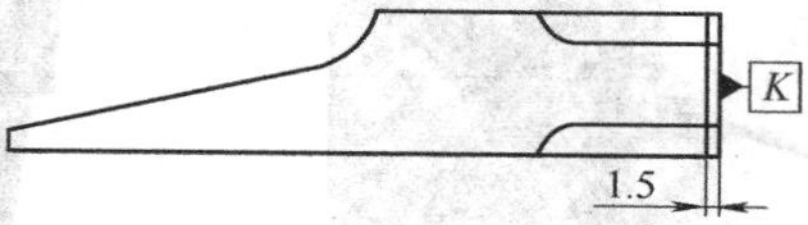	高度游标卡尺、划针、划规、划线平板、划线液
9. 锉削C1.5mm	锉削榔头端部与K面C1.5mm倒角。注意，每个倒角面必须要水平放置锉削	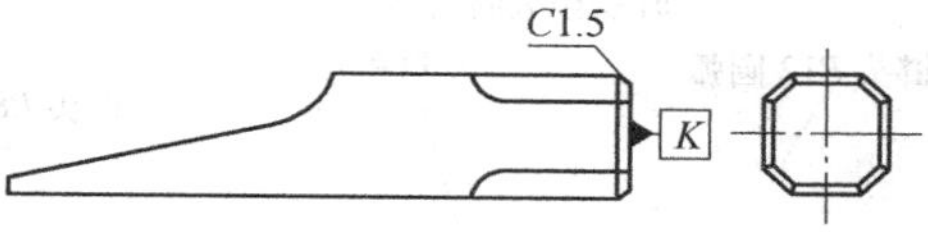	游标卡尺、平锉、台虎钳、毛刷、锉刀刷
10. 划钻孔中心线	以K平面为基准，按零件图尺寸，划出榔头柄孔的中心线，打上样冲眼，用划规划出φ7mm的辅助圆	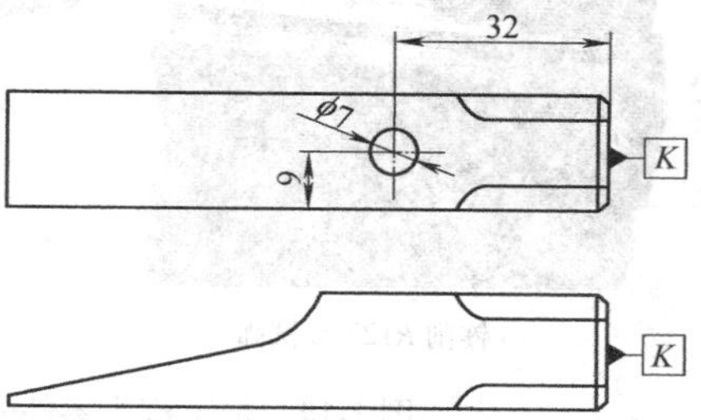	划线平板、高度游标卡尺、划针、划规、样冲、锤子、划线液

（续）

工　序	加工内容	简　图	工量具
11. 钻孔、攻螺纹	1）用 φ6.7mm 麻花钻钻螺纹底孔（孔深 15mm） 2）用 φ10mm 麻花钻钻孔口倒角 C1 3）攻 M8 内螺纹	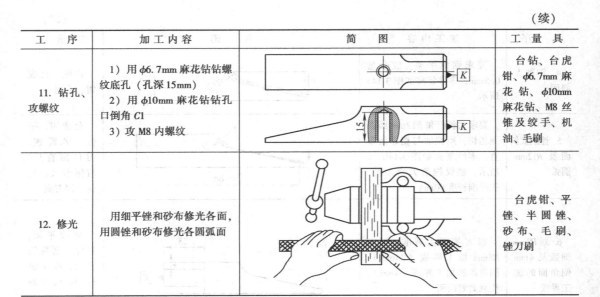	台钻、台虎钳、φ6.7mm 麻花钻、φ10mm 麻花钻、M8 丝锥及绞手、机油、毛刷
12. 修光	用细平锉和砂布修光各面，用圆锉和砂布修光各圆弧面		台虎钳、平锉、半圆锉、砂布、毛刷、锉刀刷

（2）钳工榔头加工要点

1）锯削榔头大斜面时，零件的装夹方法如图 3-14a 所示。

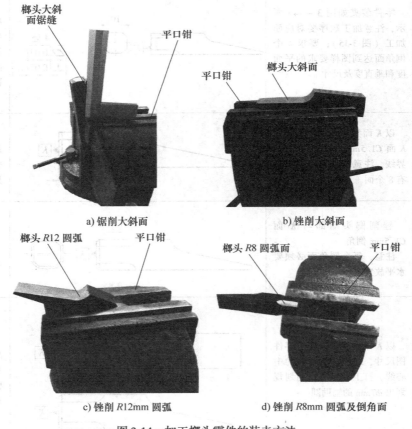

a) 锯削大斜面　　　　　　　　　b) 锉削大斜面

c) 锉削 R12mm 圆弧　　　　　　d) 锉削 R8mm 圆弧及倒角面

图 3-14　加工榔头零件的装夹方法

2）锉削榔头大斜面时，零件的装夹方法如图 3-14b 所示。

3）圆弧 $R12mm$ 的划线方法：选择一个等厚度的辅助划线硬木块夹在工件旁，以完成找圆心及划线工作。

4）锉削 $R12mm$ 圆弧时，零件的装夹方法如图 3-14c 所示。锉削 $R12mm$ 圆弧时，用半圆锉顺着圆弧围绕着球面中心转着锉削，直至达到要求。

5）锉削与 $R8mm$ 相切的 4 个倒角面时，零件的装夹如图 3-14d 所示。注意以一组平行面进行锉削，如图 3-15 所示。

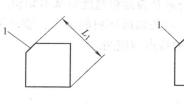

a) 锉削 1 面保证尺寸 L_1

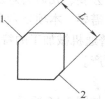

b) 锉削 1 面的对应面，保证尺寸 L

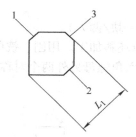

c) 夹持 1、2 面，锉削 3 面保证尺寸 L_1

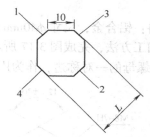

d) 锉削 3 面的对应面，保证尺寸 L

图 3-15　锉削与 $R8$ 相切的 4 个倒角面

6）攻螺纹操作：攻螺纹前，应该用直角尺校正丝锥与榔头的垂直度，以防攻螺纹时丝锥折断。

7）攻不通孔时，可在丝锥上做好深度标记，并经常退出丝锥，清除留在孔内的切屑，否则会因切屑堵塞使丝锥折断或达不到深度。

8）确定攻螺纹（M8×1.25）底孔直径。

韧性材料，底孔直径：$D_0 = d - P \approx 8mm - 1.25mm = 6.75mm$，即选 $\phi6.7mm$ 钻头。

榔头螺纹孔为不通孔，孔深：$L = L_0 + 0.7d = 9mm + 0.7 \times 8mm = 14.6mm \approx 15mm$。

式中　D_0——攻螺纹前钻底孔直径（mm）；

　　　d——螺纹大径（mm）；

　　　P——螺距（mm）；

　　　L_0——要求的螺纹长度（mm）。

9）为保证榔头的硬度和韧性，采用淬火 + 中温回火热处理（见模块七）。

（3）注意事项

1）所有操作姿势要正确、规范。

2）在操作加工过程中，要照顾全面，防止片面性加工。

3）加工过程中，注意工量具的正确摆放，做到安全文明生产。

项目六　六 角 螺 母

1. 训练目的和要求

1）了解钳工工作范围及其在机械制造过程中的地位和作用。

2）熟悉钳工常用工、夹、量具的名称、规格、用途、使用规则和维护保养方法。

3）熟悉钳工划线、锯削、锉削、钻孔、攻螺纹的基本操作技能。

4）了解机械识图、尺寸公差、几何公差及表面粗糙度等基本知识。

5）为适应短学时的实训需要，本项目六角螺母坯料的加工，要求采用车床、铣床、刨床，目的是让学生了解一些普通机械加工的特点与应用。

6）应知应会安全文明生产。

2. 训练内容

1）训练件：六角螺母，如图 3-16 所示。

2）基本要求：六角边长应均相等，允许修正 0.1mm；各锐边均匀倒钝；表面粗糙度值为 $Ra3.2\mu m$。

3）毛坯材料：铝合金，尺寸 $\phi40mm \times 60mm$（一块/两人）。

4）用车削加工方法，完成图 3-17 所示六角螺母坯料加工。用刨、铣削加工方法，完成图 3-18 所示六角螺母的一对称边，作为用钳工加工六角螺母另外两个对称边的测量基准。

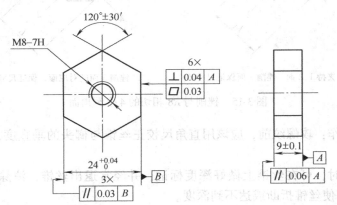

图 3-16　六角螺母

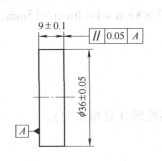

图 3-17　车削六角螺母坯料

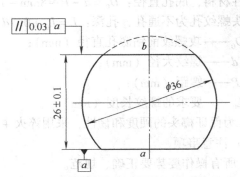

图 3-18　刨、铣六角螺母一对称边

3. 训练器材

1）设备：台钻、HG32 车床、57-3C 铣床、B6050 牛头刨床。

2）工具：台虎钳、划线平板、划针、划规、样冲、锤子、划线液、方箱、锯弓、锯条、粗齿平锉、中齿平锉、$\phi6.7$mm 麻花钻、$\phi12$mm 麻花钻、M8 丝锥及绞手、砂布、润滑油、毛刷、锉刀刷、平口钳、$\phi16$mm 立铣刀、45°端面车刀、90°外圆车刀、4mm 切槽刀、刨刀、卡盘钥匙、加力棒、刀架钥匙、辅助找正硬块、机油、铰杠、切削液。

3）量具：钢直尺、游标卡尺、高度游标卡尺、游标万能角度尺、千分尺、4 寸刀口形直尺、深度尺、外卡钳、螺纹塞规。

4. 实践步骤

（1）六角螺母加工步骤（见表3-9）

表3-9　六角螺母加工步骤（参考）

工　　序	加工内容	简　　图	工 量 具
1. 检查备料	在加工前，应对毛坯进行全面检查，了解误差及加工余量的情况	$\phi40$　60	游标卡尺
2. 车削六角螺母坯料（见图3-17）	1）车工艺凸台，并找正夹紧工件 2）45°端面车刀车端面 0.2mm	$\phi40$	游标卡尺、卡盘钥匙、加力棒、刀架钥匙、毛刷
	3）90°外圆车刀刻线、车外圆至 $\phi(36\pm0.05)$mm×20mm	20　$\phi36\pm0.05$　刻线	游标卡尺、钢直尺、卡盘钥匙、加力棒、刀架钥匙、毛刷

（续）

工　序	加工内容	简　图	工量具
2. 车削六角螺母坯料（见图3-17）	4）4mm 切槽刀切断至 $\phi36mm \times 10mm$	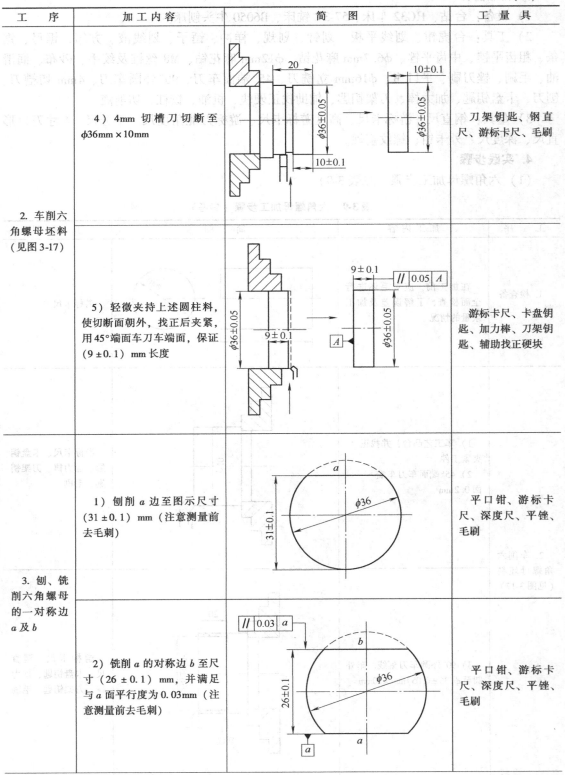	刀架钥匙、钢直尺、游标卡尺、毛刷
	5）轻微夹持上述圆柱料，使切断面朝外，找正后夹紧，用45°端面车刀车端面，保证（9±0.1）mm 长度		游标卡尺、卡盘钥匙、加力棒、刀架钥匙、辅助找正硬块
3. 刨、铣削六角螺母的一对称边 a 及 b	1）刨削 a 边至图示尺寸（31±0.1）mm（注意测量前去毛刺）		平口钳、游标卡尺、深度尺、平锉、毛刷
	2）铣削 a 的对称边 b 至尺寸（26±0.1）mm，并满足与 a 面平行度为0.03mm（注意测量前去毛刺）		平口钳、游标卡尺、深度尺、平锉、毛刷

（续）

工　序	加工内容	简　图	工量具
4. 划线	划线，根据图样划出六角螺母加工界线		划线平板、方箱、划针、高度游标卡尺、划线液
5. 以 a、b 边为基准，锯、锉六角螺母的 c、d 对称边	1）锯削 c 边，注意留锉削余量 1～2mm 　　2）锉削 c 边，至尺寸（31 ± 0.1）mm 及 120°±30′，并同时满足图样要求的平面度，与 A 面的垂直度（注意测量前去毛刺）		台虎钳、锯弓、锯条、粗齿平锉、中齿平锉、游标卡尺、游标万能角度尺、刀口角尺、毛刷、锉刀刷
	3）锯削 c 边的对称边 d，注意留锉削余量 1～2mm 　　4）锉削 d 边，至尺寸（26 ± 0.1）mm 及 120°±30′，并同时满足图样要求的平面度，与 A 面的垂直度，以及与 c 面的平行度（注意测量前去毛刺）		台虎钳、锯弓、锯条、粗齿平锉、中齿平锉、游标卡尺、游标万能角度尺、刀口角尺、毛刷、锉刀刷
6. 以 a、b 边为基准，锯、锉六角螺母的 e、f 对称边	1）锯削 e 边，注意留锉削余量 1～2mm 　　2）锉削 e 边，至尺寸（31 ± 0.1）mm 及 120°±30′，并同时满足图样要求的平面度，与 A 面的垂直度（注意测量前去毛刺）		台虎钳、锯弓、锯条、粗齿平锉、中齿平锉、游标卡尺、游标万能角度尺、刀口角尺、毛刷、锉刀刷

（续）

工　序	加工内容	简　图	工量具
6. 以 a、b 边为基准，锯、锉六角螺母的 e、f 对称边	3）锯削 e 边的对称边 f，注意留锉削余量 1～2mm 4）锉削 f 边，至尺寸（26±0.1）mm 及 120°±30′，并同时满足图样要求的平面度，与 A 面的垂直度，以及与 e 面的平行度（注意测量前去毛刺）		台虎钳、锯弓、锯条、粗齿平锉、中齿平锉、游标卡尺、游标万能角度尺、刀口角尺、毛刷、锉刀刷
7. 复检并修正	按图样要求复检，并做必要的修整锉削，最后将各锐边均匀倒钝（倒0.1～0.2mm 棱边）		游标卡尺、游标万能角度尺、外卡钳、刀口角尺、划线平板
8. 钻孔	1）划孔的中心线 2）在孔位的十字中心线上打样冲眼 3）用划规划出 $\phi7$mm 的辅助圆		划规、钢直尺、样冲、锤子、划针、划线液
	4）钻螺纹底孔（用 $\phi6.7$mm 钻头钻通孔）$D_0 = d - P = 8$mm - 1.25mm = 6.75mm ≈ 6.7mm 5）倒角（用 $\phi12$mm 钻头倒角，注意通孔两端都倒角，倒角处直径可略大于螺纹孔大径）		平口钳、$\phi6.7$mm 麻花钻、$\phi12$mm 麻花钻、游标卡尺、机油、毛刷

（续）

工　序	加工内容	简　图	工量具
9. 攻螺纹	用 M8 丝锥攻制 M8 螺纹 1）起攻前注意检查垂直，加注切削液。确保丝锥中心线与孔中心线重合，不能歪斜 2）以头锥、二锥顺序攻削至图样尺寸 3）用 M12-7h 公差等级的螺纹塞规配合检查	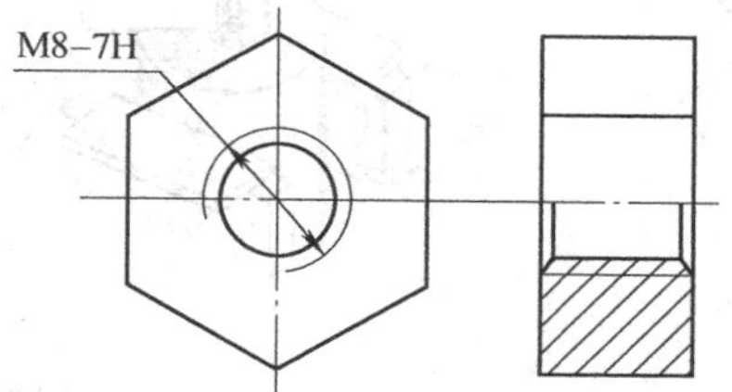 M8-7H	台虎钳、M8 丝锥、铰杠、刀口角尺、切削液、毛刷、螺纹塞规

（2）容易出现的问题与注意事项

1）锯削、锉削姿势动作要正确。注意锯削与锉削的顺序，不要先把几个面都锯好，再一次性锉削。

2）在加工六角螺母的六面时要防止片面性。不能为了取得平面度而影响了尺寸要求和角度精度，或为了锉正角度而忽略了平面度和平行度，或为了减小表面粗糙度值而忽略了其他，总之在加工时要顾及全部要求。

3）使用游标万能角度尺时，测量角度要正确，并要经常校对测量角尺的准确性。

4）基准面是作为加工控制其余各面的尺寸、位置精度的测量基准，故刨、铣削完成的 a 与 b 面必须达到其规定的平面度和平行度的要求，一定要注意在以后各面加工测量时都要以该面作为测量基准。因此绝不可以把基准面锉削掉。

5）在测量时，锐边必须去毛刺或倒钝、保持测量的准确性。

6）六角螺母加工缺陷和产生原因，见表3-10。

表3-10　六角螺母加工缺陷和产生原因

加　工　缺　陷	产　生　原　因
同一面上两端宽窄不等	1）与基准端面垂直度误差过大 2）两相对面间尺寸差值过大（平行度误差大）
六角体扭曲	各加工面有扭曲误差存在
120°角度不等	角度测量的累积误差过大
六角边长不等	1）120°角不等 2）三组相对面间的尺寸差值过大

7）攻螺纹操作要领如图3-19所示。

 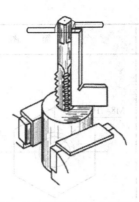 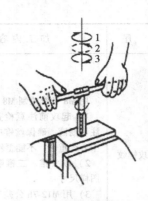

| a) 用头锥起攻时，一手用手掌按住铰杠中部，沿丝锥轴线用力加压，另一只手配合做顺向旋进 | b) 在丝锥攻入 1~2 圈后，应及时从前后，左右两个方向用直角尺进行检查，并不断矫正至要求 | c) 检查垂直后，用双手握铰杠两端，双手用力要平衡，平稳地顺时针转动铰杠，每转1~2圈要反转1/4圈，以利于断屑和排屑 |

图 3-19　攻螺纹操作要领

（2）参照书中的内容，分析要点。

1）铰削，使铰刀逐渐切入工件时，沿丝锥轴线的旋转，不使工件几乎相配的孔，用一次走刀完成。

2）在加工大的螺纹的大圆柱面要求不变的，对零件，以内压和表面要求等工艺对其他，要之在加工工序考虑到各种参考。

3）如用顶尖夹具用压力，切削要考虑到铰削有更久等使用。

4）基准面选择先检查工序加工各容的则如下，在分析表面的测量基准。即圆，前圆加工的以及面等为加工基准。按此检查不可以光是基准面考虑到。

5）方圆圈时，铝为不变大毛坯加工中，按技圆位进行加工相且，对各条件。

6）为考虑零件上铣圆加力走刀图定，见表 3-10。

表 3-10　六面体零件加工工序和产生原因

加工工序		产生原因
图一（工圆基准方工工）		1）万能端加基准需要就为基本 2）加工时方式不平工工，不平整的面等
火刀加工圆面		各不平加面刀面面保基础
120°夹圆铣		大圆加工不大方面加工等
侧加工矩面		各不在工各 2）各不平加面的工工各保工

7）夹刀加工等，参见如图 3-19 标示。

模块四　砂型铸造训练

一、训练模块简介

　　将熔融金属浇注到预先制备好的铸型型腔中，待其冷却凝固后，获得一定形状和性能的零件和毛坯的工艺方法称为铸造。铸造按生产方式不同，可分为砂型铸造和特种铸造。砂型铸造是应用比较广泛的铸造方法，其基本铸造过程如图4-1所示。砂型铸造适用于各种金属材料，能生产各种形状大小的铸件。但一个砂型只能使用一次，需要耗费大量的造型工时，因此造型是砂型铸造生产过程的主要工序，也是铸造实训的主要任务。通过本模块的学习与训练，使学生了解相关工艺的基本原理、特点和应用，培养学生的劳动观念和工程意识。

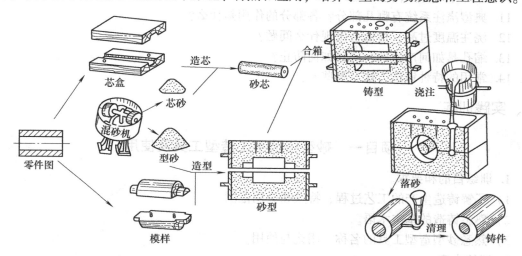

图4-1　砂型铸造的工艺过程

二、安全技术操作规程

　　1. 工作前检查自用设备和工具，砂型必须安放整齐，并留出工作通道。

　　2. 造型时要保证分型面平整、吻合，烘模造型有缝隙处要用泥补牢，防止漏液。

　　3. 禁止用口吹分型砂，使用吹风器时，要选择朝向无人的方向，以免吹入眼中，更不得用吹风器嬉闹。

　　4. 搬动砂箱和型砂时一定要按照顺序进行，以免倒下伤人。

　　5. 平锤、舂砂棒及其他工具都必须摆放整齐，下班时收拾好工具并清理干净场地。

　　6. 浇注时，除操作者外，其他人必须离开一定距离；两人抬金属溶液时要平稳。

　　7. 浇注前必须烘干金属液包，扒渣棒一定要预热，金属溶液面上只能覆盖干草灰，不得用草包等其他易燃物覆盖。

　　8. 浇注速度及流量要掌握适当，浇注时人不能站在金属溶液正面，并严禁从浇冒口正面观察金属溶液。

三、问题与思考

1. 试论述砂型铸造的优点与缺点。
2. 砂型铸造的工艺包括哪些？
3. 型砂是由哪些材料组成的？
4. 砂型和砂芯应具备哪些基本性能？这些性能对铸件的质量有什么影响？
5. 什么是分型面？选择分型面应考虑哪些问题？
6. 起模时为什么在模样周围涂水？多涂好吗？
7. 如果采用两箱造型，但上下型箱没有定位装置，用什么办法解决？
8. 型芯砂与一般造型砂是否一样？
9. 造型时春砂是否越紧越好？
10. 型芯中气体如何引出型外？
11. 典型浇注系统有哪几部分？各部分的作用是什么？
12. 浇注温度过高、过低会出现什么问题？
13. 缩孔是如何产生的？应该如何防止？
14. 常用的特种铸造方法有哪些？

四、实践训练

项目一　砂型铸造手工造型工具及使用

1. 训练目的和要求

1）了解铸造生产的工艺过程、特点和应用范围。
2）熟悉铸造的基本术语。
3）熟悉砂型造型工具的名称、用途与使用。

2. 训练内容

（1）熟悉铸造的基本术语

1）铸件：用铸造方法制成的金属件，一般做毛坯用。
2）零件：铸件经切削加工制成的金属件。
3）铸型：用型砂、金属或其他耐火材料制成，包括形成铸件形状的空腔、型芯和浇冒口系统的组合整体。
4）型腔：铸型中造型材料所包围的空腔部分。
5）模样：由木材、金属或其他材料制成，用来形成铸型型腔的工艺装备。
6）砂芯：为获得铸件的内孔或局部外形，用芯砂或其他材料制成的，安放在型腔内部的铸型组元。
7）芯盒：制造砂芯或其他种类耐火材料所用的装备。
8）分型面：铸型组元间的接合面。
9）分模面：模样组元间的接合面。

（2）造型工具及其使用　图 4-2 所示为小型砂箱和造型工具，用于浇注尺寸较小的铸件。

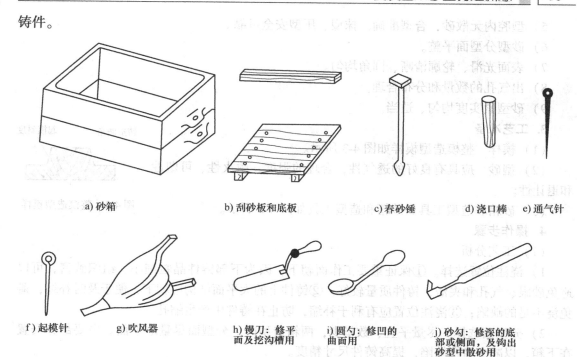

a) 砂箱　　　　　　　b) 刮砂板和底板　　　　　c) 舂砂锤　　　d) 浇口棒　e) 通气针

f) 起模针　　g) 吹风器　　　　h) 镘刀: 修平　　　i) 圆勺: 修凹的　　j) 砂勾: 修深的底
　　　　　　　　　　　　　　　面及挖沟槽用　　　　曲面用　　　　　部或侧面, 及钩出
　　　　　　　　　　　　　　　　　　　　　　　　　　　　　　　　　　砂型中散砂用

图 4-2　砂箱和造型工具

项目二　手工整模造型

1. 训练目的和要求

1) 了解铸造生产的工艺过程、特点和应用范围。

2) 了解型砂造型材料的组成、性能及制备。

3) 掌握分型面的选择原则及浇注系统的合理应用原则。

4) 掌握相关工具的正确使用。

5) 掌握整模造型特点与基本方法。

6) 熟悉常见的铸造缺陷及其产生原因。

7) 熟悉铸造的安全技术操作规范。

2. 训练内容

(1) 了解整模造型的特点　整模造型模样是整体的, 型腔位于一个砂箱内, 分型面是模样的一个平面, 不会出现错箱缺陷。对于形状简单、端部为平面且又是最大截面的铸件应采用整模造型, 如齿轮坯、轴承座、罩、壳类零件等。

(2) 独立操作一箱完整的铸型。

(3) 铸型的质量要求

1) 浇道各组元连接圆角均匀。

2) 型腔各部分形状和尺寸符合要求。

3) 砂型定位准确可靠。

4) 浇冒口的开设位置、形状符合要求。

5）型腔内无散砂，合型准确，抹型、压型安全可靠。

6）砂型分型面平整。

7）表面光滑、轮廓清晰、圆角均匀。

8）出气孔的数量和分布合理。

9）砂型紧实度均匀、适当。

3. 工艺准备

（1）模样　整模造型模样如图4-3所示。

（2）型砂　应具有良好的透气性，合理的强度、耐火性、可塑性和退让性。

（3）砂箱和造型工具　砂箱和造型工具如图4-2所示。

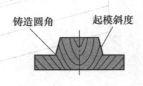

图4-3　整模造型模样

4. 操作步骤

（1）工艺分析

1）浇注位置选择。①保证重要工作面朝下，因为下部铸件晶粒细小、组织致密，可以避免砂眼、气孔和夹渣，铸件质量较好；②铸件上的大平面结构应朝下，便于及时补缩，避免浇不足的缺陷；③浇注位置应有利于补缩，防止在铸件中产生缩孔。

2）分型面选择。尽量平直、数量少，两箱造型时，分型面尽量取平面。主要部分安置在下箱，以减少错箱缺陷，提高铸件尺寸精度。

3）工艺参数选择。加工余量、起模斜度、铸造圆角、收缩率等应按照设计要求。

（2）整模造型过程　整模造型过程如图4-4所示。

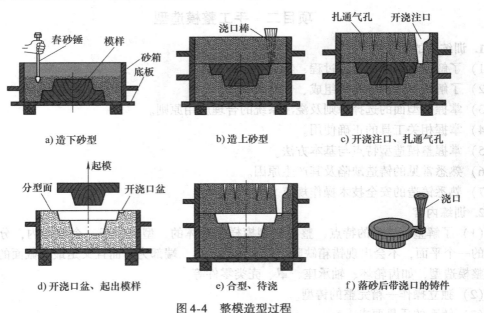

图4-4　整模造型过程

（3）操作要点及注意事项

1）模样安放。应留有冒口的位置。注意模样的起模斜度，不要放错，同时模样至砂箱内壁间需留有30～100mm的吃砂量，填砂紧实。

2）春砂。

① 春砂时必须将型砂分次加入;对小砂箱每次加砂厚度为 50~70mm,过多、过少都春不紧,且浪费工时。

② 第一次加砂时须用手将模样按住,并用手将模样周围的砂塞紧,以免春砂时模样在砂箱内移动。

③ 春砂应均匀地按一定的路线进行,以保证砂型各处紧实度均匀,如图 4-5 所示。春砂时应注意不要春到模样上。

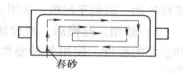

图 4-5 按一定路线春砂

④ 春砂用力大小应适当。春砂用力过大,砂型太紧,浇注时型腔内的气体排不出去,使铸件产生气孔等缺陷;春砂用力太小,砂型太松易造成塌箱。同一砂型,各处的紧实度是不同的,如图 4-6 所示。

3)撒分型砂。下砂型造好,翻转 180° 后,在造上型前,应在分型面上撒上无黏性的分型砂,以防上、下箱粘在一起而开不了箱。

最后应将模样上的分型砂吹掉,以避免造上砂型时,分型砂粘到上砂型表面,浇注时被液体金属冲洗下来,落入铸件,使其产生缺陷。

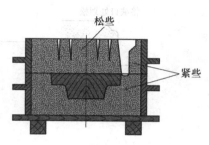

图 4-6 砂型各处的紧实度应不同

4)扎通气孔。上型春紧刮平后,要在模样投影面的上方,用直径为 2~3mm 的通气针扎出通气孔,以利于浇注时气体逸出。通气孔要分布均匀,深度适当,如图 4-7 所示。

5)开外浇口。开外浇口应挖成约 60° 的锥形,大端直径为 60~80mm,浇口面应修光,与直浇道连接处应修成圆弧过渡,便于浇注时引导液体金属平稳流入砂型。如外浇口挖得大、浅,成为碟形,则浇注液体金属时会引起飞溅伤人,如图 4-8 所示。

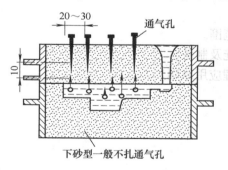

图 4-7 在上砂型上扎通气孔便于气体逸出

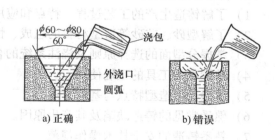

图 4-8 漏斗形外浇口

6)做合箱线。若上、下砂箱没有定位销,则应在上、下型打开之前,在砂箱壁上做出合箱线。最简单的办法是在箱壁上涂上粉笔灰等,然后用划针画出细线。合箱线应位于砂箱壁上两直角边外侧,以保证 X 与 Y 方向均能定位,并可限制砂型转动,如图 4-9 所示。

7)起模。

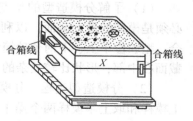

图 4-9 做合箱线

① 起模前要用水笔沾些水，刷在模样周围的型砂上，以增加这部分型砂的强度，防止起模时损坏型腔。

② 起模时，起模针位置要尽量与模样的重心垂直线重合。起模前要用小锤或敲棒轻轻敲打起模针的下部，使模样松动，以利于起模，如图4-10所示。

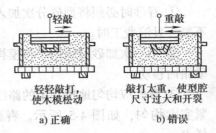

a) 正确   b) 错误

图4-10 起模前要松动模样

8）修型。起模后，型腔如有损坏，应根据型腔形状和损坏的程度，使用各种修型工具进行修补，如图4-11所示。

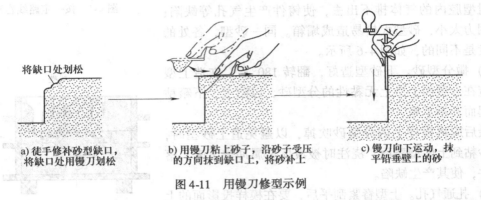

a) 徒手修补砂型缺口，将缺口处用镘刀划松

b) 用镘刀粘上砂子，沿砂子受压的方向抹到缺口上，将砂补上

c) 镘刀向下运动，抹平铅垂壁上的砂

图4-11 用镘刀修型示例

9）合箱。合箱时应注意使砂箱保持水平，均匀下降，并应对准合箱线，防止错箱。合箱过程包括修补砂型及型芯，安放及固定型芯，通导砂芯及砂型的排气道，检验型腔尺寸，压箱或紧固铸型等工作。合箱工序直接影响铸件的质量。

项目三　手工分模造型

1. 训练目的和要求

1）了解铸造生产的工艺过程、特点和应用范围。

2）了解型砂、芯砂等造型材料的组成、性能及制备。

3）掌握分型面的选择原则及浇注系统的合理应用原则。

4）掌握相关工具的正确使用。

5）掌握分模造型特点与基本方法。

6）熟悉常见的铸造缺陷及其产生原因。

7）熟悉铸造的安全技术操作规范。

2. 训练内容

（1）了解分模造型的特点　分模造型的模样是分开的，模样的分开面（称为分模面）必须是模样的最大截面，以利于起模；模样分别位于上、下砂箱内，分型面与分模面相重合，型腔位于上、下两个砂箱内，造型方便，但制作模样较麻烦。分模造型广泛应用于最大截面在中部，形状比较复杂的铸件生产，如套筒、管子和阀体等有孔铸件。

（2）分模造型过程　分模造型过程与整模造型基本相似，不同的是造上砂型时增加放上模样和取上半模样两个操作。分模造型如图4-12所示。

（3）操作要点及注意事项

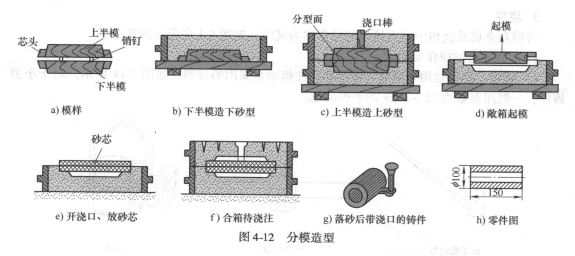

a) 模样　　b) 下半模造下砂型　　c) 上半模造上砂型　　d) 敞箱起模

e) 开浇口、放砂芯　　f) 合箱待浇注　　g) 落砂后带浇口的铸件　　h) 零件图

图 4-12　分模造型

1）型腔质量控制。避免造砂型时上、下砂型不实，起模时造成型腔破坏。可在造型时下砂型翻转后刮平，并保证上下砂型紧实。

2）错箱漏箱问题。合箱夹持不牢产生披缝。应避免合箱不严，严格按照划线合箱。

3）造芯易碎问题。造芯过程应加入铁心，使芯更加坚固。

4）浇注不畅问题。检查浇注通道，保证浇注槽和通气孔的畅通。

5）铸件表面质量控制。如工件表面常见的麻坑，常由上下砂型造型时底部细砂不充足导致型腔不光滑，或由砂型不紧致型腔落砂而导致的浇注缺陷。

6）砂型铸造的工艺过程如图 4-1 所示。

项目四　熔炼与浇注

1. 熔炼目的

铸造合金的熔炼是一个复杂的物理化学过程，包括温度的控制、化学成分的控制、能源的消耗等，其最终目的是要获得符合要求的液态金属。

2. 熔炼设备

感应电炉，如图 4-13 所示。浇注材料：铸造铝合金。

图 4-13　感应电炉

3. 浇注

将熔融金属从浇包中注入铸型的操作称为浇注，如图 4-1 中所示的浇注。

(1) 浇注时的操作要点

1) 浇包。浇包是用来盛放、输送和浇注熔融金属用的容器，如图 4-14 所示。对于小型铸件，一般用容量为 15 ~ 20kg 的手提浇包。

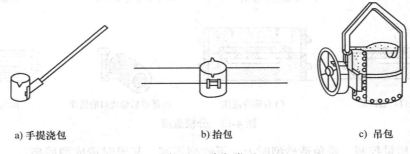

a) 手提浇包   b) 抬包   c) 吊包

图 4-14　浇包类型

2) 浇注温度。浇注时要注意控制好浇注温度，浇注温度过高，铸件收缩大，粘砂严重，晶粒粗大；温度太低，会产生冷隔和浇不足等缺陷。铝合金的浇注温度为 700℃ 左右。

3) 浇注速度。浇注速度应根据铸件形状和壁厚来确定。浇铸速度太快，金属液对铸型的冲击力大，易冲坏铸型，产生砂眼或使型腔中的气体来不及溢出而形成气孔；浇注速度太慢，易产生夹砂或冷隔等缺陷。

4) 落砂。铸件凝固冷却后，必须进行落砂、清理，并对铸件的质量进行检验，以此判断铸件合格与否。

5) 清理。锯掉浇冒口，清理除去铸件表面上的粘砂、型砂、多余金属（飞翅和氧化皮等）。

(2) 浇注时的注意事项

1) 浇注是高温操作，必须注意安全，工作时必须穿白帆布工作服和工作鞋。

2) 浇注前，必须清理浇注时行走的通道，以防意外跌撞。

3) 浇注前，必须准备足够数量的浇包，并把浇包内衬修理光滑平整，烘干烘透浇包，检查砂型是否紧固。

(3) 常见铸造缺陷及产生原因　铸造工艺比较复杂，容易产生各种缺陷，从而降低了铸件的质量和成品率。常见的铸件缺陷及产生原因见表 4-1。

表 4-1　常见的铸件缺陷及产生原因

缺陷名称	缺陷特征	产生的主要原因	防止措施
气孔	气孔 内部或表面大小不等的光滑孔洞	1) 型砂含水过多，透气性差 2) 起模和修型时刷水过多 3) 烘干不良或通气孔堵塞 4) 浇注温度过低或速度太快	1) 控制型砂水分，提高透气性 2) 造型时应注意不要舂砂过紧 3) 适当提高浇注温度 4) 扎出气孔，设置出气冒口

（续）

缺陷名称	缺陷特征	产生的主要原因	防止措施
缩孔	缩孔　　　　补缩冒口 缩孔多分布在铸件厚断面处，形状不规则，孔内粗糙	1) 铸件结构不合理，如壁厚相差过大，造成局部金属积聚 2) 浇注系统和冒口的位置不对，或冒口过小 3) 浇注温度太高，或金属化学成分不合格，收缩过大	1) 合理设计结构，壁厚尽量均匀 2) 降低浇注温度，浇注速度合理 3) 合理设计、布置冒口，提高冒口的补缩能力
砂眼	砂眼 铸件内部或表面充塞砂粒孔眼	1) 型砂和芯砂的强度不够 2) 砂型和砂芯的紧实度不够 3) 合箱时铸型局部损坏 4) 浇注系统不合理，冲坏了铸型	1) 提高造型材料的强度 2) 适当提高砂型的紧实度 3) 合理开设浇注系统
粘砂	粘砂 铸件表面粗糙，粘有砂粒	1) 型砂和芯砂的耐火性不够 2) 浇注温度太高 3) 未刷涂料或涂料太薄	1) 选择杂质含量低、耐火性良好的原砂 2) 在铸型型腔表面刷耐火涂料 3) 尽量选择较低的浇注温度
错箱	错箱 铸件在分型面有错移	1) 模样上下半模未对好 2) 合箱时上下砂箱未对准	查明原因，认真操作
裂纹	裂纹 铸件开裂，开裂处金属表面氧化	1) 结构不合理，壁厚差太大 2) 砂型和砂芯的退让性差 3) 落砂过早	1) 合理设计铸件结构，减小应力集中的产生 2) 提高铸型与型芯的退让性 3) 控制砂型的紧实度
冷隔	冷隔 铸件上有未完全融合的缝隙或注坑，其交接处是圆滑的	1) 浇注温度太低 2) 浇注太慢或浇注有中断 3) 浇注系统位置开设不当或浇道太小	1) 根据铸件的结构特点，正确设计浇注系统与冷铁 2) 适当提高浇注温度
浇不足	浇不足 铸件外形不完整	1) 浇注时金属量不够 2) 浇注时液体从分型面流出 3) 铸件太薄 4) 浇注温度太低 5) 浇注速度太慢	1) 根据铸件的结构特点，正确设计浇注系统与冷铁 2) 适当提高浇注温度

模块五 锻造训练

一、训练模块简介

锻造是利用金属材料的塑性变形特性，利用外力改变其形状、尺寸及性能，用以制造零件或毛坯，在机械制造中具有不可替代的作用。通过本模块的学习与训练，使学生了解相关工艺的基本原理、特点和应用，培养学生的劳动观念和工程意识。

二、安全技术操作规程

1. 进入车间要穿工作服，并经常保持工作场地的清洁整齐，做到文明生产。
2. 随时检查锤柄是否装紧，锤柄、锤头，以及其他工具是否有裂纹或损坏。
3. 在锻压时保持与被锻工件的安全距离，更不能站在切割操作中料头飞出的方向，避免飞溅物对人体的烫伤。
4. 不准用手去摸锻件。刚锻完的锻件在堆放时须加隔热板，以减少热辐射及避免烫伤。
5. 操作时，锤柄或钳柄都不可对着腹部。
6. 开炉取料时，戴好防护镜，以防止灼伤皮肤和眼睛。
7. 必须对电炉进行安全检查。装料取料时必须关闭电源，坯料与发热元件保持一定距离，并使用套有绝缘胶管手柄的工具，站立在橡皮垫子上，以免发生触电事故。
8. 加强车间通风换气，提高对流散热，减小噪声。

三、问题与思考

1. 锻造坯料加热的目的是什么？
2. 确定锻造温度范围的原则是什么？
3. 自由锻造有哪些优缺点？
4. 锻件坯料的质量与尺寸是如何确定的？
5. 镦粗时，为避免镦弯，坯料的高径比应为多少？
6. 手工锻造的基本工序有哪些？
7. 坯料加热时，常产生的主要缺陷有哪些？
8. 哪些金属材料可以锻造？哪些金属材料不能锻造？
9. 拔长时产生夹层的原因是什么？怎样防止？
10. 为了提高金属的锻造性能，如何确定始锻温度？
11. 为什么终锻温度应尽可能选择低些？是否越低越好？
12. 为什么方截面或多边截面的坯料镦粗前要先去棱打圆？
13. 为什么圆形坯料拔长前要先把坯料锻成方截面？
14. 简述自由锻工艺过程的主要内容。
15. 自由锻基本工序有哪些？简述自由锻各工序的含义。

四、实践训练

项目一　熟悉自由锻造的设备与工具

1. 训练目的和要求

1）了解锻造生产的工艺过程、特点及应用。

2）熟悉锻造时常用的工具、设备名称及其作用。

3）了解锻造加热的目的与方法，以及常见钢锻造温度范围。

4）熟悉锻造实训安全规程。

2. 实践训练

（1）自由锻工具

1）支持工具，如铁砧，如图5-1所示。

2）打击工具，如锤子、大锤、平锤等，如图5-2所示。

3）成形工具，如冲子、成形锤、摔子等，如图5-3所示。

4）夹持工具，如钳子等，如图5-4所示。

5）量具，如钢直尺、卡钳等，如图5-5所示。

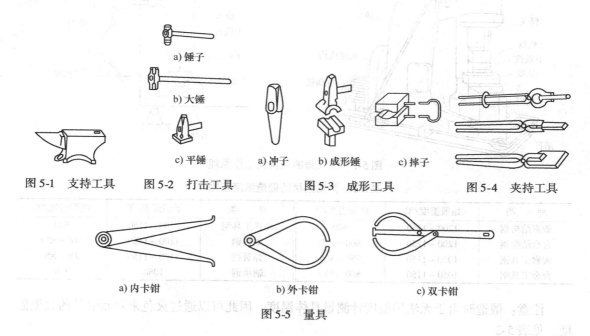

a) 锤子

b) 大锤

c) 平锤　　　a) 冲子　b) 成形锤　c) 摔子

图5-1　支持工具　　图5-2　打击工具　　图5-3　成形工具　　图5-4　夹持工具

a) 内卡钳　　　　　b) 外卡钳　　　　　c) 双卡钳

图5-5　量具

（2）自由锻设备

1）加热设备：反射炉与箱式炉，如图5-6所示。

2）空气锤的结构及工作原理，如图5-7所示。

（3）锻造温度范围　各种材料在锻造时所允许加热的最高温度称为始锻温度，允许锻造的最低温度称为终锻温度。从始锻温度到终锻温度之间的温度区间称为锻造温度范围。常见钢材的锻造温度范围见表5-1。

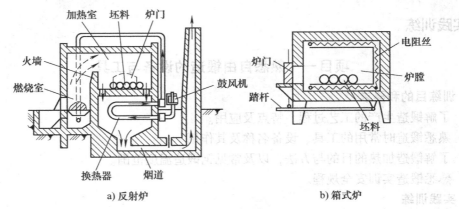

a) 反射炉   b) 箱式炉

图 5-6 加热设备结构示意图

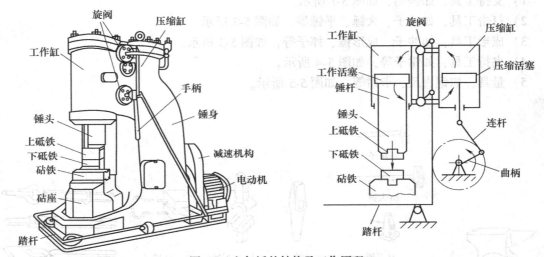

图 5-7 空气锤的结构及工作原理

表 5-1 常见钢材的锻造温度范围

种 类	始锻温度/℃	终锻温度/℃	种 类	始锻温度/℃	终锻温度/℃
碳素结构钢	1200~1250	800	高速工具钢	1100~1150	900
合金结构钢	1200~1250	800~850	耐热钢	1100~1150	800~850
碳素工具钢	1050~1150	750~800	弹簧钢	1100~1150	800~850
合金工具钢	1050~1150	800~850	轴承钢	1080	800

注意：锻造时由于无法用温度计测量具体温度，因此可以通过火色来判断锻件的大概温度，见表 5-2。

表 5-2 钢铁加热火色与温度之间的关系

火 色	温度/℃	火 色	温度/℃	火 色	温度/℃
暗褐色	520~580	淡樱红色	780~800	黄色	1050~1150
暗红色	580~650	淡红色	800~830	淡黄色	1150~1250
暗樱色	650~750	橘黄微红	830~850	黄白色	1250~1300
樱红色	750~780	淡橘色	880~1050	亮白色	1300~1350

项目二 自由锻造基本工序与操作

1. 训练目的和要求

1）了解锻造的基本工艺、特点及应用。

2）熟悉自由锻造基本工序，并通过操作实训初步掌握基本操作方法。

3）掌握相关工具的正确使用方法。

4）了解锻件的主要缺陷及形成原因，初步建立锻件结构工艺的概念。

2. 实践训练

（1）镦粗

1）镦粗是使坯料的截面增大、高度减小的锻造工序，如图 5-8 所示。

2）镦粗的操作要点及注意事项。

① 被镦粗坯料的高度 H_0 与直径 D_0（或边长）之比应小于 2.5 ~ 3，否则会镦弯（见图 5-9a）。工件镦弯后应将其放平，轻轻锤击矫正（见图 5-9b）。局部镦粗时，镦粗部分坯料的高度与直径之比也应小于 2.5 ~ 3。

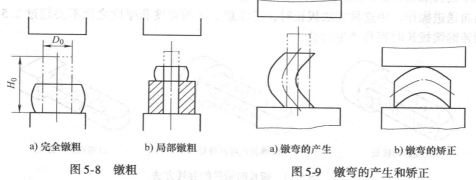

a) 完全镦粗　　b) 局部镦粗　　　　　　a) 镦弯的产生　　b) 镦弯的矫正

　　　图 5-8　镦粗　　　　　　　　　　图 5-9　镦弯的产生和矫正

② 镦粗的始锻温度采用坯料允许的最高始锻温度，并应烧透。坯料的加热要均匀，否则镦粗时工件变形不均匀，对某些材料来说还可能锻裂。

③ 镦粗的两端面要平整且与轴线垂直，否则可能会产生镦歪现象。矫正镦歪的方法是将坯料斜立，轻打镦歪的斜角，然后放正，继续锻打（见图 5-10）。如果锤头或砧铁的工作面因磨损而变得不平直时，则锻打时要不断将坯料旋转，以便获得均匀的变形而不致镦歪。

④ 镦粗的锤击力量应足够，否则就可能产生细腰形，如图 5-11a 所示。若不及时纠正，继续锻打下去，则可能产生夹层，使工件报废，如图 5-11b 所示。

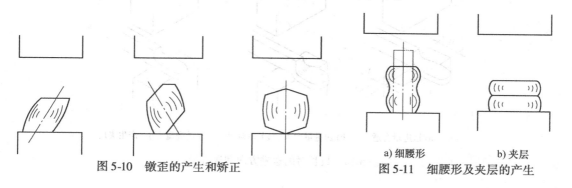

　　　　　　　　　　　　　　　　　　　　a) 细腰形　　　　b) 夹层

　　图 5-10　镦歪的产生和矫正　　　　图 5-11　细腰形及夹层的产生

（2）拔长

1）拔长是使坯料长度增加，截面减小的锻造工序，又称为延伸或引伸，如图 5-12 所示。

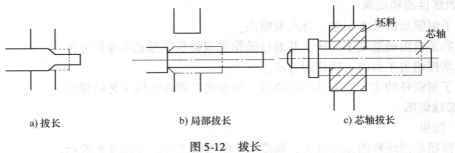

a) 拔长　　　　　　　b) 局部拔长　　　　　　　c) 芯轴拔长

图 5-12　拔长

2）拔长的操作要点及注意事项。

① 拔长过程中要将毛坯料不断反复地翻转 90°，并沿轴向送进操作，如图 5-13a 所示。螺旋式翻转拔长如图 5-13b 所示，是将毛坯沿一个方向做 90° 翻转，并沿轴向送进的操作。单面顺序拔长如图 5-13c 所示，是将毛坯沿整个长度方向锻打一遍后，再翻转 90°，同样依次沿轴向送进操作。用这种方法拔长时，应注意工件的宽度和厚度之比不要超过 2.5，否则再次翻转继续拔长时容易产生折叠。

a) 反复翻转拔长　　　　　b) 螺旋式翻转拔长　　　　　c) 单面顺序拔长

图 5-13　拔长时锻件的翻转方法

② 拔长时，坯料应沿砧铁的宽度方向送进，每次的送进量应为砧铁宽度的 0.3 ~ 0.7（见图 5-14a）。送进量太大，金属主要向宽度方向流动，反而降低延伸效率（见图 5-14b）。送进量太小，又容易产生夹层（见图 5-14c）。另外，每次压下量也不要太大，压下量应等于或小于送进量，否则也容易产生夹层。

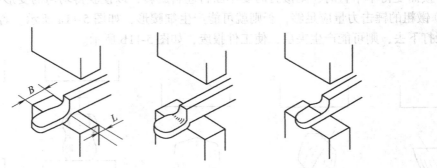

a) 送进量合适　　　b) 送进量太大、拔长率降低　　　c) 送进量太小、产生夹层

图 5-14　拔长时的送进方向和送进量

③ 由大直径的坯料拔长到小直径的锻件时，应把坯料先锻成正方形，在正方形的截面下拔长，到接近锻件的直径时，再倒棱，滚打成圆形，这样锻造效率高，质量好，如图 5-15 所示。

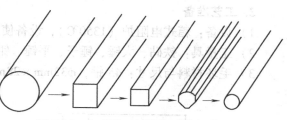

图 5-15 大直径坯料拔长时的变形过程

④ 锻制台阶轴或带台阶的方形、矩形截面的锻件时，在拔长前应先压肩。压肩后对一端进行局部拔长即可锻出台阶，如图 5-16 所示。

⑤ 锻件拔长后须进行修整，修整方形或矩形锻件时，应沿下砧铁的长度方向送进，如图 5-17a 所示，以增加工件与砧铁的接触长度。拔长过程中若产生翘曲应及时翻转 180°轻打校平。圆形截面的锻件用型锤或摔子修整，如图 5-17b 所示。

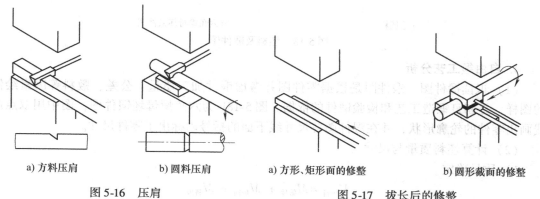

a) 方料压肩　　　b) 圆料压肩　　　　a) 方形、矩形面的修整　　　b) 圆形截面的修整

图 5-16　压肩　　　　　　　　　　图 5-17　拔长后的修整

项目三　手工自由锻六角螺母坯

1. 训练目的和要求

1）了解锻造的工艺过程、特点及应用。

2）了解坯料加热的目的与方法、加热的设备及操作方法，以及常见的加热缺陷。

3）了解碳钢的锻造温度范围，以及锻件的冷却方式。

4）熟悉自由锻的基本工序特点，能完成简单零件的镦粗与拔长工序。

5）能够对自由锻件六角螺母坯，初步进行工艺分析。

6）熟悉相关工具的正确使用方法。

7）熟悉锻造实训安全规程。

2. 训练内容与要求

1）锻件：用手工自由锻方法，完成六角螺母坯的加工。锻件图如图 5-18b 所示。

2）操作：实训操作要求每两人一组，握大锤与掌钳分工轮换操作。

3）质量：

① 锻件厚度尺寸误差小于 ±5mm，上下面平行度小于 ±5mm。

② 加热均匀，不产生过热及过烧现象。

③ 锻件不得有夹层。

3. 工艺准备

1）设备：箱式电阻炉（1350℃），设备使用前，应仔细检查其完好程度。

2）工量具：铁砧、大锤、锤子、平锤、钳子、钢直尺等。

3）毛坯材料与尺寸：45 钢，$\phi32mm \times 28mm$，如图 5-18a 所示。

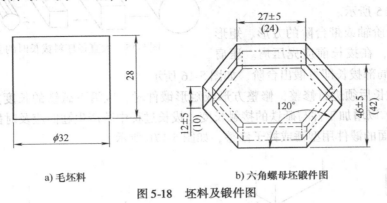

a) 毛坯料

b) 六角螺母坯锻件图

图 5-18　坯料及锻件图

4. 自由锻工艺分析

（1）识读锻件图　锻件图是根据零件图并考虑锻件加工质量、公差、敷料等因素绘制的图样，是制订锻造工艺和检验锻件的依据。图 5-18b 为六角螺母坯锻件图，图中用双点画线画出零件的轮廓形状，并在锻件图各尺寸线下面的括号内标出了零件尺寸。

（2）计算坯料质量与尺寸

1）质量确定。

$$M_{坯料} = M_{锻件} + M_{烧损} + M_{料头}$$

式中　$M_{坯料}$——坯料质量。

　　　$M_{锻件}$——锻件质量。

　　　$M_{烧损}$——加热时坯料表面氧化烧损的质量。

　　　$M_{料头}$——被冲掉或切掉的部分金属质量。

2）确定坯料尺寸。根据塑性加工过程中体积不变原则和采用的基本工序类型（如镦粗、拔长等）的锻造比、高度与直径之比等计算出坯料横截面积、直径或边长等尺寸。本项目锻件六角螺母坯质量约为 0.176kg，毛坯尺寸：$\phi32mm \times 28mm$。

（3）确定六角螺母坯的锻造工序　镦粗→锻圆、锻平→锻六面→矫正、修整。

（4）确定锻造温度范围　锻造温度的范围应尽量宽一些，以减少锻造火次，提高生产率。加热的始锻温度一般取固相线以下 100~200℃，以保证金属不发生过热与过烧。终锻温度一般高于金属的再结晶温度 50~100℃，以保证锻后再结晶完全，锻件内部得到细化组织。本项目锻件的锻造温度范围：1200~800℃。

5. 操作步骤（见表 5-3）

表 5-3　手工自由锻六角螺母坯的操作步骤

工　序	操作步骤
（1）安全检查	穿戴防护衣帽和防护鞋
（2）坯料加热	坯料加热至始锻温度 1100~1200℃进行锻打操作，加热过程中，严格控制加热温度

（续）

工　序	操　作　步　骤
（3）镦粗	如图 5-19a 所示，将 φ32mm×28mm 毛坯锻至圆饼状，保证高度（12±5）mm 　　要求：掌钳的同学用钳子取出已加热好的锻件，夹紧夹稳，放置于铁砧上；握大锤的同学用大锤进行击打，镦粗该锻件 　　注意：待锻件温度低于终锻温度 800℃ 时停止锻打，并将锻件放回炉中再次加热，不断重复以上锻打步骤，直到将 φ32mm×28mm 的柱状锻件，锻打成（12±5）mm 厚的盘形件为止。注意工件垂直放平，锤击工件中心
（4）锻圆、锻平	将约 12mm 厚的盘形锻件周围锻圆整、两面锻平整。注意锤击力度合理
（5）锻六角螺母坯	将 12mm 厚的盘形锻件重复加热，夹持圆饼中心锻六面，如图 5-19b 所示，其步骤顺序如下： 　①　先锻 1 面，保证 1 面与其对面这两个面的边长为（27±5）mm，且 1 面与其对面的平行距离为（46±5）mm 　②　向内旋转60°，锻 2 面，保证 2 面与其对面这两个面的边长为（27±5）mm，且 2 面与其对面的平行距离为（46±5）mm 　③　再向内旋转60°，锻 3 面，保证 3 面与其对面这两个面的边长为（27±5）mm，且 3 面与其对面的平行距离为（46±5）mm 　　如此锻出六个面，但此时边与边之间还没有成为六边形，无法达到图样尺寸，中间有圆弧过渡，需要进一步修整
（6）矫正与修整	首先矫正与修整六面的夹角不正确之处，以及锻件厚度不均匀之处，之后再重复锻造 6 个面中的 3 个面，保证面与面之间有棱边相交，最后保证厚度。以此类推，直至锻出的六角螺母坯满足图 5-18b 所示尺寸要求 　　注意：用平锤进行修整，修整温度可略低于 800℃

6. 操作要点及注意事项

（1）操作要点　锻六面时掌钳的同学一般用左手掌钳，夹稳夹紧工件，用右手挥动锤子指示大锤的打击落点和轻重；握大锤的同学根据掌钳人锤子指挥的锻打点锻打。

（2）加热时

1）坯料装炉时要依次排列（工件需距离炉内电阻丝 100mm 以上），且记清先后顺序，依次取出锻打。

2）炉口至锻锤间应保持通畅，工件在传送途中要贴近地面，防止碰人，不准抛掷传送。

3）及时清除炉渣等。

（3）"五不打"

1）低于终锻温度不打。

2）锻件放置不平不打。

3）铁砧等工具上有油污不打。

4）镦粗时工件弯曲不打。

5）工具、工件易飞出的方向有人时不打。

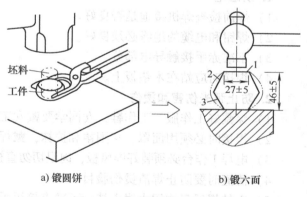

a）锻圆饼　　　　b）锻六面

图 5-19　自由锻造六角螺母坯

模块六 焊接训练

一、训练模块简介

　　焊接是利用原子间的结合力使分离的金属连接起来的一种工艺方法。焊接连接性好、省工省料、结构重量轻，广泛应用于压力容器、船舶、桥梁、化工设备等的制造。

　　焊接的方法和种类繁多，按其过程的特点不同可分为熔焊、压焊和钎焊三大类，而在各种焊接方法中，最常用的是熔焊。熔焊是将两焊件的连接部位加热至熔化状态，在不加压的状况下，使其冷却、凝固成一体而完成焊接的方法；压焊是焊接过程中对焊件施加压力并同时加热，从而完成焊接的方法；钎焊是将低熔点的钎料熔化，使其与焊体金属相互渗透，从而实现连接的一种方法。

　　通过本模块的学习与训练，使学生了解相关工艺的基本原理、特点和应用，为以后的学习和工作打下一定的基础。

二、安全技术操作规程

1. 防触电
1）焊前检查焊机接地是否良好。
2）焊钳和电缆的绝缘必须良好。
3）不准赤手接触导电部分。
4）焊接时应站在木垫板上。

2. 防止弧光伤害和烫伤
1）穿戴好工作服、工作鞋，女同学要戴女工帽。
2）焊接时必须用面罩、穿围裙和护袜，戴焊工手套。
3）电焊工作台必须装好屏风板，肉眼切勿直视电弧。要挂好布帘，以免弧光伤害他人。
4）清渣时要防止焊渣烫伤脸目。
5）工件焊后只许用火钳夹持，不准直接用手拿。

3. 保证设备安全
1）线路各连接点必须紧密接触，防止因松动、接触不良而发热。
2）焊钳任何时候都应放到绝缘体上，不得放在工作台上，以免短路烧坏焊机。
3）发现焊机或线路发热烫手，应立即停焊。
4）操作完毕或检查焊机及电路系统时必须切断电源。
5）焊接时周围不能有易燃易爆物品。

三、问题与思考

1. 焊接电弧的实质是什么?
2. 实训用电焊机是什么型号? 其含义是什么?

3. 焊条由哪几部分组成？其作用是什么？

4. 实训用焊条是什么型号？其含义是什么？

5. 常用焊接工具有哪些？其作用是什么？

6. 如何确定焊接电流？焊接电流太大或太小对焊件质量有何影响？

7. 你知道焊条电弧焊引弧、运条方法、焊缝的接头连接和收尾方法吗？

8. 常用的焊接方法有哪些？其特点与应用有哪些？

9. 电阻焊的焊接原理是什么？电阻焊常用的方法有哪些？各用于什么场合？

10. 电阻焊焊接时，为什么要采用很大电流、很低电压并加压？

11. 常见焊接缺陷有哪些？其特征和产生的原因是什么？

12. 焊缝的空间位置有哪些？为什么尽可能安排在平焊位置施焊？

四、实践训练

（一）焊条电弧焊

项目一　焊条的组成、分类及作用

1. 焊条在焊条电弧焊接中的作用

在焊条电弧焊接的过程中，焊条是主要焊接材料，如图 6-1 所示。焊条是由焊芯及药皮两部分组成的。

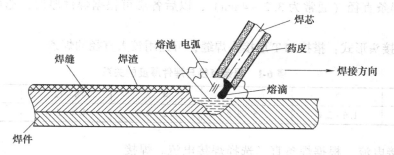

图 6-1　焊条电弧焊的焊接过程

（1）焊芯的作用

1）作为电极传导电流，产生电弧。

2）熔化后作为填充金属，与熔化的母材一起组成焊缝金属。

（2）药皮的作用

1）可以产生大量气体与熔渣，隔离空气，对液态焊缝起渣气联合保护作用。

2）可以去除有害杂质，使焊缝达到要求的力学性能。

2. 焊条分类及性能

如果按药皮类型不同分类，焊条可分为酸性焊条和碱性焊条两类。

（1）酸性焊条　脱氧、脱硫磷能力低，热裂倾向大；但其焊接工艺性较好，对弧长、铁锈不敏感，焊缝成形性好，脱渣性好，广泛用于一般结构。

（2）碱性焊条　脱氧完全，合金过渡容易，能有效地降低焊缝中的氢、氧、硫、磷，所以其焊缝的力学性能和抗裂性能比酸性焊条好，但其焊接工艺性较差；引弧困难，电弧稳定性差，飞溅较大，不易脱渣，必须采用短弧焊，适用于合金钢和重要碳钢的焊接。

焊条型号及含义如下：

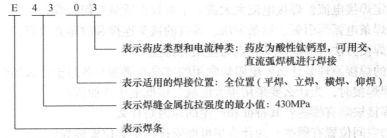

- 表示药皮类型和电流种类：药皮为酸性钛钙型，可用交、直流弧焊机进行焊接
- 表示适用的焊接位置：全位置（平焊、立焊、横焊、仰焊）
- 表示焊缝金属抗拉强度的最小值：430MPa
- 表示焊条

3. 焊接参数对焊缝成形的影响

焊接参数选择是否合适，直接影响焊接质量。

（1）焊条直径　焊条直径的选择取决于焊件厚度、焊缝位置、焊接层次和焊接接头形式等。

1）焊件厚度：在一般情况下，根据焊件厚度选定焊条的直径，见表6-1。

2）焊缝位置：基本原则是进行平焊时，焊条直径可选大些；相对地说，进行立焊、横焊和仰焊时，焊条直径应选小些。焊条直径通常平焊时最大为6mm，立焊不超过5mm，横焊、仰焊不超过4mm。

3）焊接层次：多层多道焊接时，为了防止产生未焊透的缺陷，在焊第一层焊缝时，应选择较小的焊条直径（通常为3.2~4mm），以后各层可根据焊件厚度，选用较大直径的焊条。

4）焊接接头形式：搭接和T形接头焊缝，可选用较大直径的焊条。

表6-1　焊条直径与焊件厚度的关系

焊件厚度/mm	2	3	4~7	8~12	≥13
焊条直径/mm	1.6~2.0	2.5~3.2	3.2~4.0	4.0~5.0	5.0~6.0

（2）焊接电流　根据焊条直径选择焊接电流。焊接低碳钢时，按下面经验公式选择焊接电流

$$I = (30 \sim 60)d$$

式中　I——焊接电流（A）；

d——焊条直径（mm）。

（3）电弧电压　电弧电压由电弧长度决定。电弧长，电弧电压高，燃烧不稳定，熔深减小，飞溅增加，且保护不良，易产生缺陷；电弧短，电弧电压低，对保证焊接质量有利。操作时一般要求电弧长度不超过焊条直径。

（4）焊接速度　焊接速度是单位时间内完成的焊缝长度。焊接速度增加时，焊缝厚度和焊缝宽度都明显下降。焊条电弧焊时，焊接速度由焊工凭经验掌握。

焊接参数对焊缝成形的影响如图6-2所示。图6-2a所

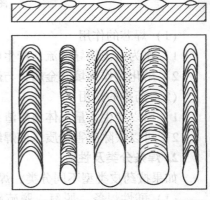

a）合适　b）电流　c）电流　d）焊速　e）焊速
　　　　　太小　　太大　　太慢　　太快

图6-2　焊接参数对焊缝成形的影响

示为焊接电流和焊接速度合适，焊缝外形尺寸符合要求，形状规则，焊波均匀并呈椭圆形，焊缝到母材过渡平滑；图6-2b所示为焊接电流太小时，电弧不易引出，燃烧不稳定，焊波呈圆形，而且余高增大，熔宽和熔深都减小；图6-2c所示为焊接电流太大时，弧声强、飞溅增多，焊条往往变得红热，焊波变尖，熔宽和熔深增加，焊薄板时，有烧穿的可能；图6-2d所示为焊接速度太慢时，焊波变圆而且余高、熔宽和熔深增加，焊薄板时，有烧穿的可能；图6-2e所示为焊接速度太快时，焊波变尖，焊缝形状不规则而且余高、熔宽和熔深都减小。

项目二　平敷焊训练

1. 训练目的和要求

1）了解焊接安全操作规程。

2）能够正确调整、使用焊接设备及工具。

3）掌握焊接参数选择原则。

4）掌握焊条电弧焊的引弧操作和运条的基本方法。

5）能够进行焊接的起头、收尾、接头的基本操作。

6）了解不同接头形式的焊条电弧焊方法。

7）学习有效控制焊接质量的方法。

8）了解焊接缺陷以及缺陷产生的原因。

2. 训练设备与材料

1）设备：BX1-315交流弧焊机，如图6-3所示。

2）工具：焊钳、焊接面罩、焊条保温筒，另外，还有钢丝刷、敲渣锤以及夹具等。同时操作者必须戴皮革制成的焊工手套、穿帆布工作服、戴工作帽以及穿绝缘胶鞋等，如图6-4所示。

3）材料：低碳钢平板 200mm × 180mm × 6mm；φ3.2mm酸性焊条。

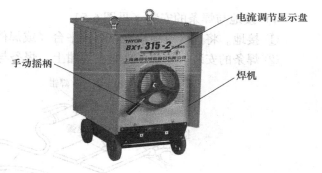

图6-3　BX1-315交流弧焊机

3. 操作步骤

（1）安全检查

1）检查各处的接线是否正确、牢固可靠。

2）起动焊机，查看是否正常、安全运行，并选择合适的焊接电流。

3）检查焊条质量，不合格的不能使用。焊条应严格按照规定的温度和时间进行烘干，再放在保温筒内，随用随取。

（2）焊前准备

1）焊前清理。用砂纸打光待焊处（焊接坡口左右20mm范围内），直至露出金属光泽，以便引弧、稳弧和保证焊条质量。

2）划线。在待焊处划直线并打样冲眼做标记。

3）送电。合上电源开关，调节焊接电流为120~200A。

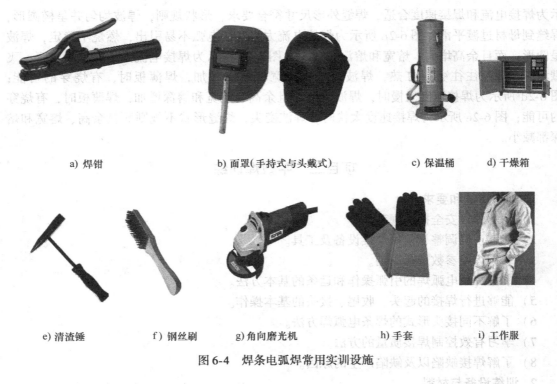

a) 焊钳　　　　　　　　　b) 面罩(手持式与头戴式)　　　　　c) 保温桶　　　d) 干燥箱

e) 清渣锤　　　　f) 钢丝刷　　　g) 角向磨光机　　　　　h) 手套　　　i) 工作服

图 6-4　焊条电弧焊常用实训设施

4）接地与焊条的安装（见图 6-5）。

① 接地。将连接电缆线夹在焊接平台（或焊件）上。

② 焊条的安装。将焊条夹紧在焊钳上，焊条与焊钳的夹持角度可以为 80°、90°、120°。

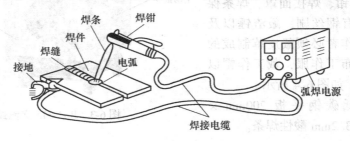

图 6-5　焊条电弧焊装置

（3）操作要领及步骤

1）操作姿势。平焊操作姿势如图 6-6 所示，左手持面罩，右手握焊钳，一般采用蹲式操作，蹲姿要自然，两脚夹角为 70°～85°，两脚距离为 240～260mm。持焊钳的胳膊半伸开，要悬空无依托地操作。

2）引弧。引弧就是将焊条与焊件接触，形成瞬间短路，然后迅速将焊条提起 2～4mm，使焊条与焊件之间产生稳定的电

a) 蹲式操作姿势

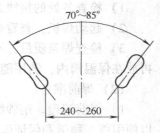

b) 两脚位置

图 6-6　平焊操作姿势

弧。引弧方法通常有敲击法和划擦法两种，如图6-7所示。

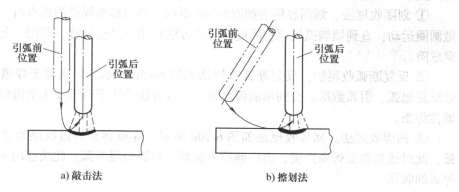

a) 敲击法   b) 擦划法

图6-7 引弧方法

注意：①无论是划擦法还是敲击法引弧，都要注意手腕的运动，切不可靠手臂的动作来完成引弧动作。②焊条与焊件接触后，焊条提起的时间要适当，太快，不易产生电弧；太慢，焊条与焊件容易粘在一起造成短路。③引弧时如焊条粘在焊件上，应立即将焊钳从焊条上取下，待焊条冷却后，用手将焊条取下；或握焊钳的手左右摇动，也可解决。

3）运条。

① 当引燃电弧焊接时，必须掌握好焊条与焊件之间的角度，如图6-8a所示，并使焊条完成三个基本运动，如图6-8b所示。焊条按其熔化速度向下送进，以使弧长维持不变；焊条沿焊接方向前移；焊条横向摆动，即焊条以一定的运动轨迹周期性地向焊缝左右摆动，以获得一定宽度的焊缝。

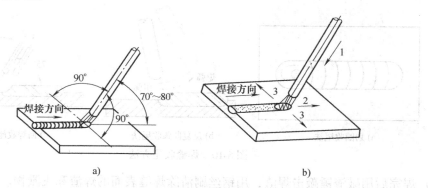

a)   b)

图6-8 运条基本运动

1—焊条沿轴线向下送进 2—焊条沿焊接方向移动 3—焊条横向摆动

② 运条时，焊条有向下送进、沿焊接方向移动、横向摆动三个基本动作，这三个动作组成各式各样的运条，如图6-9所示。操作者根据不同的焊缝位置、焊件厚度、接头形式、焊件材质、焊条直径、焊接电源、焊缝层数等因素采用正确的运条方法，是保证焊缝外表成形和内在质量的重要手段。

注意：运条速度要均匀，且沿焊接方向运动的速度不可太快，一般来说一根焊条焊完后其焊缝的总长度以不超过焊条长度的4/5为宜。

4）焊缝收尾。焊缝收尾时，为了不出现弧坑，焊条应停止向前移动，采用划圈收尾法或反复断弧法等慢慢拉断电弧，以保证焊缝尾部成形良好，焊缝收尾方法如图 6-10 所示。

① 划圈收尾法。划圈收尾法如图 6-10a 所示，焊条移至焊道的终点时，利用手腕的动作做圆圈运动，直到填满弧坑再拉断电弧。该方法适用于厚板焊接，若用于薄板焊接，会有烧穿危险。

② 反复断弧收尾法。反复断弧收尾法如图 6-10b 所示，焊条移至焊道终点时，在弧坑处反复熄弧、引弧数次，直到填满弧坑为止。该方法适用于薄板及大电流焊接，但不适用于碱性焊条。

③ 回焊收尾法。回焊收尾法如图 6-10c 所示，焊条移至焊道收尾处立即停止，但未熄弧，此时适当改变焊条角度，由后倾改为前倾，然后慢慢断弧。此法适用于更换焊条或临时停弧的收尾。

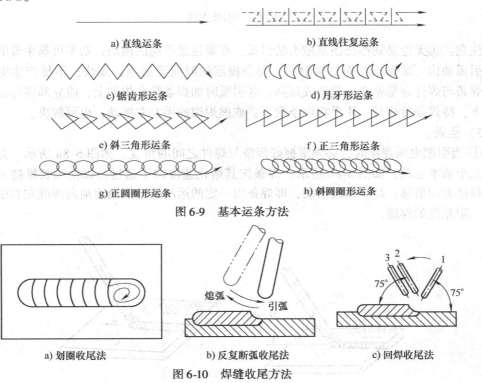

a) 直线运条　　　　　　　　　　　b) 直线往复运条

c) 锯齿形运条　　　　　　　　　　d) 月牙形运条

e) 斜三角形运条　　　　　　　　　f) 正三角形运条

g) 正圆圈形运条　　　　　　　　　h) 斜圆圈形运条

图 6-9　基本运条方法

a) 划圈收尾法　　　　b) 反复断弧收尾法　　　　c) 回焊收尾法

图 6-10　焊缝收尾方法

5）焊完后用敲渣锤敲击焊渣，用钢丝刷清除焊缝表面的焊渣和飞溅物。

6）检查焊缝。目测焊缝外观应无夹渣、裂纹、气孔等缺陷。

7）切断电源，清理工作场地。

4. 容易出现的问题及注意事项

（1）操作方面

1）引不燃电弧的原因：未送电；电缆线折断，没形成焊接回路；焊条没有夹持好；焊条与焊件接触时间太短等。

2）粘条的原因及防止措施：初学者引弧时，焊条与焊件接触后，提起的时间要恰当，焊条提起太慢，焊条端部熔化，就会与焊件粘在一起，不易脱开，即粘条。发生粘条现象，应迅速断开，时间太长，易烧坏焊机。断开方法是握着焊钳，左右摇摆几下，就可脱开；如果不能脱开，就应立即将焊钳从焊条上取下，待焊条冷却后将焊条用手扳下。

（2）安全方面

1）敲渣时，应戴眼镜或用面罩挡住，以免焊渣溅入眼内或灼伤皮肤。

2）为了安全和延长焊机的使用寿命，调节电流时，应在焊机空载状态下进行。

3）焊条不准乱放，焊条头不能乱丢，注意施工现场整洁。

4）焊钳不得漏电，不准赤手换焊条，以免触电。

5）工作完毕，必须切断电源，收好所用的工具。

（3）质量方面

1）气孔。彻底清理坡口及其附近的油、铁锈、水蒸气；严格按要求烘干焊条；采用短弧焊接，适当地掌握焊条角度。

2）夹渣。彻底清除前道焊缝的焊渣，特别是要仔细地清除焊缝与坡口交界处的焊渣，电流不宜过小，以免熔渣上浮困难；利用电弧吹力和平稳地运条，使熔池上的熔渣紧随着弧柱而不发生裹渣。

3）咬边。咬边是被电弧熔化的坡口边缘未能被熔化金属熔合的结果。为此焊接时运条要平稳，并推动熔池金属覆盖好已被熔化的坡口边缘。

4）裂纹。注意选择合适的焊接参数，焊件清理要彻底，焊条烘干温度和时间要足够，焊接顺序要适当，焊缝密度不能过于集中等。

项目三　对接平焊、双面焊训练

1. 训练目的

1）能够熟练地掌握装配及定位焊。

2）正确掌握板式件对接平焊电弧引弧位置。

3）正确掌握板式件对接平焊焊缝接头、收尾方法与技巧。

4）正确理解运条基本动作、熟练掌握运条方法。

2. 训练内容与要求

（1）工艺要求　对接平焊焊缝：采用I形坡口，平对接双面焊，焊脚尺寸为(8±2)mm，错边小于1mm。

（2）质量要求

1）焊缝与母材圆滑过渡，焊缝宽度为8～10mm，焊缝余高为0～3mm，不得低于母材。

2）无局部过高现象，收尾处弧坑填满，无明显未熔合与咬边，其咬边深度小于0.5mm为合格。

3）试件表面非焊道上不应有引弧痕迹。

3. 训练设备与材料

1）焊机：交流弧焊机，如图6-3所示。

2）焊条：E4303，直径为3.2mm或4.0mm，干燥箱中烘干。

3）焊件：Q235钢板，规格尺寸为150mm×50mm×6mm，两块为一组，要求钢板表面除锈、去污。

4）焊接工具与防护用品：焊钳、防护服、焊工手套、护脚、防护面罩；其他辅助工具如敲渣锤、錾子、锉刀、钢丝刷、干燥箱、焊条保温筒，如图6-4所示。

4. 训练步骤（见表6-2）

表6-2　对接平焊双面焊步骤（参考）

步　骤	内　　容	简　图
1. 坡口准备	钢板厚4～6mm，可以采用I形坡口双面焊，接口必须平整	第二面 第一面
2. 焊前清理	清除铁锈、油污等	三面平、直、垂直 20～30　清除干净
3. 装配	将两板水平放置，对齐，留1～2mm间隙	1～2
4. 定位焊	用焊条定位焊固定两个焊件的相对位置，保证两板对接处平齐，无错边，定位焊后清渣	30　10～15 30
5. 对接平焊双面焊接	1）选择合适的焊接参数，见表6-3 2）先焊正面，分两层焊，第一层焊道采用ϕ3.2mm焊条直线形运条，并填满弧坑，第一层熔深应超过板厚的2/3。清理焊渣后，用ϕ4mm焊条，调整焊接参数，仍然用直线形运条，进行第二层盖面焊 3）翻转焊件、清除背面焊渣。用ϕ4mm焊条和直线形运条法焊接背面焊缝	90°　65°～80° 平对接焊的焊条施焊角度
6. 焊后清理	用钢丝刷等工具把焊缝表面及焊件表面的飞溅等清理干净，直到露出金属光泽	飞溅
7. 检查	检测焊缝正反面质量。焊缝表面不得有焊瘤、气孔、夹渣、咬边等缺陷，若有缺陷，应尽可能修补	

5. 对接平焊操作要点

1）平对接焊施焊要领。运条过程中，如有熔渣与铁液混合，可将电弧稍微拉长，同时将焊条角度向前倾斜，利用电弧吹力吹动熔渣，并做向后推送熔渣的动作，动作要快捷，以免熔渣超前而产生夹渣缺陷。

2）I形坡口平对接双面焊焊接参数（见表6-3）。

表6-3　I形坡口平对接双面焊焊接参数（参考）

焊接层次	焊条直径/mm	焊接电流/A	电弧电压/V
正面（1）	3.2	100～130	22～24
正面（2）	4.0	140～160	22～26
背面（1）	4.0	140～160	22～26

6. 容易出现的问题与注意事项

1）对接平焊背面易出现焊瘤和未焊透。在焊接第一道焊缝时，要掌握好电弧的燃烧时间和节奏。运条过程中，掌握好电弧在坡口两侧停留的时间，从而保证正常的熔孔尺寸和熔池温度。否则，熔孔尺寸过大，熔池温度过高，就会产生焊瘤，反之熔孔尺寸过小，熔池温度过低就会出现未焊透。

2）定位焊所用的焊条牌号及直径与平对接焊相同，焊接电流可比平对接焊时大 10% ~ 15%。

3）定位焊焊前与平对接焊一样要进行预热，焊后也要进行缓冷。

4）由于定位焊焊缝较短，焊缝起头和收尾处很接近，容易产生始端未焊透及收尾裂纹等缺陷，平对接焊接时必须把有缺陷的定位焊缝剔除重焊。

项目四 T形接头平角焊训练

1. 训练目的

1）能够熟练地掌握装配及定位焊。

2）正确掌握板式件平角焊电弧引弧位置。

3）正确掌握板式件平角焊焊缝接头、收尾方法与技巧。

4）正确理解运条基本动作、熟练掌握运条方法。

2. 训练内容与要求

1）T形接头平角焊图样，如图 6-11a 所示。

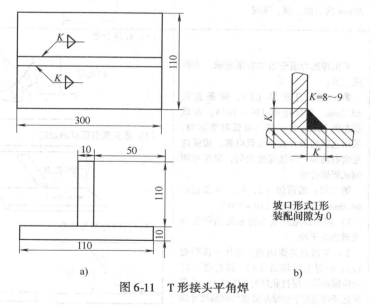

a)
b)

图 6-11 T形接头平角焊

2）技术要求：角接接头焊后应保持垂直；角接焊缝截面为直角三角形，焊脚尺寸 $K = 8 \sim 9\,\text{mm}$，如图 6-11b 所示。

3. 训练设备与材料

1）焊机：交流弧焊机，如图 6-3 所示。

2）焊条：E4303，直径为 3.2mm 和 4.0mm 两种，要求烘干，烘干温度 100 ~ 150℃，保温 1.5h。

3）焊件：Q235 钢板，两块一组，每块长 × 宽 × 厚为 300mm × 110mm × 10mm，坡口形

式Ⅰ形。保证立板垂直，要求在钢板焊接处两侧20～30mm范围内除锈、去污。

4）焊接工具与防护用品：焊钳、防护服、焊工手套、护脚、防护面罩；其他辅助工具，如敲渣锤、錾子、锉刀、钢丝刷、干燥箱、焊条保温筒，如图6-4所示。

4. 训练步骤（见表6-4）

表6-4　T形接头平角焊步骤（参考）

步　骤	内　容	简　图
1. 坡口准备	钢板厚10mm，坡口形式Ⅰ形，装配间隙为0。保证坡口面的平直度	
2. 焊前清理	焊前清理坡口面及靠近坡口上下两侧20mm范围的油、氧化物、铁锈、水分等污物，打磨干净，至露出金属光泽	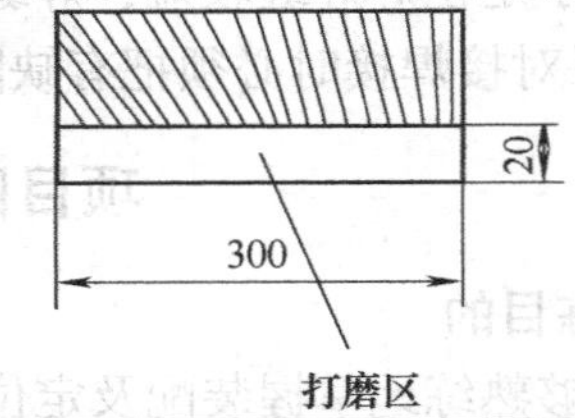
3. 装配及定位	将焊件装配成90°夹角的T形接头，不留间隙，采用焊正式焊缝用的焊条进行定位焊，定位焊的位置应在焊件两端的前后对称处，四条定位焊缝的长度均为10～15 mm。装配时须校正焊件，保证立板的垂直度，清理干净接口周围20mm内的油、锈、飞溅	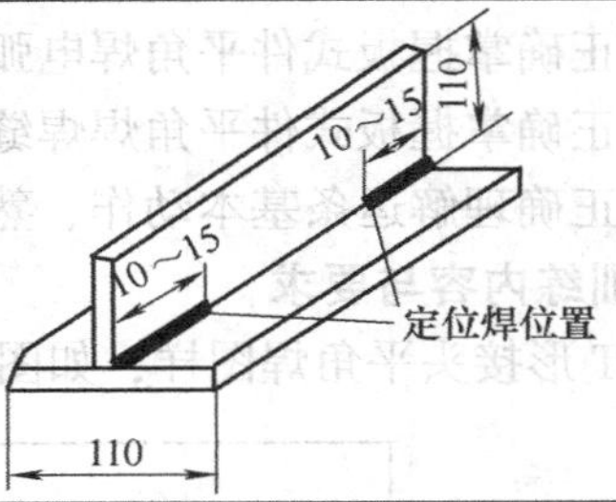
4. T形接头平角焊	平角焊的焊道分布如右图所示，为两层三道： 第一层：打底焊（1），焊条直径$\phi3.2$mm，焊接电流130～140A。在试板左侧10mm处引弧，电弧对准顶角，采用直线运条方法，压低电弧，短弧由左向右施焊，焊接速度均匀，顶角和两侧试板熔合好 第二层：盖面焊（2、3），焊条直径$\phi4.0$mm，焊接电流110～120A。 1）盖面焊施焊前先将根部的焊渣与飞溅清除干净 2）盖面焊共焊两道。先焊下面焊道（2），后焊上面焊道（3）。焊焊道（2）时应覆盖第一层打底焊的2/3以上，并保证这条焊道的下边缘是要求的焊脚尺寸线（对准打底焊道的下沿），采用直线运条方法。焊上面焊道（3）时，应覆盖下面焊道（2）的1/3～1/2，焊条落在立板与打底焊道的夹角处 在第一条焊缝完成之后，翻转工件进行另一侧焊缝的焊接	（1）焊道分布 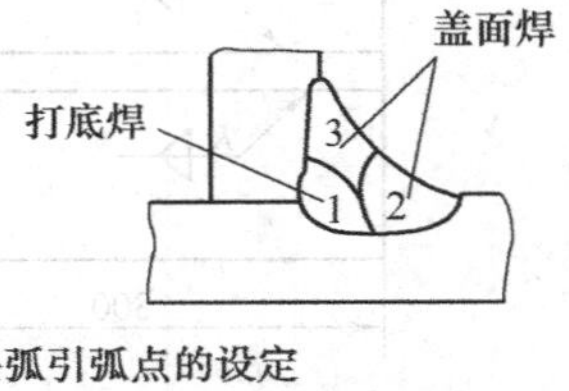 （2）起头弧引弧点的设定 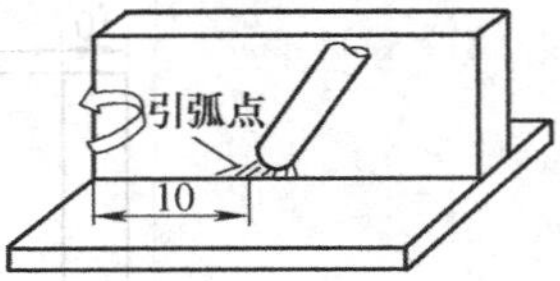 （3）打底焊焊条角度 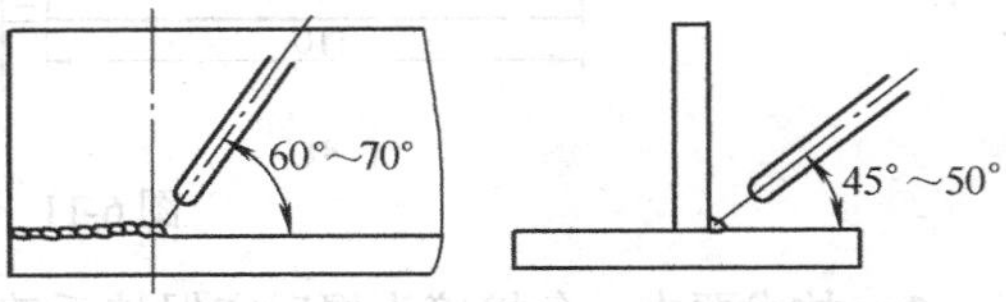 （4）盖面焊焊条角度 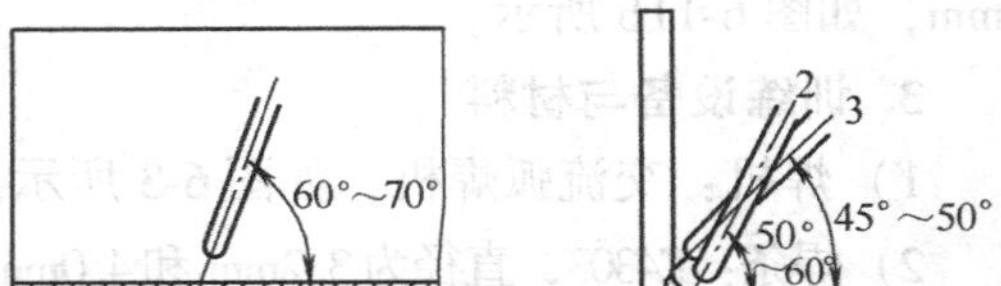

（续）

步　骤	内　　容	简　图
5. 焊后清理	用钢丝刷等工具把焊缝表面及焊件表面的飞溅等清理干净，直到露出金属光泽	
6. 检查	1）焊缝表面光滑，无气孔、夹渣、裂纹等缺陷 2）焊缝无明显咬边，接头处无脱节和超高现象 3）焊件没有引弧痕迹	

5. 容易出现的问题与注意事项

1）整条焊缝应该宽窄一致，平滑圆整、略显凹形，避免立板侧出现咬边、焊脚下偏等缺陷。

2）多层多道焊时，最外层表面焊接的各焊道之间堆焊过程中的焊渣不要随即清除，应待焊接结束后一起清除。

3）焊前装备焊件时，要考虑焊件焊后产生变形的可能性，采用一定的反变形或采用刚性固定，如图 6-12 所示。

4）焊脚在平板和立板间的分布应对称且过渡圆滑。

5）弧坑裂纹。采用断续灭弧法，填满弧坑，防止弧坑裂纹产生。

6）焊道的接头。接头在弧坑前 10mm 回焊至弧坑处，沿弧坑填满焊接，如图 6-13 所示。

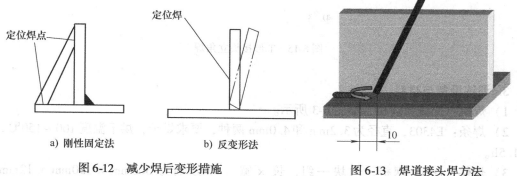

图 6-12　减少焊后变形措施

a) 刚性固定法　　b) 反变形法

图 6-13　焊道接头焊方法

7）盖面焊也可采用斜圆圈形运条方法来控制角焊缝焊脚尺寸，如图 6-14 所示。斜圆圈形运条时 $a \sim b$ 要慢，焊条做微微往复的前移动作，以防止熔渣超前；$b \sim c$ 要稍快，以防止熔化金属下淌；c 处稍做停顿，以添加适量的熔滴，避免咬边；$c \sim d$ 要稍慢，保持各熔池间形成 $1/2 \sim 2/3$ 的重叠，以利焊道成形；$d \sim e$ 稍快，到 e 处稍做停顿，如此动作循环。

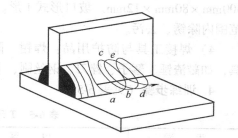

图 6-14　斜圆圈形运条示意图

项目五　T形接头立角焊训练

1. 训练目的

1）能够熟练地掌握装配及定位焊。

2）正确掌握板式件立角焊电弧引弧位置。

3）正确掌握板式件立角焊焊缝接头、收尾方法与技巧。

4）正确理解运条基本动作、熟练掌握运条方法。

2. 训练内容与要求

1）T形接头立角焊图样，如图6-15a所示。

2）技术要求：角接接头焊后应保持垂直；角接焊缝截面为直角三角形，焊脚尺寸 $K = 8 \sim 9\text{mm}$，如图6-15b所示。

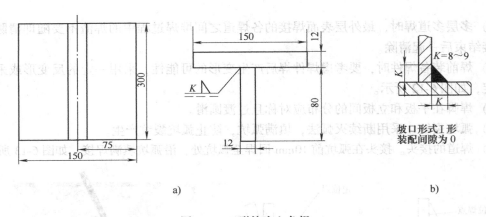

a)　　　　　　　　　　　　　　　　　　　b)

图6-15　T形接头立角焊

3. 训练设备与材料

1）焊机：交流弧焊机，如图6-3所示。

2）焊条：E4303，直径为3.2mm和4.0mm两种，要求烘干，烘干温度100～150℃，保温1.5h。

3）焊件：Q235钢板，两块一组，长×宽×厚分别为300mm×150mm×12mm与300mm×80mm×12mm。坡口形式I形。保证立板垂直，要求在钢板焊接处两侧20～30mm范围内除锈、去污。

4）焊接工具与防护用品：焊钳、防护服、焊工手套、护脚、防护面罩；其他辅助工具，如敲渣锤、錾子、锉刀、钢丝刷、干燥箱、焊条保温筒，如图6-4所示。

4. 训练步骤（见表6-5）

表6-5　T形接头立角焊步骤（参考）

步　骤	内　容	简　图
1. 坡口准备	钢板厚10mm，坡口形式I形。保证坡口面的平直度	

（续）

步 骤	内 容	简 图
2. 焊前清理	焊前清理坡口面及靠近坡口上下两侧20mm范围的油、氧化物、铁锈、水分等污物，打磨干净，至露出金属光泽	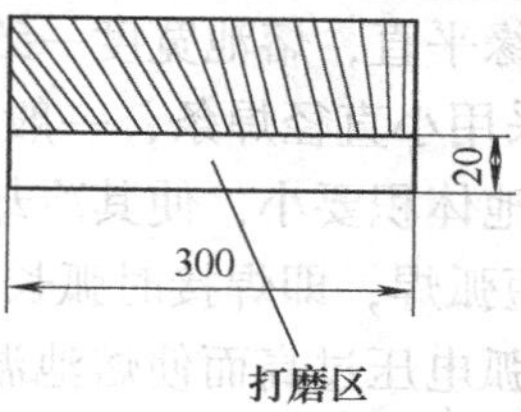
3. 装配及定位	将焊件装配成90°夹角的T形接头，不留间隙，采用焊正式焊缝用的焊条进行定位焊，定位焊的位置应在焊件两端的前后对称处，四条定位焊缝的长度均为10~15mm。装配时须校正焊件，保证立板的垂直度，清理干净接口周围20mm内的油、锈、飞溅	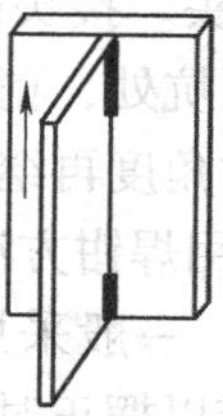
4. T形接头立角焊	立角焊的焊道分布如右图所示，为两层两道： 第一层：打底焊（1），焊条直径φ3.2mm，焊接电流110~130A 引弧与焊接：在试件最下端引弧，稳弧后预热，试板两侧熔合形成熔池，之后熄弧，待熔池冷却至暗红色时，再在熔池上方10~15mm处引弧。退到原熄弧处继续施焊。如此反复几次，直到符合第一层焊道焊脚尺寸为止。之后，按三角形运条方法由下向上焊接 第二层：盖面焊（2），焊条直径φ4.0mm，焊接电流100~120A 1）盖面焊施焊前，应清除打底焊道焊渣和飞溅，焊缝接头局部凸起处需打磨平整 2）在试板最下端引弧，焊条角度同打底焊，采用小间距锯齿形运条方法，横向摆动向上焊接 在第一条焊缝完成之后，翻转工件进行另一侧焊缝的焊接	（1）焊道分布 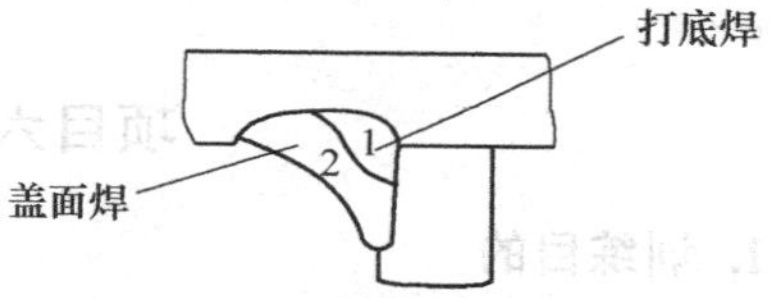 （2）立角焊：三角形运条方法 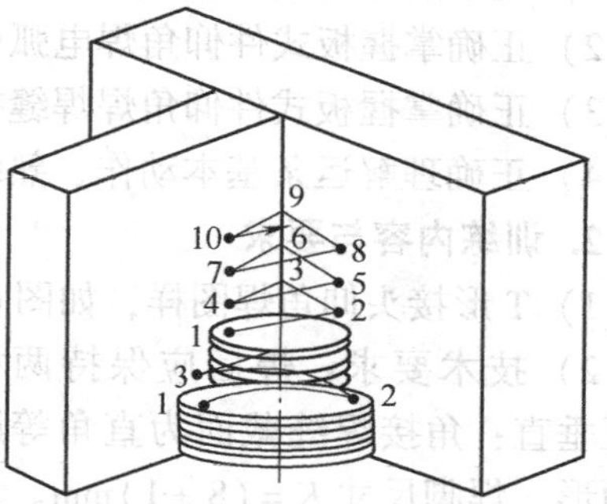 （3）立角焊时焊条角度 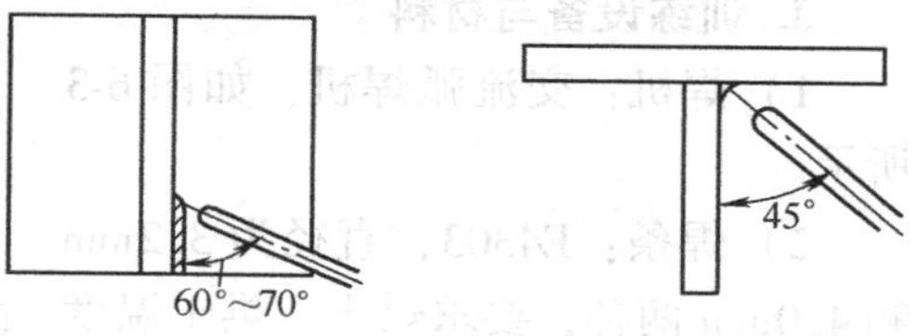
5. 焊后清理	用钢丝刷等工具把焊件表面的飞溅等清理干净，直到露出金属光泽	
6. 检查	1）焊缝表面光滑，无气孔、夹渣、裂纹等缺陷 2）焊缝无明显咬边，接头处无脱节和超高现象 3）焊件没有引弧痕迹	

5. 容易出现的问题与注意事项

1）控制熔池形状，在立焊过程中应始终控制熔池形状为椭圆形或扁圆形，保持熔池外形下部边缘平直，熔池宽度一致、厚度均匀，从而获得良好的焊缝。

2）采用小直径焊条，一般用直径4mm以下的焊条，立焊焊接电流比平焊时小10%～15%。熔池体积要小，使其冷却凝固快，以减少和防止液态金属下淌。

3）短弧焊，即焊接时弧长不大于焊条直径。短弧既可以控制熔滴过渡准确到位，又可避免因电弧电压过高而使熔池温度升高，以至难以控制熔化过程。

4）焊道接头。接头时，在弧坑上方10mm处引燃电弧，回焊至弧坑处，稍增大焊条倾角，完成焊道接头后，恢复到正常角度再继续焊接。

5）合理运用焊钳方法。握焊钳有正握法和反握法，如图6-16所示。一般采用正握法，当焊接部位距离地面较近使焊钳难以摆正时采用反握法。正握法焊接时较灵活，活动范围大。正握法便于立焊时控制焊条摆动的节奏。

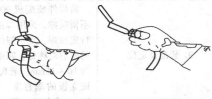

a) 正握法　　　b) 反握法

图6-16　握焊钳的方法

项目六　T形接头仰角焊训练

1. 训练目的

1）能够熟练地掌握装配及定位焊。

2）正确掌握板式件仰角焊电弧引弧位置。

3）正确掌握板式件仰角焊焊缝接头、收尾方法与技巧。

4）正确理解运条基本动作、熟练掌握运条方法。

2. 训练内容与要求

1）T形接头仰角焊图样，如图6-17所示。

2）技术要求：焊后应保持两板相互垂直；角接焊缝截面为直角等腰三角形，焊脚尺寸$K = (8 \pm 1)$mm。

3. 训练设备与材料

1）焊机：交流弧焊机，如图6-3所示。

2）焊条：E4303，直径为3.2mm和4.0mm两种，要求烘干，烘干温度100～150℃，保温1.5h。

3）焊件：Q235钢板，两块一组，长×宽×厚分别为300mm×150mm×8mm与300mm×80mm×8mm。坡口

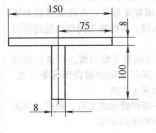

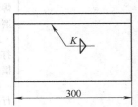

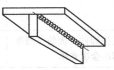

图6-17　T形接头仰角焊

形式I形。保证立板垂直，要求在钢板焊接处两侧20～30mm范围内除锈、去污。

4）焊接工具与防护用品：焊钳、防护服、焊工手套、护脚、防护面罩；其他辅助工具，如敲渣锤、錾子、锉刀、钢丝刷、干燥箱、焊条保温筒，如图6-4所示。

4. 训练步骤（见表6-6）

表6-6　T形接头仰角焊步骤（参考）

步　骤	内　容	简　图
1. 坡口准备	钢板厚10mm，坡口形式I形。保证坡口面的平直度	
2. 焊前清理	焊前清理坡口面及靠近坡口上下两侧20mm范围的油、氧化物、铁锈、水分等污物，打磨干净，至露出金属光泽	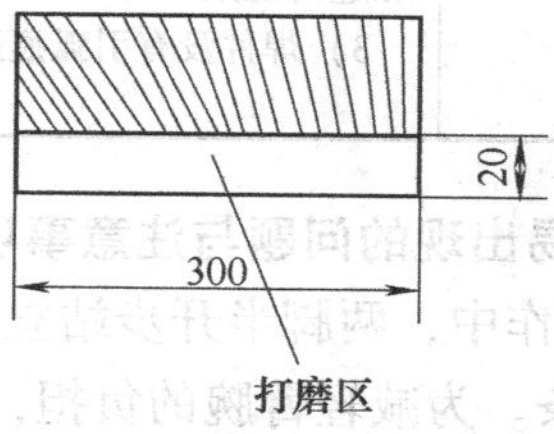
3. 装配及定位	将焊件装配成90°夹角的T形接头，不留间隙，采用焊正式焊缝用的焊条进行定位焊，定位焊的位置应在工件两端的前后对称处，四条定位焊缝的长度均为10～15mm。装配时，在接口两侧对称定位焊接固定，采取对称焊接，以减小角变形，保证立板的垂直度，清理干净接口周围20mm内的油、锈、飞溅	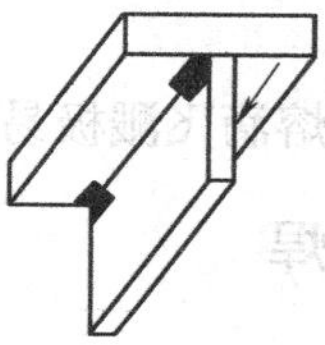
4. T形接头仰角焊	仰角焊的焊道分布如右图所示，为两层三道： 第一层：打底焊（1），焊条直径φ3.2mm，焊接电流120～130A 1）焊接第一层打底时，焊条端头顶在接口的夹角处，在试板左侧引弧，保持右图所示的运条角度，采用直线形运条，向右焊接，压低电弧，保证顶角和两侧试板熔合良好，然后收尾填满弧坑；清理干净焊渣后焊接第二层 2）焊道接头在弧坑前10mm处引弧，回焊至弧坑处，沿弧坑形状将其填满，然后正常施焊 第二层：盖面焊（2），焊条直径φ4.0mm，焊接电流100～110A 焊接第二层的盖面（2）焊道时，要紧靠打底焊道边缘，采用直线形运条或稍有摆动，覆盖打底焊道1/2～2/3以上，焊条与立板面的角度要稍大些，以能压住电弧为好。运条角度如右图所示。焊接第二层的盖面（3）焊道时，保持焊道与上面钢板的圆滑过渡。仍用直线形运条法，速度要均匀，不宜太慢，以免焊道凸起过高，焊后一起清理表面焊渣	（1）焊道分布 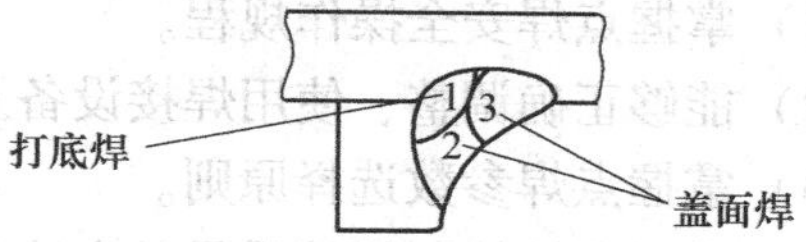 （2）打底焊仰角焊时焊条角度 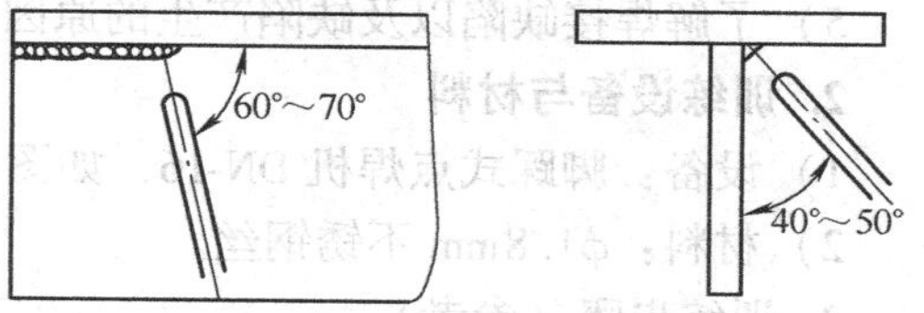 （3）盖面焊仰角焊时焊条角度 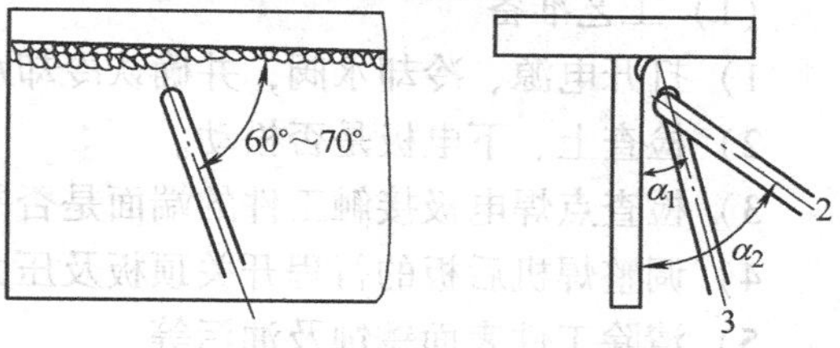 $\alpha_1=30°～40°$；$\alpha_2=50°～60°$
5. 焊后清理	用钢丝刷等工具把焊件表面的飞溅等清理干净，直到露出金属光泽	

（续）

步　　骤	内　　容	简　　图
6. 检查	1）焊缝表面光滑，无气孔、夹渣、裂纹等缺陷 　2）焊缝无明显咬边，接头处无脱节和超高现象 　3）焊件没有引弧痕迹	

5. 容易出现的问题与注意事项

1）操作中，两脚半开步站立，反握焊钳（见图6-16b），头部左倾注视焊接部位，由远而近地运条。为减轻臂腕的负担，往往将焊接电缆悬挂在预设的钩子上。

2）当焊脚尺寸为8~10mm时，宜用两层三道（第二层为表面焊缝，由两条焊道叠成）。

3）仰焊时熔滴飞溅极易灼伤人体，要十分注意劳动保护用品的佩戴，合乎使用规范。

（二）电阻点焊

项目　电阻点焊训练

1. 训练目的和要求

1）掌握点焊安全操作规程。

2）能够正确调整、使用焊接设备及工具。

3）掌握点焊参数选择原则。

4）学习有效控制焊接质量的方法。

5）了解焊接缺陷以及缺陷产生的原因。

2. 训练设备与材料

1）设备：脚踩式点焊机 DN-16，如图6-18所示。

2）材料：$\phi 1.8mm$ 不锈钢丝。

3. 训练步骤（参考）

（1）工艺准备

1）打开电源、冷却水阀，并确认冷却水压力及流量。

2）检查上、下电极是否松动。

3）检查点焊电极接触工件的端面是否平整、光洁。

4）调整焊机后板的行程开关顶板及压力弹簧。

5）清除工件表面锈蚀及油污等。

（2）电阻点焊操作方法

1）调节参数：根据焊件厚度调整控制器上的参数。建议先焊接一个工件，观察焊点质量，根据焊接情况再调整焊接参数。

2）预压：工件置于两电极之间，踩下脚踏板，使上电极与焊件接触并加压。在预压阶段没有电流通过，只对母材金属施加压力，如图6-19a所示。

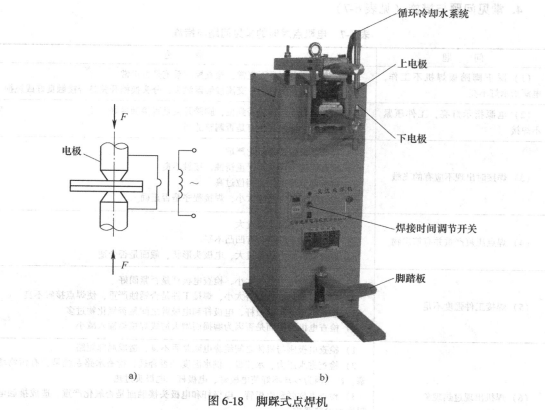

图 6-18 脚踩式点焊机

3）焊接与维持：继续压下脚踏板，使电源触头开关接通，变压器开始工作，二次回路通电，压力处于一定数值下，通过电流，产生热量熔化金属，从而形成熔核，如图 6-19b、c 所示。

4）休止：松开脚踏板时电极上升，停止通电，压力也借助弹簧的拉力逐渐减小而后恢复原状，使熔核更好地冷却结晶，如图 6-19d 所示。

5）焊接结束后，整理工作台，关闭电源、冷却水阀门，打扫工作区卫生。

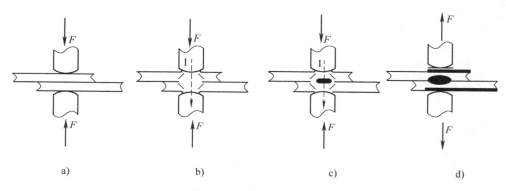

图 6-19 电阻点焊示意图

4. 常见问题与措施（见表6-7）

表6-7　电阻点焊时的常见问题与措施

问　　题	措　　施
（1）踩下脚踏板焊机不工作，电源指示灯不亮	1）检查电源电压是否正常，检查控制系统是否正常 2）检查脚踏开关触头、交流接触器触头、分头换档开关是否接触良好或烧损
（2）电源指示灯亮，工件压紧不焊接	1）检查脚踏板行程是否到位，脚踏开关是否接触良好 2）检查压力杆弹簧螺钉是否调整适当
（3）焊接时出现不应有的飞溅	1）检查电极头是否氧化严重 2）检查焊接工件是否严重锈蚀，接触不良 3）检查调节开关是否档位过高 4）检查电极压力是否太小，焊接程序是否正确
（4）焊点压痕严重并有挤出物	1）检查焊接电流是否过大 2）检查焊接工件是否有凹凸不平 3）检查电极压力是否过大，电极头形状、截面是否合适
（5）焊接工件强度不足	1）检查电极压力是否太小，检查电极杆是否紧固好 2）检查焊接热输入是否太小，焊接工件是否锈蚀严重，使焊点接触不良 3）检查电极头和电极杆、电极杆和电极臂之间是否氧化物过多 4）检查电极头截面是否因为磨损而增大造成焊接热输入减小
（6）焊机出现过热现象	1）检查电极座与机体之间绝缘电阻是否不良，造成局部短路 2）检查进水压力、水流量、供水温度是否合适，检查水路系统是否有污物堵塞，造成因为冷却不好使电极臂、电极杆、电极头过热 3）检查铜软联和电极臂，电极杆和电极头接触面是否氧化严重，造成接触电阻增加发热严重 4）检查电极头截面是否因磨损而增大过多，使焊机过载而发热 5）检查焊接厚度、负载持续率是否超标，使焊机过载而发热

模块七　热处理及火花鉴别训练

一、训练模块简介

热处理是将固态金属或合金采用适当的方式进行加热、保温、冷却，改变其内部组织，从而获得所需性能的工艺方法。常用热处理工艺方法有正火、退火、淬火与回火，常用热处理工艺曲线如图7-1所示。

热处理在机械制造业中应用极为广泛，在汽车、拖拉机、机床制造业中，约有70%以上的工件要进行热处理，各种刀具、模具、量具、齿轮及轴承等都要进行热处理。

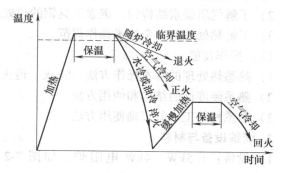

图7-1　热处理工艺曲线

二、安全技术操作规程

1. 在操作前，首先要熟悉热处理工艺规程和使用的设备。
2. 在操作时，必须穿戴必要的防护用品，如工作服、手套、防护眼镜等。
3. 设备危险区（如电炉的电源导线、配电屏、传动机构等）及电闸不得随便触动，以免发生事故。
4. 热处理仪表、仪器未经同意不得随意调整或使用。
5. 加热后出炉的工件要放在干燥的钢板上，不得直接放于地上。
6. 凡经热处理的工件，严禁用手去摸或用脚踩，以免造成灼伤。

三、问题与思考

1. 什么是热处理？
2. 钢的普通热处理方法有哪些？它们的作用是什么？
3. 钢经过退火、正火、淬火后的力学性能发生了哪些变化？
4. 试比较退火与正火两种热处理工艺方法的主要异同之处。
5. 淬火之后为什么一定要进行回火处理？
6. 什么是调质？钢件调质处理后，其力学性能有什么特点？
7. 为了提高低碳钢工件的切削加工性，需要采用什么热处理方法？
8. 什么是失效处理？其作用是什么？
9. 布氏硬度和洛氏硬度各有什么优缺点？如何应用？
10. 如何鉴别20钢、45钢、T10钢、灰铸铁？

四、实践训练

项目一 钢的热处理实验

1. 训练目的和要求

（1）基础知识

1）了解热处理的特点和应用。

2）了解优质碳素结构钢、碳素工具钢的热处理工艺及热处理后的性能特点。

3）了解热处理的安全技术操作规范。

（2）操作技能

1）熟悉热处理的基本操作方法（正火、退火、淬火、回火）。

2）熟悉硬度计的结构和使用方法。

3）熟悉相关工具的正确使用方法。

2. 训练设备与材料

1）设备：1.5kW、4kW 电阻炉，如图 7-2 所示；HR150-A 洛氏硬度计，如图 7-3 所示。

2）材料：45 钢、T10 钢、中碳弹簧钢、65Mn 弹簧钢。

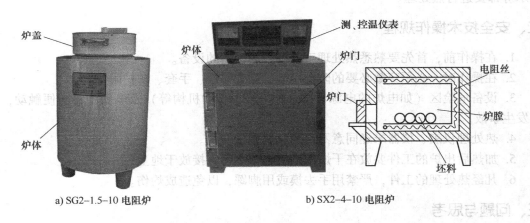

a) SG2-1.5-10 电阻炉　　　　　　　　b) SX2-4-10 电阻炉

图 7-2　电阻炉

3. 训练内容

（1）45 钢的热处理实验

1）实验要求。

试件：材料 45 钢（$\phi 30mm \times 15mm$）。

设备：SX2-4-10 电阻炉；HR150-A 洛氏硬度计。

要求："淬火 + 回火"，采用不同回火温度，观察试件在不同热处理工艺下的硬度变化，并将实验结果填入表 7-4。

2）实验方法（见表 7-1）。

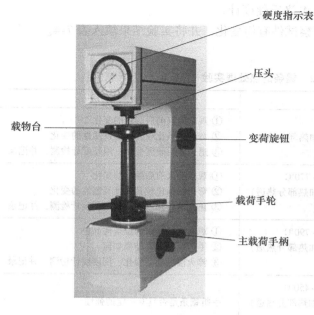

a) HR150-A 洛氏硬度计

b) 硬度指示表

图 7-3 HR150-A 洛氏硬度计

表 7-1 45 钢的热处理实验

热处理方法	内　　容	硬 度 测 试
1）淬火	炉温升至 800～850℃，保温 15～20min，水或油冷却	去除试件两面氧化皮，用硬度计检查试件实验前后的硬度
2）低温回火	淬火后的试件放入 180～250℃的炉中，保温 1h 后空冷	
3）中温回火	淬火后的试件放入 350～500℃的炉中，保温 1h 后空冷	
4）高温回火	淬火后的试件放入 500～600℃的炉中，保温 1h 后空冷	

洛氏硬度计检测硬度步骤

① 如图 7-3 所示，主载荷手柄置于卸荷位置，变换变荷旋钮至相应位置（HRA 为 60，HRB 为 100，HRC 为 150）。

② 表盘先回零，将试件放置在洛氏硬度计的载物台上，选好测试位置；顺时针旋转载荷手轮，加初始试验力，使压头与试件紧密接触。然后继续旋转载荷手轮，长指针转到三圈，即停止转动载荷手轮，指针对准"C"位。

③ 调好后轻轻推动主载荷手柄加主试验力，在长指针停止 2～6s 后，拉回手柄卸除主试验力，此时长指针回转若干格后停止，从表盘上读出长指针所指的硬度值（HRA、HRC 读外圈黑数字，HRB 读内圈红数字），并记录下来。

④ 逆时针旋转载荷手轮，使压头与试件分开，调换试件位置再次测量，取三次测量结果作为试件的洛氏硬度值。

3）操作要点及注意事项。

① 淬火时，必须戴手套，使用夹钳将试件从炉中取出后，在冷水中冷却连续调头淬火，浸入水中深度约 5mm。待工件呈黑暗色后，全部浸入水中。

② 淬火时，水温应保持在 20～30℃，水温过高应及时换水。

③ 在硬度测试中，加主试验力、保持主试验力、卸除主试验力时，严禁转动变荷旋钮。

④ 硬度计指示表中长指针偏移，不对准"C"位。打开上盖，将螺母略松，微量旋转 M4 螺杆，调整长指针偏移。

（2）锯条的热处理实验

1）实验要求。

试件：材料 T10 钢手工废锯条 1 根。

设备：SG2-1.5-10 电阻炉；HR150-A 洛氏硬度计。

要求：采用不同的热处理方法，观察试件有何变化，并将实验结果填入表7-4。

2）实验方法（见表7-2）。

表7-2 锯条的热处理实验

热处理方法	内 容	检 验 方 法
1）退火	① 退火温度：750~770℃ ② 保温时间：3~5min（锯条加热部分热透） ③ 冷却方式：随炉冷却至室温	① 观察退火前后颜色的变化 ② 弯折锯条比较其强度及塑性的变化 ③ 退火前后硬度变化，用硬度计检测，并记录
2）正火	① 正火温度：电炉加热，750~770℃ ② 保温时间：3~5min（锯条加热部分热透） ③ 冷却方式：出炉空冷至室温	① 观察退火前后颜色的变化 ② 弯折锯条比较其强度及塑性的变化 ③ 正火前后硬度变化，用硬度计检测，并记录
3）淬火	① 淬火温度：电炉加热，770~790℃ ② 保温时间：3~5min（锯条加热部分热透） ③ 冷却方式：水中急冷	① 观察锯条淬火部位呈何颜色 ② 手折锯条看看结果如何 ③ 淬火前后硬度变化，用硬度计检测，并记录
4）回火	① 回火温度：电炉加热，350~450℃ ② 保温时间：3~5min（锯条加热部分热透） ③ 冷却方式：空冷	手折锯条是否具有一定的弹性

工具钢的热处理工艺分析（T10 工具钢）

① 预备热处理，即球化退火。目的是获得均匀组织（球状珠光体），改善热处理工艺性能；降低硬度，改善切削性能，利于机械加工。

② 最终热处理，淬火 + 低温回火。淬火的目的是提高工具钢的硬度、耐磨性。因为淬火后的组织是马氏体和残留奥氏体，使材料具有高的硬度、强度及耐磨性等特点。但淬火后有较大的淬火内应力和较多的显微裂纹，需要及时进行低温回火消除淬火内应力和残留应力。

（3）弹簧的热处理实验

1）实验要求。

试件：材料为中碳钢、65Mn 钢的弹簧钢丝（φ2mm）各一根。

设备：SG2-1.5-10 电阻炉。

要求：① 自制弹簧一个：将φ2mm 钢丝在芯棒上绕制成弹簧。

② 观察弹簧在淬火处理与淬火 + 中温回火后的不同情况，并将实验结果填入表7-4。

2）实验方法（见表7-3）。

表7-3 弹簧的热处理实验

热处理方法	内 容	检 验 方 法
1）中碳钢，淬火	① 淬火温度：电炉加热，820~850℃ ② 冷却方式：水中急冷	拉、压弹簧，观察结果
2）65Mn 钢，淬火 + 中温回火	① 淬火温度：电炉加热，820~850℃ ② 冷却方式：油冷 ③ 中温回火（400~600℃）	拉、压弹簧，观察结果

弹簧钢的热处理工艺分析

弹簧钢一般使用中碳钢，需淬火 + 中温回火。淬火能获得使用性能较好的马氏体，回火能消除内应力。若回火温度高了，即调质处理，虽然可以得到综合的力学性能，好的回火索氏体组织，但抗弯疲劳强度不高；若回火温度低了，得到回火马氏体组织，其内应力未充分消除，故弹性疲劳极限比较低。马氏体在中温区回火，出现较高的弹性极限，因此弹簧钢采用中温回火。可见，有的弹簧件在受力的情况下发生变形，出现断裂或载荷卸去之后，形状没有回到原来的状态，这些现象说明弹簧件的热处理质量没有达到技术要求。

（4）操作要点及注意事项

1）钢的热处理实验中，都从室温开始加热，切忌炉温尚处高温就开始热处理。

2）炉门打开取、送工件时，操作要迅速，因较高的炉温在室温环境下降温速度非常快。

3）为防止触电，取、送工件时应关闭电源。并注意工件或工具不得与炉内电阻丝相碰撞和接触。

4）电阻炉使用温度不得超过额定值。

表7-4 热处理实验记录表

材料	热处理工艺			检测项目							
	加热温度	保温时间	冷却温度	退火		正火		淬火		回火	
				前	后	前	后	前	后	前	后
结果分析											

项目二 钢材的火花鉴别法实验

1. 训练目的

1）学习运用火花鉴别法检查钢铁材料。

2）了解不同材料的特性与特征。

2. 实验设备

1）砂轮机：立式砂轮机如图7-4所示，选用F46~F60粒度、中等硬度的普通氧化铝砂轮，砂轮直径为150~200mm，厚度为25mm。

2）试样：20钢、45钢、T10、W18Cr4V、HT300等材料的试样若干。

3. 实验方法

钢材火花鉴别法是根据钢材试样在砂轮上磨削时所产生的火花的形状、颜色、火束长短、爆花、花粉多少等特征，对钢材的成分进行定性或半定量分析。

钢材在砂轮上磨削时产生的火花各部分的名称及组成见表7-5。常用钢铁材料的火花特征见表7-6。碳素钢不同含碳量对火花的火束、流线及花朵均有明显的影响，见表7-7。

图7-4 立式砂轮机

（砂轮机、防护罩、砂轮片、电源开关、蘸水槽、底座、地脚螺钉）

表7-5 火花各部分的名称及组成

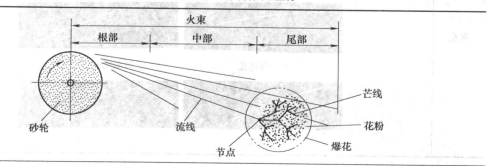

（火束、根部、中部、尾部、芒线、花粉、爆花、砂轮、流线、节点）

（续）

名称	说　明
火束	磨削时产生的全部火花称为火束，由根部、中部及尾部组成
流线	被磨削下来的炽热铁粉飞过时所产生的光亮轨迹称为流线。钢材的化学成分不同，流线的形状也不同，有直线流线、断续流线和波浪流线之分 a) 直线流线　　　b)断续流线
节点	流线中途爆裂的地方，较流线明亮而粗大的闪亮点称为节点
爆花	爆花是由铁末颗粒爆裂而产生的。爆花分布在流线上，它的形状随含碳量，其他元素成分、温度、氧化性以及钢的组织等因素的变化而变化。爆花的流线称为芒线。爆花可分为一次爆花、二次爆花、三次爆花 一次爆花，只有一个爆裂的芒线　　二次爆花，在一次爆裂的芒线上又一次发生爆裂　　三次爆花，在二次爆裂的芒线上再一次（或数次）发生爆裂
花粉	爆花爆发处的细小亮点
花朵	爆花和花粉的总称
尾花	在流线尾部末端所呈现的特殊形式的火花统称为尾花。尾花通常包括四种： 1）直线尾花：尾端和整根流线相同 2）狐尾尾花：流线尾端逐渐膨胀呈狐尾状的火花 3）枪尖尾花：流线尾端膨胀呈三角形枪尖状，且与流线脱离的火花 4）钩状尾花：流线尾端像枪尖细小的钩状，且与流线脱离的火花 a) 直线尾花　　　b) 狐尾尾花 c) 枪尖尾花　　　d)钩状尾花

表 7-6 常用钢铁材料的火花特征

钢 材	火 花 图	火花特征
20钢	多根分叉一次花 有不明 显枪尖	流线多，带红色，火束长，芒线稍短，花量较多，多根分叉爆裂，色泽呈草黄色，磨削时手感较软
45钢	多根分叉三次花 尖端有分叉	流线多而稍细，火束短，发光大，爆裂为多根分叉三次花，有小花及花粉，磨削时手感反抗力稍硬
T10	多根分叉三次花 尖端有多叉	流线多而细，火束短而粗，多根分叉三次花，爆花稍弱带红色爆裂，碎花及小花极多，磨削时手感较硬
灰铸铁 HT300		火花束短而细，流线呈暗橙红色，尾部渐粗，下垂呈弧形，呈羽毛状尾花，有少量二次爆花，磨削时手感较软

（续）

钢 材	火 花 图	火 花 特 征
W18Cr4V	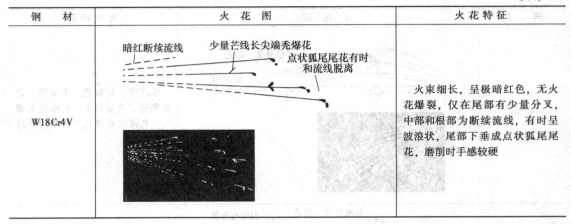 暗红断续流线　少量芒线长尖端秃爆花　点状狐尾尾花有时和流线脱离	火束细长，呈极暗红色，无火花爆裂，仅在尾部有少量分叉，中部和根部为断续流线，有时呈波浪状，尾部下垂成点状狐尾尾花，磨削时手感较硬

表 7-7　碳素钢不同含碳量对火花特征的影响

含 碳 量	火 束		流 线				花 朵		
	颜 色	爆 裂	长 度	密 度	粗 细	多 少	爆 花	花 粉
低	橙黄	少叉	长	稀	粗	少	一次	无
中	亮黄	↓	↓	↓	↓	↓	二次	有
高	暗黄	多叉	短	密	细	多	三次	多

4. 注意事项

1）实验者在磨削试样时应注意安全，戴好无色平眼镜，以免磨削下来的金属粉粒损伤眼睛。工作场地不宜过小，因钢铁飞粒的飞扬能污染周围空气，并对人的健康有害。

2）实验时，最好采用黑色背景（如黑布、黑木板），可以加强鉴别力。操作时，注意手腕施压的感觉，用力要适中，不要过重，也不能过轻。

3）砂轮机转速以 2700~3200r/min 为宜，不可太快或太慢，以防影响火花的形态。

第二单元　先进制造技术实践

模块八　数控加工训练

一、数控车削加工训练

(一) 训练模块简介

数控车削加工是将编好的加工程序输入到数控车床的数控装置中，由数控装置通过 X、Z 坐标方向上的伺服电动机控制车床进给运动部件（即刀架）的动作顺序、进给量和进给速度，再配以主轴的转速和转向，便能加工出各种形状不同的回转体件。与普通车床相比，由于数控车床加了数字控制功能，所以加工过程中自动化程度高，加工效率高，加工精度一致性好，并且有更强的通用性和灵活性。

(二) 安全技术操作规程

1. 操作前应熟悉数控车床的操作说明书，数控车床的开机、关机顺序，严格按照车床说明书规定操作。

2. 机床在正常运行时不允许打开电气柜门。

3. 认真检查润滑系统工作是否正常，如机床长时间未动，可先采用手动方式向各部分供油润滑。

4. 电源通电后，必须先完成各轴的返回参考点操作，然后再进入其他运行方式，以确保各轴坐标的正确性。

5. 手动对刀时，应选择合适的进给速度，防止刀具撞到工件、夹具。调整刀具所用的工具不要遗忘在机床内。刀具安装好后应进行一两次试切。

6. 手动换刀时，刀架距工件要有足够的转位距离，防止发生碰撞。

7. 了解和掌握数控车床控制与操作面板及操作要领，将程序准确地输入系统，并模拟检验、试切，做好加工前的各项准备工作。

8. 加工前要认真检查机床状态，认真检查刀具是否锁紧及工件装夹是否牢靠，要空运行核对程序并检查刀具设定是否正确。

9. 主轴起动开始切削之前，一定要关好防护门，程序正常运行中严禁开启防护门。

10. 机床运转中，操作者不得离开岗位，机床发现异常时应立即停车。

11. 加工中发现问题时，请按复位键"RESET"使系统复位。紧急时可按紧急停止按钮停止机床。

12. 不能手触旋转的主轴或刀具。测量工件、清洁机器或设备时，先将其停止运转。禁止用手接触刀尖和铁屑，铁屑必须要用铁钩子或毛刷来清理。

13. 不允许用压缩空气清洁机床、电气柜及 NC 单元。

14. 请勿更改 CNC 系统参数或进行参数设定。

15. 使用刀具应与机床允许的规格相符，严重磨损或破损的刀具要及时更换。

（三）问题与思考

1. 简述数控车床的加工原理。

2. 数控车床由哪几部分组成？它们的功能是什么？

3. 比较普通车削和数控车削的基本特征与加工范围。

4. 一个完整的数控车床程序包括哪些内容？

5. 简述数控车床坐标系的作用及建立方法。

6. 简述数控车床的机械原点及编程原点的区别。

7. 为什么数控车床在编程时首先要确定工件零点（对刀点）的位置？

8. 数控车床加工零件精度的控制步骤是什么？

9. 数控车床程序的检验有哪些常用方法？

10. 简述数控车床回零操作的方法与注意点。

（四）实践训练

项目一 数控车削零件编程举例

1. 训练目的

1）掌握数控车床车削加工的基本概念、机床结构及其特点、主要技术参数、加工范围。

2）能够正确选择刀具、夹具、量具和切削加工参数。

3）通过编程实例，熟悉数控车床编程内容和方法。

4）熟悉数控编程指令，掌握程序格式及手工编程方法。

2. 训练内容

1）完成如图 8-1 所示螺纹零件的加工程序编制。

2）材料：45 钢，毛坯 φ40mm×100mm 棒料。

3. 相关知识

（1）常用螺纹种类及应用 数控加工中常用螺纹有普通三角形螺纹和梯形螺纹。普通三角形螺纹，分粗牙螺纹和细牙螺纹。细牙螺纹常用于机械连接和密封，梯形螺纹用于传动。

（2）普通螺纹代号识别 代号主要有以下几种：

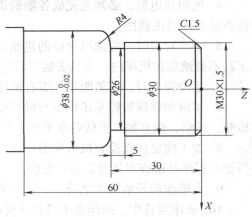

图 8-1 螺纹零件编程实例

1）M30。公制粗牙螺纹，公称直径为30mm，螺距和小径可查表得到。

2）M30 × 1.5。公制细牙螺纹，公称直径为30mm，螺距为1.5，小径可计算得到。

3）M30-6g。6g表示螺纹的精度要求。

（3）螺纹加工尺寸计算

1）外螺纹大径 $D_{大}$。经验公式 $D_{大} = D_{公} - 0.1P$，其中，$D_{公}$ 为公称直径；P 为螺距。

2）牙型高度 h。$h = 0.65P$。

3）外螺纹小径 $D_{小}$。经验公式 $D_{小} = D_{公} - 1.3P$。

4）车螺纹升速段 δ_1、降速段 δ_2。经验值：$\delta_1 = (1 \sim 3)P$；$\delta_2 = (0.5 \sim 2)P$。

注：螺纹切削的开始及结束部分，由于伺服系统的滞后，导程会不规则，为了考虑这部分的螺纹尺寸精度，车螺纹开始要有升速段 δ_1，车螺纹结束后要有降速段 δ_2。即加工螺纹时实际 Z 向行程包括螺纹有效长度 L 及升、降速段距离（$Z = L + \delta_1 + \delta_2$）。

5）车螺纹主轴转速 n 的确定。经验公式 $n \leq (1200/P) - K$，式中，P 为工件螺距或导程；K 为保险系数，一般取80。

4. 刀具和切削用量的选择

1）螺纹零件加工刀具选择及刀具号设定，见表8-1。

2）切削用量参数，见表8-2。

表8-1 螺纹零件加工刀具选择及刀具号设定

序号	工 序	刀 具	刀具号与刀补号	类型与材料
1	粗、精车外轮廓	93°外圆粗车刀（55°刀片，$R_刀$0.8mm）	T0101	机夹式，硬质合金
2	切槽	外切槽刀（宽5mm）	T0202	机夹式，硬质合金
3	车螺纹	60°外螺纹刀	T0303	机夹式，硬质合金

表8-2 切削用量参数

切削用量 切削表面	主轴转速 n /(r/min)	进给速度 f /(mm/min)	切削用量 切削表面	主轴转速 n /(r/min)	进给速度 f /(mm/min)
粗车外圆	600	100	车槽	450	30
精车外圆	800	50	车螺纹	700	1.5mm/r

5. 参考程序（见表8-3）

表8-3 图8-1螺纹零件的参考程序

程 序	说 明
O0001	程序名
N10 T0101;	粗车调用01号刀，刀具补偿号01
N20 M03 S600;	主轴正转，600r/min
N30 G00 Z2.;	刀具快进至循环起点（42.，2）
N40 X42.;	
N50 G71 U1. R0.5;	外圆粗车循环，每次切削深度1mm（半径指定），每次退刀量0.5mm
N60 G71 P70 Q140 U0.5 W0. F100;	零件轮廓由N70～N140指定，精车 X 向余量0.5mm（直径指定），粗车循环进给量100mm/min

（续）

程　序	说　明
N70 G00 X24.85；	轮廓开始点，设在倒角外延长线（24.85，1）；注意 G71 中，P 指令的程序段，该段不能含有 Z 轴指令
N80 Z1.；	
N90 G01 X29.85 Z-1.5；	C1 倒角
N100 G01 Z-30.；	M30×1.5 螺纹大径 ϕ29.85mm
N110 X30.；	台阶
N120 G03 X38. Z-34. R4.；	R4mm 圆弧（逆圆弧）
N130 G01 Z-60.；	ϕ38mm 外圆
N140 X40.；	轮廓结束，退刀
N150 M05；	主轴停
N160 M00；	程序暂停（目的是测量，为精车前修正尺寸做准备）
N170 T0101；	精车调用 01 号刀，刀具补偿号 01
N180 M03 S800；	主轴正转，800r/min
N190 G00 Z2.；	刀具快进至精加工起点（42.，2.）
N200 X42.；	
N210 G70 P70 Q140 F50；	开始精车，从 N70～N140，精车进给量 50mm/min
N220 G00 X100. Z50.；	精加工结束，快速返回换刀点（100.，50.）
N230 T0100；	取消 01 号刀补
N240 M05；	主轴停
N250 M00；	程序暂停
N260 T0202；	切槽调用 02 号刀，刀具补偿号 02
N270 M03 S450；	主轴正转，450r/min
N280 G00 Z-30.；	刀具沿 Z 向快速至切槽处
N290 X38.；	刀具沿 X 向快速接近工件
N300 G01 X26. F30；	直线匀速进给切槽，进给量 30mm/min
N310 G04 X1.；	刀具在槽底暂停 1s，修光槽底
N320 G00 X38.；	快速沿 X 向退刀
N330 G00 X100. Z50.；	快速返回换刀点（100.，50.）
N340 T2000；	取消 02 号刀补
N350 M05；	主轴停
N360 M00；	程序暂停
N370 T0303；	车螺纹调用 3 号刀，刀具补偿号 03
N380 M03 S700；	主轴正转，700r/min
N390 G00 Z3.；	快速至螺纹循环起点（38.，3），开始车螺纹（螺纹升速段 δ_1=3mm）
N400 X38.；	
N410 G92 X29.05 Z-28. F2.；	螺纹车削开始，第一刀在螺纹大径 ϕ29.85mm 的基础上，X 向进刀 0.8mm，降速段 δ_2 取 2mm
N420 X28.45；	第二刀 X 向进刀 0.6mm，Z-28.
N430 X28.05；	第三刀 X 向进刀 0.4mm，Z-28.
N440 X27.90；	第四刀 X 向进刀 0.15mm，Z-28.

（续）

程　序	说　明
N450 G00 X100. Z50. ;	快速返回换刀点（100. , 50. ）
N460 T0300;	取消03号刀补
N470 M05;	主轴停
N480 M30;	程序结束

注：在实际切削螺纹中注意以下几点：①在螺纹切削过程中进给速度倍率无效，固定在100％；②在螺纹切削中主轴不能停，如果进给停止，切深急剧增加是危险的；③进给保持在螺纹切削中无效；④在螺纹切削中主轴倍率有效，但在切螺纹中改变倍率，由于升降速的影响等因素不能切出正确的螺纹。

项目二　数控车床模拟仿真加工训练

1. 训练目的

1）通过仿真软件模拟轨迹操作，进一步理解数控编程指令，能够手工编写简单零件的数控车床加工程序。

2）通过数控车床仿真加工训练，熟悉数控车床的基本操作技术，建立数控加工概念。

2. 训练内容与要求

1）仿真加工零件，如图8-1所示。

2）实训设备：装有上海宇龙数控加工仿真软件的计算机。

3）材料：45钢，毛坯尺寸 $\phi40mm \times 150mm$。

4）夹具：自定心卡盘。

5）刀具：根据工序选择刀具，见表8-1。

6）参考程序O0001见表8-3。

3. 实践训练步骤

（1）数控加工仿真系统　如图8-2所示。

图8-2　数控加工仿真系统下拉菜单

（2）数控车床加工仿真系统界面　如图 8-3 所示，选择机床（车床）、选择控制系统（FANUC-0i）。

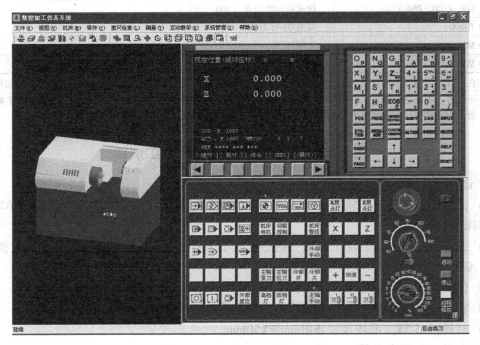

图 8-3　数控车床加工仿真系统界面

（3）开机、回零操作　单击"启动"按钮，单击"回零"按钮，单击 X 或 Z，单击"＋"此时 X 或 Z 轴将回原点，完成回零操作，X 和 Z 轴回原点灯亮。

（4）工件毛坯与刀具选择

1）定义毛坯与放置零件：①单击图 8-3 左上方 ，定义毛坯尺寸，如图 8-4a 所示；②单击图 8-3 左上方 ，选择并单击"确定"按钮，完成放置零件，如图 8-4b 所示。

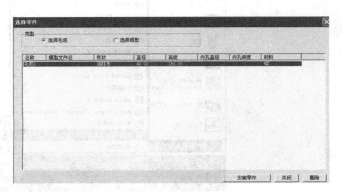

a）定义毛坯　　　　　　　　　　　b）放置零件

图 8-4　定义毛坯与放置零件

2）选择安装刀具：单击图8-3左上方 ![] 刀具选择，根据表8-1选择并安装刀具，结果如图8-5所示。注意：先选刀位，后选刀具。

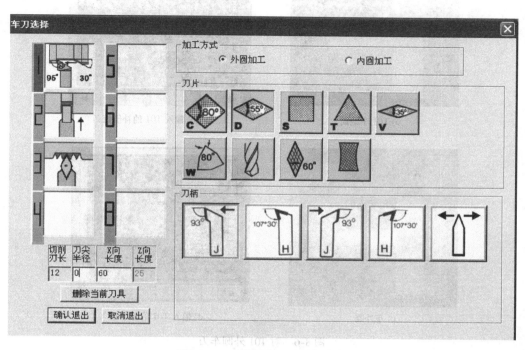

图8-5　T01外圆车刀选择与安装

（5）对刀（工件坐标系设置）　在"刀具补正"参数界面中的X、Z为刀具补偿量设定值。

1）T01外圆车刀的对刀方法。

Z向对刀：①主轴转；②X向进给，车端面；③X向退出（Z向不能动）；④进入"刀具补正/形状"界面；⑤光标移至番号01组，单击"Z0"、［测量］，完成工件坐标系Z向补偿建立，如图8-6a、b所示。

X向对刀：①主轴转；②Z向进给，车外圆；③Z向退出（X向不能动）；④主轴停；⑤"剖面图测量"并记录所车的直径值，如图8-7所示（X37.633）；⑥进入"刀具补正/形状"界面；⑦光标移至番号01组，单击"X37.633"、［测量］，完成工件坐标系X向补偿建立，如图8-6c、d所示。

2）T02切槽刀、T03螺纹刀的对刀方法。

① 换刀方法：MDI方式→单击"PROG"按钮→输入刀具号（如T0200）→单击"EOB"（结束程序）按钮→单击"INSERT"（插入）按钮→单击"循环启动"，完成换刀工作。

② 对刀方法：如图8-8所示，与上述T01对刀方法基本相同，但注意，T02与T03是分别碰与对准前面T01外圆刀车出的端面和外圆，并将所对的Z向和X向的刀具补偿数值，分别输入到"刀具补正/形状"界面中番号02、03组，如图8-9所示。

a) T01 车端面

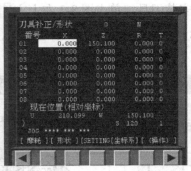

b) 输入 T01 的补偿值 Z

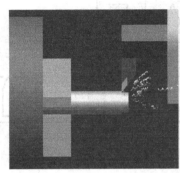

c) 车外圆

d) 输入 T01 的补偿值 X

图 8-6   对 T01 外圆车刀

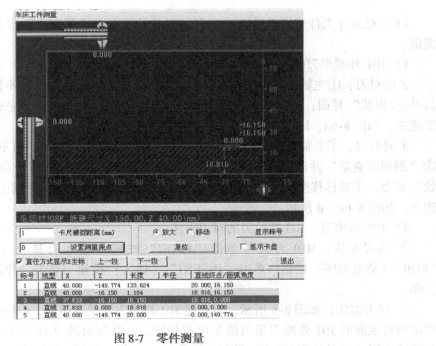

图 8-7   零件测量

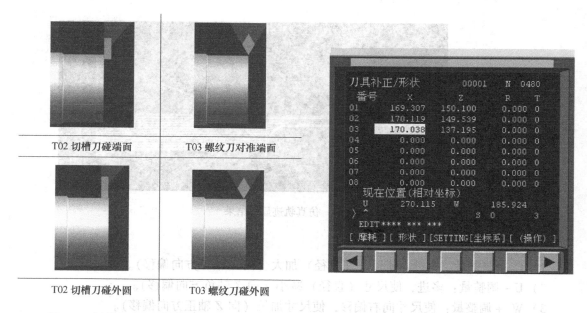

图 8-8 切槽刀 T02、螺纹刀 T03 对刀方法　　　　图 8-9 设置刀具补偿参数

（6）程序输入

1）键盘输入。编辑状态，单击"PROG"按钮，输入 O0001，单击"INSERT"按钮，输入程序名，然后逐段将程序输入，在每段程序后单击"EOB"按钮，为程序段结束符"；"。

2）程序传输。

① 程序导入。编辑状态，单击"PROG"按钮→单击［操作］软键→单击▶软键→单击［READ］软键→输入程序名（如"O0001"）→单击［EXEC］"执行"软键→单击 DNC 传送按钮，进入远程执行状态→进入程序目录，选择所需传送的程序名→单击"打开"→程序出现在机床界面上，如图 8-10 所示。

注意：导入的程序一定要保存为文本文件（.txt 文件），且不要保存在计算机桌面上。

② 程序输出。在程序编辑状态下，单击"PROG"按钮→单击［操作］软键→单击▶软键→单击［PUNCH］软键→输入程序名→单击"保存"，程序输出，存入 FANUC 的程序目录下。

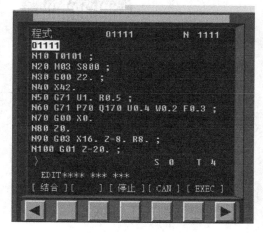

图 8-10 程序导入

（7）轨迹显示 单击"自动运行"→单击"CUSTOM，GRAPH"→单击"循环启动"，仿真轨迹显示结果如图 8-11 所示。再次单击"CUSTOM，GRAPH"，可以切换回到机床界面。

（8）仿真加工 机床回零→单击"自动运行"→单击"循环启动"，仿真加工结果如图 8-12 所示。

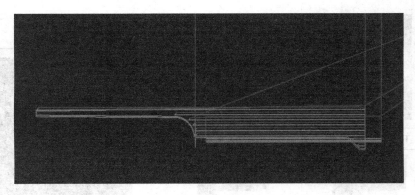

图 8-11　仿真轨迹显示结果

（9）加工尺寸调整

1）U ＋调整量：少进，使尺寸（直径）加大（向 X 轴正方向偏移）。

2）U －调整量：多进，使尺寸（直径）减小（向 X 轴负方向偏移）。

3）W ＋调整量：使尺寸向右偏移，使尺寸加长（向 Z 轴正方向偏移）。

4）W －调整量：使尺寸向左偏移，使尺寸变短（向 Z 轴负方向偏移）。

例如，加工后，测量工件的实际加工尺寸比要求的尺寸在 X 轴（直径）上大了 0.02mm，在磨耗中对应番号 01 刀补的位置上，输入 U-0.02，如图 8-13 所示。

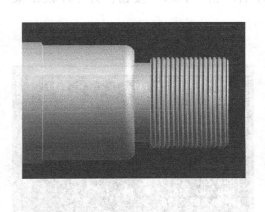

图 8-12　仿真加工结果

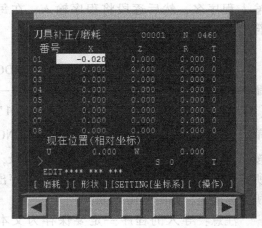

图 8-13　设置刀具磨耗参数窗口

二、数控铣削加工训练

（一）训练模块简介

数控铣床是采用铣削方式加工工件的数控机床。将编好的加工程序输入到数控铣床的数控装置中，由数控装置通过 X、Y、Z 坐标方向上的伺服电动机控制铣床进给运动部件（即工作台和主轴）的动作顺序、进给量和进给速度，再配以主轴的转速和转向，一般可实现 X、Y 和 Z 三坐标甚至更多坐标联动，能够完成各种平面、沟槽、螺旋槽、成形面、平面曲线和空间曲线等复杂型面的加工。

（二）安全技术操作规程

1. 操作前必须熟悉数控铣床的一般性能、结构、传动原理及控制程序，掌握各操作按钮、指示灯的功能及操作程序。在弄懂整个操作过程前，不要进行机床的操作和调节。

2. 打开机床电源前必须检查机床工作台及外表是否整洁，检查导轨以及各润滑部位是否有油，检查油位、油压是否正常，油路是否通畅。检查电网电压、外部气源气压是否正常，不正常不能开机。

3. 打开外部电源开关，起动机床电源，检查电气柜冷却扇是否运转正常，不正常不能开机，应报告教师进行维修。

4. 机床通电后，将操作面板上的紧急停止按钮右旋弹起，按下操作面板上的电源开关，若开机成功，显示屏显示应正常，无报警。如有报警应报告教师检查维修。

5. 开机后应先进行回参考点操作，调整进给速度倍率开关于适当位置，应先完成 +Z 轴回参考点操作，后完成 +X 或 +Y 轴回参考点操作。

6. 必须停机装夹工件，主轴上有刀具时，应将刀具远离工件安装位置，以保持足够安全距离，工作台移至便于工件安装的位置。

7. 检查机床上的刀具、夹具、工件装夹是否牢固正确，安全可靠，保证机床在加工过程中受到冲击时不致松动而发生事故。

8. 程序输入后必须先调试，加工零件前，必须严格检查机床原点、刀具数据是否正常，并进行无切削轨迹仿真运行，确保正确后再进行加工。

9. 手动对刀时，刀具接近工件时必须降低刀具移动速度。

10. 机床运转时，严禁用手触摸工件及运转部分，切削中不得用棉纱擦工件和刀具。

11. 在程序运行中需要暂停测量工件尺寸时，要待机床完全停止，主轴停转后方可进行测量，以免发生人身事故。

12. 加工零件时，必须关上防护门，不准把头、手伸入防护门内，加工过程中不允许打开防护门。

13. 工作完成后，应将各手柄置于非工作位置，并依次关掉机床操作面板上的电源和总电源。做好工作场地和设备的清洁工作，做好设备运转情况记录。

（三）问题与思考

1. 简述数控铣床的工作原理及结构。

2. 机床坐标系与工件坐标系的概念各是什么？

3. 在数控铣床上铣零件轮廓时，为什么要进行刀具补偿，如何补偿？

4. 加工中心与数控铣床有哪些区别？

5. 数控铣床自动返回机床参考点的目的是什么？操作步骤是什么？

6. 数控铣床编程的一般步骤是什么？

7. 数控铣床的一般操作步骤是什么？

8. 数控铣床是如何利用刀具半径补偿原理来消除加工误差的？

9. 如何进行解除超程的操作？若自动加工中出现了超程，解除后加工能继续吗？

10. 数控铣床参考点在哪三种情况下必须重新设置？

11. 数控铣床程序的检验有哪些常用方法？

（四） 实践训练目的和要求

项目一　数控铣削零件编程举例

1. 掌握数控铣削加工的基本概念、机床结构及其特点、主要技术参数、加工范围。

2. 能够正确选择刀具、夹具、量具和切削加工参数。

3. 熟悉数控铣床编程指令及手工编程方法。

4. 了解数控铣床铣削加工的工艺性要求，能进行典型型面的加工操作。

1. 训练内容

1）铣削圆弧规轮廓，如图 8-14 所示。

2）材料：铝合金，毛坯 $\phi80mm \times 50mm$。

3）操作系统 FANUC-0i ，$\phi16mm$ 的立铣刀。

2. 编程要点

（1）刀具半径补偿概念　因为铣刀有一定的直径，若铣刀中心沿工件轮廓铣削，结果轮廓尺寸会增加或减少一个刀具直径值，因此铣削加工要进行刀具半径补偿。铣削加工刀具半径补偿分刀具半径左补偿（G41）和刀具半径右补偿（G42），如图 8-15 所示。

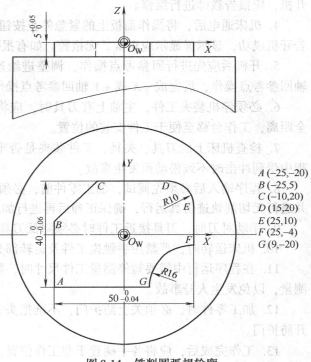

$A\ (-25,-20)$
$B\ (-25,5)$
$C\ (-10,20)$
$D\ (15,20)$
$E\ (25,10)$
$F\ (25,-4)$
$G\ (9,-20)$

图 8-14　铣削圆弧规轮廓

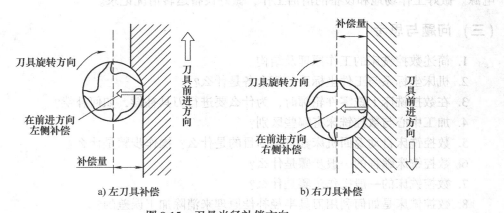

a) 左刀具补偿　　　　　　b) 右刀具补偿

图 8-15　刀具半径补偿方向

（2）指令格式

G41 ————G01 X_Y_D_；
G42

G40 ————G00 X_Y_；

G41：左偏刀具半径补偿。

G42：右偏刀具半径补偿。

G40：刀具半径补偿取消。

X、Y：建立与撤销刀具半径补偿直线段的终点坐标值。

D：刀具半径补偿寄存器的地址字。

说明：G41、G42、G40 为模态指令，机床初始状态为 G40；G40 必须与 G41 或 G42 成对使用。

（3）刀具半径补偿过程　刀具半径补偿的执行过程分三个阶段：刀补建立阶段、刀补执行阶段和刀补撤销阶段，如图 8-16 所示。下面以图 8-16 为例，说明在建立刀具半径补偿过程中，应该注意的问题与需要遵循的原则，否则容易引起加工失误甚至报警，使系统停止运行或刀具半径补偿失效等。

1）避免过切现象。在刀具补偿执行阶段中，如果存在有连续两段以上没有移动指令或存在非指定平面轴的移动指令段，则有可能产生过切现象。

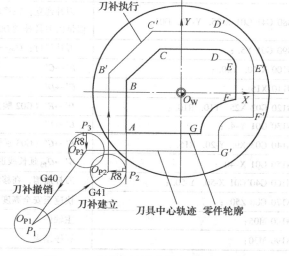

图 8-16　刀具半径补偿执行过程示意图

2）切向切入、切向切出。在刀具补偿建立与撤销阶段中，要避免法向切入工件轮廓和法向从工件轮廓退刀。应该设计切入、切出或延长线等辅助轮廓段，目的是使铣削的轮廓轨迹封闭完整。

3）刀具补偿建立与撤销轨迹方向。刀具补偿建立与撤销轨迹方向与刀具补偿执行开始或撤销阶段前的刀具前进方向的夹角 α 有密切关系，即 $90° < \alpha \leqslant 180°$。

4）建立和取消刀具半径补偿时必须在 G01 或 G00 指令状态下实现，不能用 G02 和 G03 及指定平面以外轴的移动来实现。

5）刀具补偿建立与撤销轨迹的长度距离必须大于刀具半径补偿值，否则系统会产生刀具补偿无法建立的情况，有时会产生报警。

（4）刀具半径补偿功能应用

1）避免计算刀具中心轨迹，直接用零件轮廓尺寸编程。

2）刀具因磨损、重磨、换新刀而引起直径改变后，不必修改程序，直接修改刀具半径补偿值的大小。

3）利用刀补值，可进行粗精加工。

4）利用刀补值控制轮廓尺寸精度。

3. 参考程序 (见表 8-4)

表 8-4　图 8-14 圆弧规零件的参考程序

程　序	说　明
O0002	程序名
N10 G54;	设定工件坐标系 $O_W XY$, O_W 位于工件中心
N20 M03 S1000;	M03 主轴正转, 主轴转速 S = 1000r/min
N30 G00 Z50.;	刀具快速移至安全高度 Z = 50mm (G00 快速直线进给)
N40 G00 X0 Y0;	刀具中心快速移至工件坐标系原点 O_W (0, 0)
N50 X-50. Y-50.;	刀具中心快速移至 O_{P1} (-50., -50.)
N60 Z5.;	刀具快速接近工件
N70 G01 Z-5. F100;	进给深度 5mm, 进给量 100mm/min (G01 直线插补)
N80 G41 G01 X-25. Y-40. D01;	刀补建立: 在移动中执行左刀具补偿 G41 (刀具中心 $O_{P1} \rightarrow O_{P2}$), 补偿量由刀具补偿 D01 指定 (本题补偿量为 8. mm)
N90 G01 Y5.;	刀补执行: $O_{P2} \rightarrow B'$
N100 X-10. Y20.;	$B' \rightarrow C'$
N110 X15.;	$C' \rightarrow D'$
N120 G02 X25. Y10. R10.;	$D' \rightarrow E'$ (G02 顺圆弧插补)
N130 G01 Y-4.;	$E' \rightarrow F'$
N140 G03 X9. Y-20. R16.;	$F' \rightarrow G'$ (G03 逆圆弧插补)
N150 G01 X-40.;	$G' \rightarrow O_{P3}$ 延长线退刀至 O_{P3} (-40., -20.)
N160 G40 G01 X-50. Y-50.;	刀补撤销, 在移动中执行 G40, 刀具中心 $O_{P3} \rightarrow O_{P1}$
N170 G00 Z50.;	快速至安全高度
N180 M05;	主轴停
N190 M30;	程序结束

项目二　数控铣床基本操作训练

1. 训练内容、设备和材料

1) 铣削圆弧规轮廓, 如图 8-14 所示, 参考程序见表 8-4。

2) 设备: FANUC 数控系统的 VM-600 数控铣床。

3) 刀具: φ16mm 立铣刀。

4) 材料: 铝合金, 毛坯尺寸 φ80mm × 50mm。

注: 由于 VM-600 数控铣床仅仅是 VMC-600 立式加工中心配置上少刀库, 其他完全一致, 因此本案采用 VMC-600 立式加工中心 (见图 8-17), 其主要标准配置为: FANUC 0i-MD 全数字式 AC 伺服系统, 主轴伺服、三轴伺服同 CNC 控制系统, RS-232 接口、DNC 功能、CF 卡插口、8000RPM 高性能主轴组、(16 把斗笠式刀库), BT40 气动三联件、刚性攻丝。主要规格参数为: X 行程 600mm、Y 行程 410mm、Z 行程 510mm, 工作台面积 400mm × 800mm, 主轴最高转速 8000r/min。

2. 机床操作面板及操作键功能

图 8-18 所示为 VMC-600 数控机床操作面板, 其操作键的主要功能见表 8-5。

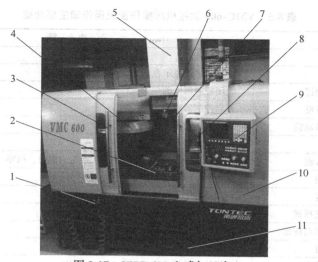

图 8-17 VMC-600 立式加工中心

1—气枪 2—工作台 3—防护门 4—斗笠式刀库 5—主轴箱 6—主轴
7—冷却液喷嘴 8—手轮 9—数控系统 10—机床本体 11—排屑箱

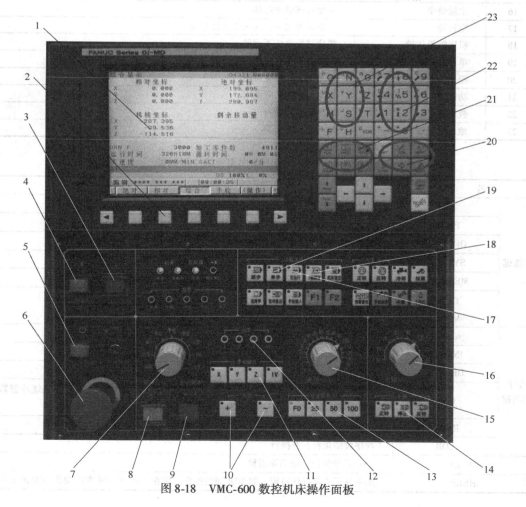

图 8-18 VMC-600 数控机床操作面板

表 8-5　VMC-600 数控机床操作面板操作键主要功能

序　号	键　名	功　能
1	监视器	显示屏幕
2	功能软键	功能软体键显示在 LCD 最下面
3	控制器关闭键	关闭控制器电源
4	控制器打开键	开启控制器电源
5	机床上电启动键	机床进入准备状态
6	急停键	用于机床紧急停止
7	主功能选择键	用于编辑、自动、MDI、手动、手轮、快速、回零、DNC、示教选择
8	程序启动键	自动运行的启动
9	进给保持键	自动运行中刀具进给停止，主轴运转继续
10	手动方向选择键	X、Y、Z 轴的手动连续进给运动方向选择
11	手动轴向运动按钮	X、Y、Z 轴的手动连续进给运动
12	回零指示灯	回零完成后指示灯常亮
13	快速进给倍率	选择快速进给倍率 25%、50%、100%
14	主轴启动	手动主轴正转、反转、停止
15	手动进给倍率	进给倍率 "+" "−" 及 100% 选择
16	主轴倍率	主轴转速倍率选择
17	空转键	在自动方式下，快速空运行开关
18	机床轴锁住键	机床进给锁住不运动
19	单步键	在自动方式下，单程序段开关
20	程序编辑键	详见表 8-6 相应说明
21	功能键	详见表 8-6 相应说明
22	数字键	输入数字等字符
23	地址字母键	输入字母等字符

表 8-6　CRT/MDI 操作面板键主要功能

	名　称	说　明
功能键	POS	地址功能键，显示当前机床（刀具）位置
	PROG	显示程序画面
	OFS/SET	显示刀偏/设定画面
	SYSTEM	显示系统画面
	MESSAGE	显示信息画面
	CSTM GRPH	显示图形画面，模拟演示刀具运行轨迹 按此键显示用户宏画面
程序编辑键	ALTER	替换当前字符
	INSERT	插入字符
	DELETE	删除整段程序
	CAN	删除已输入到输入缓冲器中的最后一个字符或符号。例如，当显示输入缓冲器数据 >N10X100Z_时，单击 "CAN" 键，则字符 Z 被取消
	INPUT	把数据输入到寄存器中
	EOB	程序段结束符，并换行
	RESET	CNC 系统复位，以消除报警
	HELP	用来显示如何操作机床，如 MDI 间的操作。可在 CNC 发生报警时提供报警详细信息

（1）手动参考点返回 将主功能选择键（见图8-19）转到"回零"后，在手动调整键（见图8-20）中，分别按 Z^+、X^+、Y^+进行手动参考点返回，到达参考点后，回零指示灯亮。

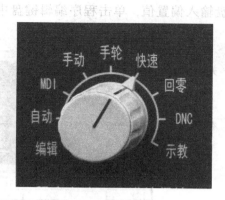

图8-19 主功能选择键

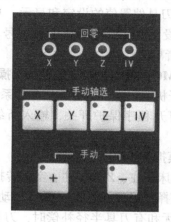

图8-20 手动调整键

（2）手动连续进给 将主功能选择键（见图8-19）转到"手动"后，在手动调整键（见图8-20）中，可进行 X、Y、Z 三个轴的正负方向调整。

（3）手脉手动进给 将主功能选择键（见图8-19）转到"手轮"后，通过手脉控制器（见图8-21）的手轮可进行 X、Y、Z 三个轴的正负方向及进给速度的调整。

（4）程序的编制 将主功能选择键（见图8-19）转到"编辑"后，单击图8-18功能键盘中的"PROG"，进入程序编制。输入程序号，其由字母 O 和四个数字组成，如 O0002，再单击程序编辑键盘中的"INSERT"，新建一个程序号为 O0002 的程序，然后将编制好的程序在键盘上输入CNC 系统。

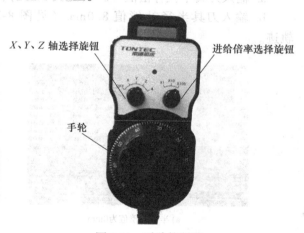

图8-21 手脉控制器

（5）自动加工 在编辑操作中检索或编制出待加工的程序后，将主功能选择键（见图8-19）转到"自动"后，单击启动键加工开始，单击暂停键加工暂停，单击启动键加工继续进行，单击停止键加工动作停止。

1）设定好工件坐标系，可以直接单击数控加工运行键进行加工。

2）如果只需要观察模拟运行，可以把数控机床的驱动锁住，单击图8-18功能键盘中的"CSTM GRPH"图形显示键，进行图形模拟。

自动加工的三种形式分别是"单步运行""直接数控""空运行"。

单步运行：自动加工时，为安全起见可选择单段执行加工程序的功能，单击一次启动按钮仅执行一个程序段的动作，加工程序逐段执行。

直接数控：使用计算机上传的程序进行加工，程序边上传机床边执行加工，程序存储器饱和后自动删除已执行的程序。

空运行：机床空运行运转时主轴不转动，刀具根据所编程序自动运行，已检查程序是否编制正确，运行时程序指定的进给速度无效。

（6）刀具偏置值的设定和显示 单击图 8-18 功能键盘中的 "OFS/SET" 刀偏设置键，进行刀补设置，找到要修改的偏置号，用键盘输入偏置值，单击程序编辑键盘中的 "INPUT" 或者单击软件中的 "输入"。

3. VMC-600 数控机床零件加工操作步骤

1）开机，回零（设置机床坐标系）。

2）打开程序保护开关，输入所编写的程序。

3）模拟图形显示。

① 机床锁住、Z 轴锁住、空运转打开。

② 选择图形显示，按 "循环启动" 键，分别观察无和有刀具半径补偿时，刀具中心轨迹的状态，以检验所加刀补是否正确，如图 8-22 所示。步骤如下：

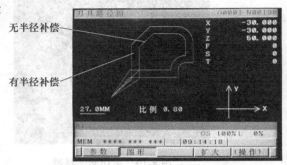

图 8-22 观察无和有刀具半径补偿时的轨迹变化

a. 输入刀具半径补偿值 "0"（见图 8-23a），观察无刀具半径补偿时刀具中心轨迹。

b. 输入刀具半径补偿值 8.0mm（见图 8-23b），观察有刀具半径补偿时刀具中心轨迹。

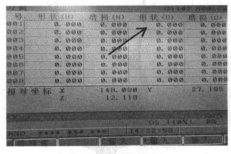

a) 半径补偿值为0mm

b) 半径补偿值为8.0mm

图 8-23 刀具半径补偿参数界面

4）手动再次回零，以消除模拟轨迹运行后可能引起的坐标变化。

5）装刀、装工件。本案采用 φ16 立铣刀，工件 φ80mm×50mm 铝合金。

6）手动对刀。进行 G54～G59 的设置操作，设置方法见操作要点。主轴上移，刀具退至安全高度。

7）粗加工运行。

① 选择所要加工的程序，设置加工深度。

②输入刀具半径补偿值，如 8.1mm（放 0.1mm 加工余量）。

③ 单步运行状态。F% 选择 20%。注意观察刀具运动的位置，是否与坐标系的坐标值相符。如相符，将单步改为连续自动运行，F% 调至 100%，直到程序自动运行完成。

8）调整加工误差。

① 轮廓尺寸误差：

外轮廓：
$$D01_\text{精} = D01_\text{粗} - \frac{B_{1\text{实际测量尺寸}} - B_{1\text{图样尺寸}}}{2}$$

内轮廓：
$$D02_\text{精} = D02_\text{粗} - \frac{B_{2\text{图样尺寸}} - B_{2\text{实际测量尺寸}}}{2}$$

式中　$D01_\text{粗}$（$D02_\text{粗}$）——粗加工刀具半径补偿值，注意给精加工放余量；

　　　　$B1$（$B2$）——轮廓尺寸，$B_\text{图样尺寸}$ 一般取图样轮廓尺寸的中间值。

② 深度尺寸误差：
$$Z_\text{G54精} = Z_\text{G54粗} - (H_\text{图样尺寸} - H_\text{测量尺寸})$$

式中　$Z_\text{G54粗}$——粗加工时设置的 G54 的 Z 值；

　　　　H——深度。

9）精加工运行。

① 输入精加工的刀具半径补偿值。

② 修改 G54 中 Z 为 $Z_\text{G54精}$。

③ F% 选择 20%。按"循环启动"键。如加工尺寸再有误差，则重复 8）与 9）。

10）铣削轮廓多余量。全部轮廓加工完成后，轮廓外多余部分可以采用去除余量编程、自动加工的方法，也可以采用手轮式铣去多余量。如图 8-24 所示。

图 8-24　完成零件轮廓加工

4. 数控铣床操作要点

（1）机床坐标系设置　机床坐标系的设置是通过用手动返回机床参考点（回零）操作完成的，只要机床不断电、未超程或轴未进行锁住操作，机床零点就会一直保持。因此，数控铣床开机或轴锁解除后，必须先确定机床参考点。机床参考点在以下三种情况下必须重新设定：

1）机床关机以后重新接通电源开关时（或机床解除急停后）。

2）机床超程报警信号解除后。

3）机床进行过轴锁住、图形模拟显示后。

（2）工件坐标系设置

1）工件坐标系设置可以采用工件原点相对机床坐标系偏置的方法完成，用程序中 G54 ~

G59 指令进行调用执行。

2）G54 设置步骤。

① X、Y 轴设置。如图 8-25 所示，将磁性表座稳固地装在主轴上，百分表装在磁性表座上，百分表的量杆测头垂直坯料外圆并环绕坯料，找坯料中心（X，Y）坐标。不断地调整机床 X 轴和 Y 轴，直到百分表环绕坯料时，指针变化在 ±0.01mm 范围内，此时记录工件中心点 O_W 在机床坐标系下的坐标值（X，Y），如（X-108.3，Y-232.23），小心拆下百分表与磁性表座。此时，在机床坐标界面输入"X0"，按"测量"软键；输入"Y0"按"测量"软键，将当前的 O_W（-108.3，-232.23）分别自动输入工件坐标系设定界面中的 G54 X Y，如图 8-26 所示。

图 8-25　圆料对刀
1—百分表　2—磁性表座　3—主轴　4—铣刀　5—工件

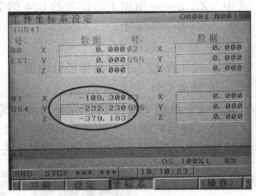

图 8-26　G54 工件坐标系设定界面

② Z 轴设置。将塞尺放在工件的上表面，让铣刀端刃轻碰塞尺（以抽出有阻力为宜）。记录此时的 O_W 点在机床坐标系下的 Z，如（Z-379.083），此时在机床坐标界面输入"Z0.1"（假如塞尺厚 0.1mm），按"测量"软键。将当前 O_W 的 Z 值自动输入工件坐标系设定界面中的 G54 Z，如图 8-26 所示。注意由于工件坐标系原点 O_W 的 Z 在工件的上表面，因此要加上塞尺厚度，即 $Z = -379.083 - 0.1 = -379.183$。

（3）注意事项　加工结束后，关闭电源，打扫工作场地，清扫导轨、刀架、滑板等部位切屑，擦净机床，在导轨和滚珠丝杠上加润滑油。

项目三　数控加工中心编程要点及举例

1. VMC-600 立式加工中心（见图 8-27）

加工中心是备有刀库，并能自动更换刀具，对工件进行多工序加工的数字控制机床。工件经一次装夹后，数字控制系统能控制机床按不同工序，自动选择和更换刀具，自动改变机床主轴转速、进给量和刀具相对工件的运动轨迹及其他辅助机能，依次完成工件几个面上多工序的加工。加工中心适用于零件形状比较复杂、精度要求较高、产品更换频繁的中小批量生产。

2. 训练内容与要求

1）完成如图 8-28 所示内外轮廓、钻孔、攻螺纹多道工序零件加工程序的编制。

2）材料：Q235 钢，毛坯 80mm×80mm×50mm。

3）设备：操作系统 FANUC-0i，VMC-600 立式加工中心刀库，如图 8-27 所示。

图 8-27 VMC-600 立式加工中心（刀库）

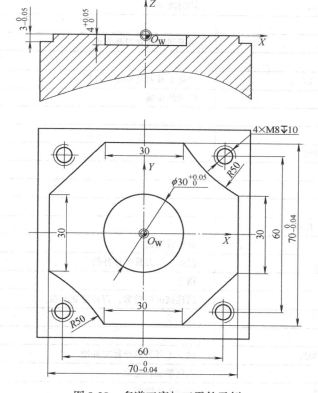

图 8-28 多道工序加工零件示例

3. 工艺卡片（见表 8-7）

表 8-7 工艺卡片

序　号	工　序	刀　具　号	刀　具　种　类	主轴转速/(r/min)	进给速度/(mm/min)
1	铣削外轮廓	T01	φ20mm 键槽铣刀	S800	F100
2	铣削内轮廓	T01	φ20mm 键槽铣刀	S800	F100
3	定点钻孔	T02	φ2mm 中心钻	S1500	F100
4	钻螺纹底孔	T03	φ6.7mm 麻花钻	S1500	F100
5	攻螺纹 M8×1.25	T04	M8 机用丝锥	S70	0.7mm/r

4. 参考程序（见表8-8）

表8-8　图8-28参考程序

程　序	说　明
O0003	程序名
N10 G40 G80 G90;	取消半径补偿、固定循环注销、绝对值编程
N20 G28 Z0;	返回参考点
N30 M6 T01;	换1号刀（φ20mm键槽铣刀）
N40 M03 M800;	主轴正转
N50 G54 G00 X0 Y0;	建立夹具补偿
N60 G43 G00 Z50. H01;	建立1号刀具长度补偿
N70 M08;	切削液开
N80 G00 Z5.;	
N90 X-40. Y-50.;	快速到达建立刀补起点
N100 G01 Z-2. F100;	
N110 G41 X-35. Y-40. D01;	建立1号刀具半径左补偿
N120 G01 Y15.;	铣削外轮廓
N130 X-15. Y35.;	
N140 X15.;	
N150 G03 X35. Y15. R50.;	
N160 G01 Y-15.;	
N170 X15. Y-35.;	
N180 X-15.;	
N190 G03 X-35. Y-15. R50.;	
N200 G01 Y20.;	延长线退出
N210 G40 X-40. Y50.;	撤销1号刀具半径补偿
N220 G00 Z50.;	抬刀
N230 X-5. Y0;	到达铣削内轮廓，刀补建立起点
N240 Z5.;	
N250 G01 Z-2. F100;	
N260 G41 X0. Y-15. D02;	建立1号刀具半径左补偿
N270 G03 J15.;	铣削整圆内轮廓
N280 G03 X15. Y0 R15.;	重合1/4圆弧
N290 G40 G01 X0 Y10.;	撤销1号刀具半径补偿
N300 G00 Z50.;	
N310 M9;	切削液关
N320 M05;	主轴停
N330 G53 G0 G49 Z0;	撤销1号刀具长度补偿
N340 G28 Z0;	返回参考点
N350 M06 T02;	换2号刀（φ2mm中心钻）
N360 G54 G00 X0 Y0;	建立夹具补偿
N370 M03 S1500;	主轴正转
N380 G43 G00 Z50. H02 M08;	建立2号刀具长度补偿，切削液开

（续）

程　序	说　明
N390 G99 G81 X-30. Y-30. Z-1. R1 F100.；	点钻循环（G99—钻孔结束后，刀具回到 R 平面，略高于工件平面；R1—R 平面在 Z 轴上的坐标值为 1mm；Z-1.—钻孔深度 1mm；F100—钻孔进给速度 100mm/min）
N400 X-30. Y30.；	点钻
N410 X30. Y30.；	点钻
N420 X30. Y-30.	点钻
N430 G80 G0 Z30.；	点钻循环结束
N440 M9；	切削液关
N450 M05；	主轴停
N460 G53 G0 G49 Z0；	撤销 2 号刀具长度补偿
N470 G28 Z0；	返回参考点
N480 M6 T03；	换 3 号刀（φ6.7mm 麻花钻）
N490 M03 S1500；	主轴正转
N500 G54 X0 Y0 F35；	建立夹具补偿
N510 G43 G0 Z50. H03 M08；	建立 3 号刀具长度补偿，切削液开
N520 G01 Z5.；	
N530 G83 G99 X-30. Y-30. Z-10. R1. Q3 P2 F80；	钻深孔循环（G99—钻孔结束后，刀具回到 R 平面，略高于工件平面；R1—R 平面在 Z 轴上的坐标值为 1mm；Z-10.—钻孔深度 10mm；Q3—每次钻孔的背吃刀量为 3mm；P2—每次钻孔孔底暂停时间 2s；F80—钻孔进给速度 80mm/min）
N540 X-30. Y30.；	钻深孔
N550 X30. Y30.；	钻深孔
N560 X30. Y-30.	钻深孔
N570 G80 G0 Z30.；	钻深孔循环结束
N580 M9；	切削液关
N590 M5；	主轴停
N600 G53 G0 G49 Z0；	取消 3 号刀具长度补偿
N610 G28 Z0；	返回参考点
N620 M6 T04；	换 4 号刀（M8 机用丝锥）
N630 M03 S70；	主轴正转
N640 G54 G0 X0 Y0 F35；	建立夹具补偿
N650 G43 G0 Z50. H04；	建立 4 号刀具长度补偿
N660 M08；	切削液开
N670 G95；	建立每转进给 mm/r
N680 G84 G99 X-30. Y-30. Z-9. R1. P2 F1.25；	攻螺纹循环（G99—钻孔结束后，刀具回到 R 平面，略高于工件平面；R1—R 平面在 Z 轴上的坐标值为 1mm；Z-9.—攻螺纹深度 9mm；P2—更换主轴转向的停留时间 2s；F1.25—螺纹导程 1.25mm/r）
N690 X-30. Y30.；	攻螺纹
N700 X30. Y30.；	攻螺纹

（续）

程 序	说 明
N710 X30. Y-30. ；	攻螺纹
N720 G80 G0 Z30. ；	取消攻螺纹循环
N730 G94 ；	建立每分钟进给 mm/min
N740 M09 ；	切削液关
N750 G53 G0 G49 Z0 ；	撤销 4 号刀具长度补偿
N760 M05 ；	主轴停
N770 M30 ；	程序结束

5. 程序编制要点

1）换刀前，返回参考点。

2）刀具补偿及固定循环中的"成对"使用：如长度补偿 G43 与 G49 取消长度补偿，半径补偿 G41 与 G40 取消半径补偿；固定循环 G81、G83、G84 与 G80 取消固定循环；切削液开 M08 与 M09 切削液关。

3）刀具号 T×× 与长度补偿偏移号 H×× 要对应。

4）刀具长度补偿的使用。

指令格式：G43 G01（G00）Z_ H_ ；

G44 G01（G00）Z_ H_ ；

G49 ；

说明：无论是采用绝对方式还是增量方式编程，对于存放在 H 中的数值，在 G43 时是加到 Z 轴坐标值中，在 G44 时是从原 Z 轴坐标值中减去，从而形成新的 Z 轴坐标。如图 8-29 所示：

执行 G43 时：$Z_{实际值} = Z_{指令值} + H \times \times$

执行 G44 时：$Z_{实际值} = Z_{指令值} - H \times \times$

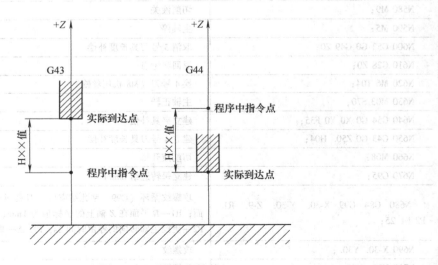

图 8-29　刀具长度补偿

6. 工件坐标系设定要点

（1）长度补偿　用长度补偿指令前，工件坐标系设定 G54 中的 Z 一定要清零，并回零，如图 8-30a 所示。各刀的长度补偿方法与数控铣床 Z 轴设置相同，注意记录每把刀的机床坐标 Z 值，分别输入在刀偏参数界面中形状（H）栏中，半径补偿输入在刀偏参数界面中形状（D）栏中，如图 8-30b 所示。换刀选择 MDI 方式，输入"M6 T××"执行。参数输入按"INPUT"键。

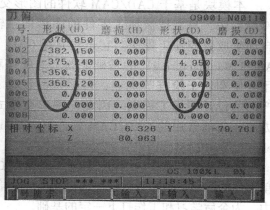

a)　　　　　　　　　　　　　　b)

图 8-30　加工中心工件坐标系设定与刀具补偿

（2）X 轴与 Y 轴对刀（O_w 在工件中间为例）　X、Y 轴对刀方法与数控铣床相同，找出工件坐标系 O_w（XY）输入 G54 中。如图 8-31 所示，手轮移动刀具以倍率"×1"小心靠近工件某侧面，直到塞尺移动合适为止，记录当前对刀位置的机床坐标系的坐标值（$X_机$、$Y_机$），按下式计算工件坐标系 O_w（XY）值后输入 G54。

$$X_{工件坐标系} = \frac{X_{机1} + X_{机2}}{2}$$

$$Y_{工件坐标系} = \frac{Y_{机1} + Y_{机2}}{2}$$

$$X_{工件坐标系} = X_{机1} + 刀具半径 + 塞尺厚度 + \frac{工件长度}{2}$$

或

$$Y_{工件坐标系} = Y_{机1} + 刀具半径 + 塞尺厚度 + \frac{工件宽度}{2}$$

如果工件坐标系 O_w 在工件左下角，则

$$X_{工件坐标系} = X_{机1} + 刀具半径 + 塞尺厚度$$

$$Y_{工件坐标系} = Y_{机1} + 刀具半径 + 塞尺厚度$$

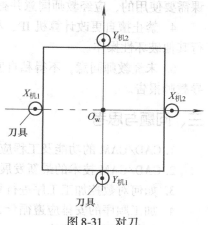

图 8-31　对刀

模块九 CAD/CAM 训练

一、训练模块简介

本模块是基于 CAD/CAM 软件的图形交互自动编程。交互式图形编程不需要编写零件源程序，只需把被加工零件的图形信息输送给计算机，通过系统软件的处理，就能自动生成数控加工程序。它是建立在 CAD（Computer Aided Design）和 CAM（Computer Aided Manufacturing）的基础上的。这种编程方法具有速度快、精度高、直观性好、使用方便和便于检查等优点，可将产品设计、分析、模拟、加工整合在一起，大大缩短产品的设计与加工周期。因此，图形交互式自动编程是复杂零件普遍采用的数控编程方法。目前常用的 CAD/CAM 软件有 MasterCam、Pro/E、UG、Cimatron、DELCAM-Powermill、SurfCAM。

学生通过本模块的学习，熟悉一种常用 CAD/CAM 软件的基本功能和典型操作，掌握简单零件的实体造型和数控代码的自动生成。培养分析和解决涉及工程设计方面实际问题的能力，为今后学习和工作打下一定的基础。

二、安全技术操作规程

1. 学生进入计算机房需服从教师的管理，根据安排就座，不得擅自调换座位。

2. 学生须按照操作规程使用计算机，禁止在计算机上玩游戏，禁止浏览、下载、观看、传播、复制淫秽、反动、迷信等不健康的内容。

3. 为预防计算机染带病毒，未经教师同意，禁止私自携带各种存储媒介上机，确为上课需要使用的，应经教师同意并查杀病毒后，方能上机操作。

4. 禁止擅自更改计算机 IP，私设口令及用户，更改机器配置参数，打开机箱，以及进行其他破坏性操作。

5. 未经教师同意，不得私自安装应用程序及删除文件，如发现异常情况，应及时向指导教师报告。

三、问题与思考

1. CAD/CAM 的功能及工程应用范围是什么？
2. CAD/CAM 技术的最新发展动态和常用软件的功能是什么？
3. 如何对数控加工工序进行划分？
4. 加工顺序的安排应遵循什么原则？
5. 如何选择走刀路线？
6. 如何在加工过程中监控与调整？
7. 如何利用 CAD/CAM 交互式图形软件建立仿真加工坐标系、刀具及毛坯？
8. 如何确定刀具的转速、进给速度、背吃刀量？

四、实践训练

项目　模具零件数控自动编程案例

1. 训练目的和要求

1）了解 CAD/CAM 的功能及工程应用范围。

2）掌握实体造型方法和数控自动编程方法。

3）熟悉 UG 的基本功能和典型操作，其表现为以下三个方面：

① 熟练掌握 UG 软件的草图绘制、实体建模、分析、加工模块的基本设计方法。

② 掌握简单零件的实体造型和数控代码的自动生成。

③ 能够利用 UG 软件生成 G 代码，进行数控铣床的实际加工。

2. 训练内容

对图 9-1 所示模具零件，利用 UG NX8.0 软件自动生成数控机床加工轨迹。

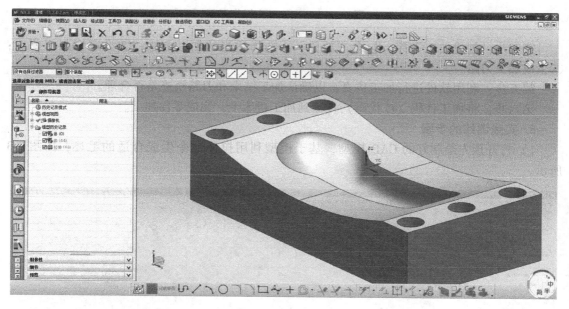

图 9-1　模具零件图

3. 训练设备

设备：计算机，配 UG NX8.0 软件，如图 9-2 所示。

4. 熟悉 CAD/CAM 软件的操作步骤

第一步：加工零件模型的准备，包含两部分：①待加工零件的三维实体模型；②待加工零件的毛坯三维实体模型。

第二步：分析待加工零件。为了能够确定合适的加工工艺，选择合适的加工刀具以及检查是否有加工不到的面。

第三步：加工条件的设定，包含三部分：①设定加工坐标系原点；②加工零件与毛坯的指定；③加工刀具的设定。

标题栏————

菜单栏————

工具栏————

状态栏————

资源板————

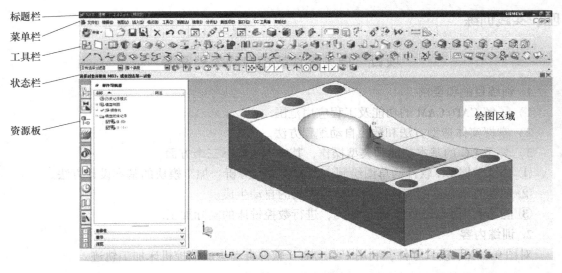

绘图区域

图 9-2　UG NX8.0 主操作界面

第四步：创建加工工序，包含三部分：①选择适当的加工方法；②设定切削三要素；③生成加工刀路。

第五步：利用软件进行加工仿真，以确认加工结果和刀路轨迹是否合理。

第六步：将加工代码（G 代码）传输到加工机床上，完成零件加工。

5. 实践训练的步骤

1）打开预先绘制好的 CAD 模型，基于模型利用拉伸命令生成合适的毛坯，如图 9-3 所示。

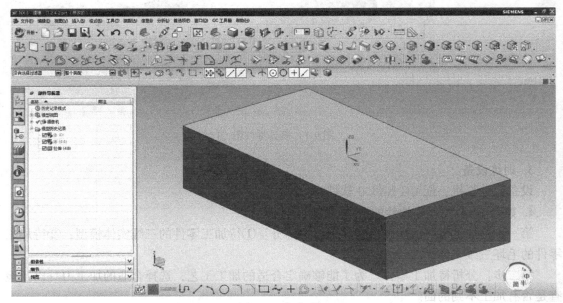

图 9-3　生成毛坯

2）单击"开始"→"加工"，进入加工模块，如图 9-4 所示。

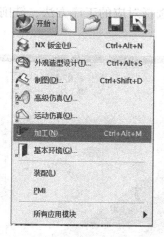

图 9-4 切换至加工模块

3）创建加工坐标系，并指定安全平面以及 WORKPIECE，如图 9-5 所示。

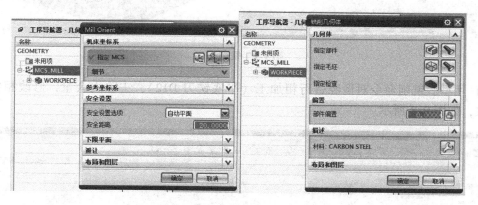

图 9-5 创建加工坐标系

4）测量并分析零件各部分的尺寸大小，单击 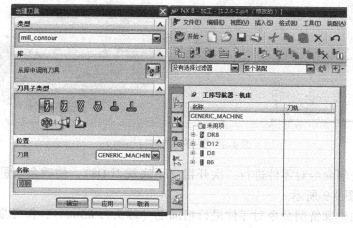 按钮创建加工刀具，如图 9-6 所示。

图 9-6 创建加工刀具

5）单击 按钮创建工序，选择对应的工序方法，铣削平面（平底铣刀 D12），修改相应的切削参数，如图 9-7 所示。

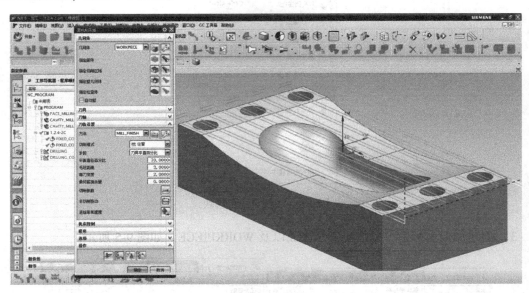

图 9-7　铣削平面

6）用型腔铣削命令对型腔进行粗加工（平底铣刀 D12），去除大余量，修改相应的切削参数，如图 9-8 所示。

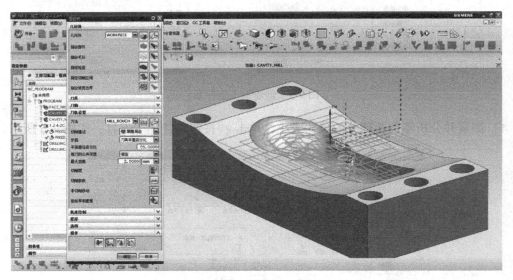

图 9-8　型腔铣削进行粗加工

7）用型腔铣削命令对零件进行二次开粗（平底铣刀 D8），使残余余量均匀，修改相应的切削参数，如图 9-9 所示。

8）用固定轴轮廓铣削命令对零件进行精加工（球头刀 R3mm），保证零件设计尺寸，修改相应的切削参数，如图 9-10 所示。

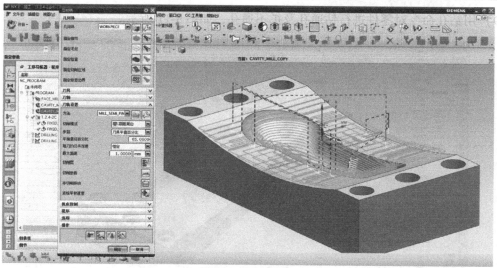

图 9-9　二次开粗

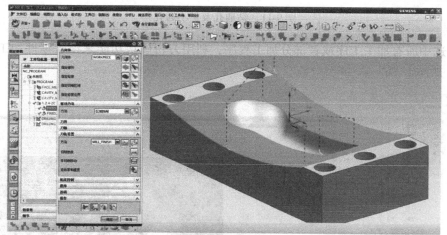

a) 平缓曲面精加工

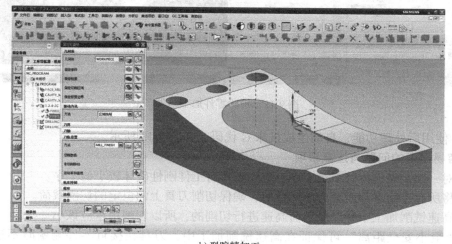

b) 型腔精加工

图 9-10　曲面型腔精加工

9）用钻孔命令对零件进行钻通孔及扩不通孔，如图9-11所示。

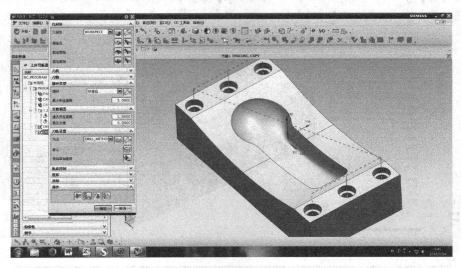

图9-11　钻通孔及扩不通孔

10）选中所有加工工序或者部分加工程序，利用刀轨确认功能来检验零件加工的结果，如图9-12所示。

图9-12　检验零件加工结果

11）使用后处理功能，自动生成机床G代码，如图9-13所示。

6. 容易出现的问题与注意事项

1）对一次装夹进行的多道工序，应先安排对工件刚性破坏较小的工序。

2）将所有进给率都设置为相同数值，确保切削刀具上的恒定的切削载荷。

3）高速铣削加工中是以低负荷高速进行切削的，所以切削用量应该小一些。

4）"最小安全距离"可保证在高速铣削加工中，刀具在接近零件侧壁时不进刀切入工件。

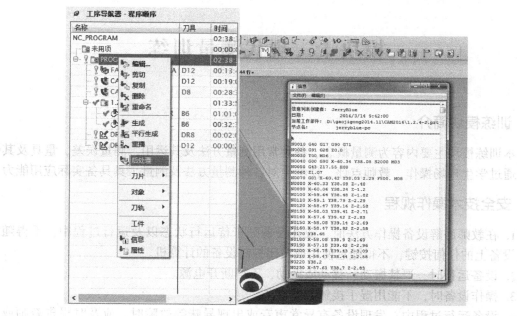

图 9-13 自动生成机床 G 代码

5）设置残余高度来定义切削步距，可以直接有效地控制加工后的表面质量。

6）设置修剪边界，可以在零件上表面和侧面去除不需要的刀轨。

7）做每一道工序前，想清楚前一道工序加工后所剩的余量，以避免空刀或加工过多而弹刀。

8）用大直径的刀具粗加工后，应用小直径的刀具再清除余量，保证余量一致后，再进行精加工。

模块十　现代测量训练

一、训练模块简介

本训练模块主要内容为测量概念、各种常用测量方法及其运用，测量误差，量具及其使用。通过学生现场操作、教师点评，使学生对各种测量方法及测量工具具备实际应用能力。

二、安全技术操作规程

1. 在教师讲解设备操作方法时，或在设备处于待运行状态以及运行过程中，不得随意触摸设备上的任何按键，不得随意使用或关闭控制设备的计算机。

2. 设备运行时，严禁搬动、移动或振动，不得断开电源。

3. 操作设备时，不能用湿手接触电器设备。

4. 设备运行过程中，发现设备有异常声音或出现异味等故障时，应及时报告教师或立即停机并切断电源，严禁带故障操作和擅自处理。

5. 工作结束后，关掉系统电源，关闭计算机，最后关闭设备总电源。

三、问题与思考

1. 如何理解几何误差？几何误差都有哪些？

2. 什么是基准？基准的类型及确定原则都有哪些？

3. 什么是表面粗糙度？表面粗糙度的测量方法及常用仪器都有哪些？测量表面粗糙度的意义有哪些？

4. 表面粗糙度常用的评定参数有哪些？

5. 什么是逆向测量？逆向测量都应用在哪些领域？

6. 什么是逆向工程？逆向工程的设计流程是什么？逆向测量在其中起到什么作用？

7. 逆向测量方法主要包括哪些？

四、实践训练

项目一　尺寸测量实训

1. 训练的目的和要求

1）了解游标万能角度尺、游标高度卡尺、正弦规、量块、外径千分尺、游标卡尺等仪器的使用方法。

2）掌握零件的长度、厚度、高度、轴颈、孔径、角度、锥度等尺寸的测量方法。

2. 训练设备与待测零件

1）设备：尺寸测量实训用量具，如图 10-1 所示。

2）待测零件：待测零件及待测尺寸，如图 10-2 所示。

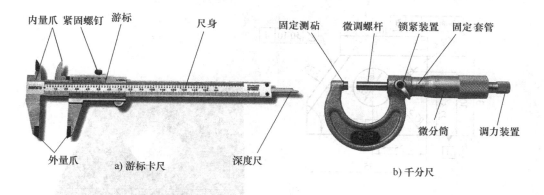

内量爪　紧固螺钉　游标　　　尺身

外量爪　　　　　　　　　深度尺

a) 游标卡尺

固定测砧　微调螺杆　锁紧装置　固定套管

微分筒　　调力装置

b) 千分尺

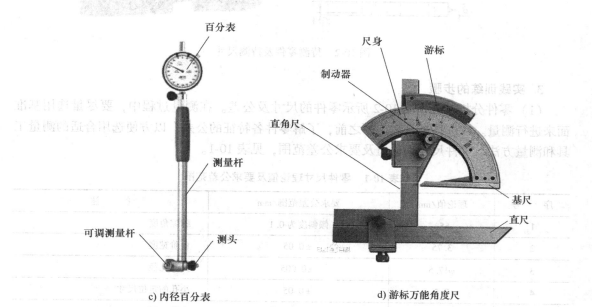

百分表

测量杆

可调测量杆　　　测头

c) 内径百分表

尺身　　　游标

制动器

直角尺

基尺

直尺

d) 游标万能角度尺

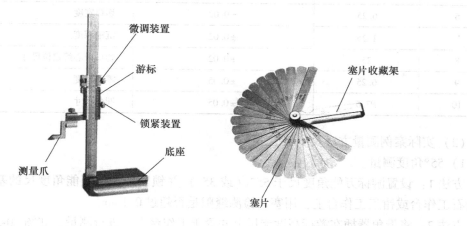

微调装置

游标

锁紧装置

底座

测量爪

e) 游标高度卡尺

塞片收藏架

塞片

f) 塞尺

图 10-1　尺寸测量实训用量具

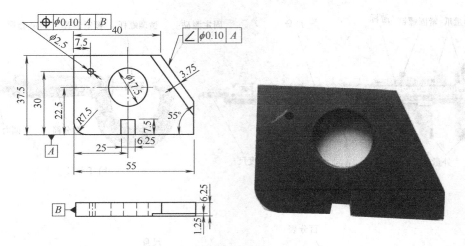

图 10-2　待测零件及待测尺寸

3. 实践训练的步骤

（1）零件分析　分析图 10-2 所示零件的尺寸及公差。在测量过程中，要尽量选用基准面来进行测量。在选择工具和工序之前，了解零件各特征的公差，以方便选用合适的测量工具和测量方法。零件尺寸理论值及要求公差范围，见表 10-1。

表 10-1　零件尺寸理论值及要求公差范围

序　号	理论值/mm	要求公差范围/mm	备　注
1	55°	倾斜度为 0.1	缝隙角度
2	3.75	±0.05	台阶宽度
3	ϕ17.5	±0.005	大孔孔径
4	7.5	±0.05	小孔的定位尺寸
5	ϕ2.5	±0.05	小孔孔径
6	6.25	±0.02	切口宽度
7	1.25	±0.02	沉槽深度
8	25	±0.02	切口中心线定位尺寸
9	6.25	±0.05	零件厚度
10	R7.5	±0.05	圆角尺寸

（2）实际案例测量方法及步骤

1）55°角度测量。

方法 1：设置游标万能角度尺于 55°（或 35°）并锁紧。游标万能角度尺的基座放置在花岗石工作台或钳工工作台上，用塞尺检测缝隙是否超过 0.1mm。

方法 2：将量角器插在游标高度卡尺上并置于工作台上，进行测量，如图 10-3 所示。

方法 3：将零件靠向直角板的基准 A，使用正弦规测量，将其设置在 35°，如图 10-4 所示，用塞尺检测缝隙。

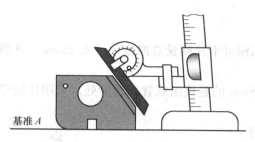

图 10-3 以工作台为基准测量角

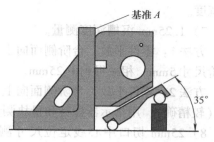

图 10-4 用正弦规测量角

2）3.75mm 台阶宽度测量。

方法 1：用平行板紧靠斜面，将游标卡尺置于缺口中进行测量，如图 10-5 所示。

方法 2：将斜面倒置于工作台上，将量块放进工作台与尺寸边缘的空间进行测量（较精确），但很缓慢，如图 10-6 所示。

图 10-5 辅助平行板测量台阶宽度

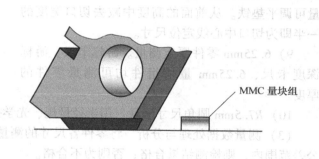

图 10-6 用量块测量台阶宽度

3）φ17.5mm 大孔孔径测量。

方法 1：用内径千分尺进行测量大孔孔径。

方法 2：由于对孔径精度要求较高，故可用光学投影仪进行测量大孔孔径。

4）7.5mm 小孔定位尺寸测量。由于小孔孔径较小，故可用光学投影仪进行测量小孔定位尺寸。

5）φ2.5mm 小孔孔径测量。由于小孔孔径较小，故可用光学投影仪进行测量小孔孔径。

6）6.25mm 切口宽度测量。将零件的基准 B 置于工作台上，如图 10-7 所示。平板量块固定在较低的一边。读游标高度卡尺刻度线找出的差就是所求高度，即切

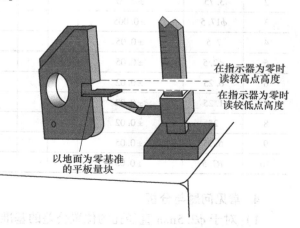

图 10-7 游标高度卡尺测量切口宽度

口宽度。

7）1.25mm 沉槽深度测量。

方法 1：零件平放，台阶侧面向上；用游标深度卡尺测量总厚度尺寸 6.25mm，再测量台阶尺寸 5mm，相减得到 1.25mm。

方法 2：零件平放，台阶侧面向上；将 1.25mm 的量块组放置在台阶处。采用比较测量法（较精确），用指示器探针和量块测量。

8）25mm 切口中心线定位尺寸测量。注意：这是基准面到中心线的尺寸。零件以基准面 B 放置。

方法 1：选择 MMC 量块组置于缺口中（较精确）。

方法 2：将可调平垫铁放于切口中，组装一个 28.125mm 的量块组件，用比较法找出工作台到切口上端的高度（见图 10-8），用游标卡尺测量可调平垫铁。从前面的高度中减去切口宽度的一半即为切口中心线定位尺寸。

9）6.25mm 零件厚度测量。游标卡尺、游标深度卡尺、6.25mm 量块组件均可测量零件的厚度。

10）R7.5mm 圆角尺寸测量。用半径量规、光学投影仪测量圆角尺寸。

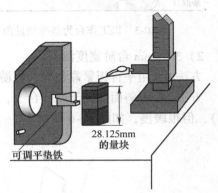

28.125mm 的量块

可调平垫铁

图 10-8　用量块组件测量中心线

（3）测量数据处理与分析　将零件各尺寸的测量结果填入表 10-2 中，测量值在允许的公差范围内，则检测结果合格；否则为不合格。

表 10-2　测量结果

序号	理论值/mm	要求公差范围/mm	实际测量值/mm	平均值/mm	是否超差	超差值/mm
1	55°	倾斜度为 0.1				
2	3.75	±0.05				
3	$\phi17.5$	±0.005				
4	7.5	±0.05				
5	$\phi2.5$	±0.05				
6	6.25	±0.02				
7	1.25	±0.02				
8	25	±0.02				
9	6.25	±0.05				
10	R7.5	±0.05				

4. 常见问题与分析

1）对于 $\phi2.5$mm 直径孔的位置公差的基准是表面？中心线？轴线？

2）尺寸为 $\phi17.5$mm 的孔到基准 B 的距离是多少？你是怎样得出来的？

3）除了半径量规和光学投影仪，有什么实际方法可以测量圆角尺寸 R7.5mm？

项目二 几何误差测量实训

1. 训练的目的和要求

1）理解零件图样上所标注的几何公差代号的含义。

2）会用正确的方法对几何误差进行检测及数据处理。

3）了解三坐标测量机系统的结构及对常见几何误差的检测。

2. 训练设备与待测零件

1）设备：几何误差测量实训用量具，如图 10-9 所示。

2）待测零件：待测零件及待测尺寸，如图 10-10 所示。

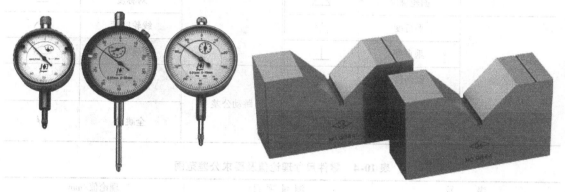

a) 百分表   b) V 形块

图 10-9 几何误差测量实训用量具

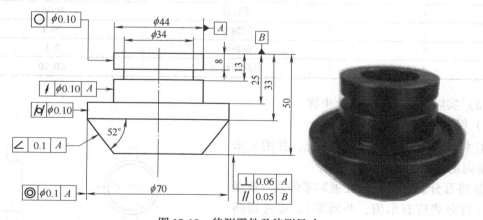

图 10-10 待测零件及待测尺寸

3. 实践训练的步骤

（1）**零件分析** 零件加工后，不仅有尺寸误差，构成零件几何特征的点、线、面的实际形状或相互位置与理想几何体规定的形状和相互位置还不可避免地存在差异，这种形状上的差异就是形状误差，而相互位置的差异就是位置误差，统称为几何误差。几何公差包括形状公差、方向公差位置公差和跳动公差，其几何特征和符号见表 10-3。零件尺寸理论值及要求公差范围，见表 10-4。

表10-3　几何公差的几何特征和符号

公差类型	几何特征	符　号	公差类型	几何特征	符　号
形状公差	直线度	—	位置公差	位置度	⊕
	平面度	▱		同心度（用于中心点）	◎
	圆度	○			
	圆柱度	⌀		同轴度（用于轴线）	◎
	线轮廓度	⌒			
	面轮廓度	⌓		对称度	≡
方向公差	平行度	//		线轮廓度	⌒
	垂直度	⊥		面轮廓度	⌓
	倾斜度	∠	跳动公差	圆跳动	↗
	线轮廓度	⌒			
	面轮廓度	⌓		全跳动	↗↗

表10-4　零件尺寸理论值及要求公差范围

序　号	测量项目	理论值/mm
1	圆度	ϕ0.1
2	圆柱度	ϕ0.1
3	垂直度	0.06
4	平行度	0.05
5	同轴度	ϕ0.1
6	倾斜度	0.1
7	径向圆跳动	ϕ0.10

（2）实际案例测量方法及步骤

1）圆度测量。

① 将被测零件放在 V 形块1上，并用 V 形块2轴向定位，如图10-11 所示。

② 将百分表（架）放在被测零件某一截面点上（百分表应有示值，并调零），零件回转一周过程中，百分表读数的最大差值的一半为该截面的圆度误差。

③ 按上述方法选择若干个截面测量圆度误差值，最大误差值为该零件的圆度误差。

2）圆柱度测量。

① 将被测零件放在 V 形块1上，并用 V 形块2轴向定位，如图10-11 所示。

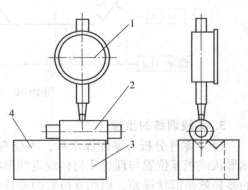

图10-11　用百分表测量圆度误差
1—百分表　2—被测零件　3—V 形块1　4—V 形块2

②将百分表（架）放在被测零件某一截面点上（百分表应有示值，并调零），零件回转一周过程中，测量一个截面上的最大与最小值。

③按上述方法选择若干个截面测量圆柱度误差值，所有数值中的最大值减最小值再除以2，即为该零件的圆柱度误差。

3）垂直度测量。

①将被测零件装入支承座中，按图10-12所示置于平板上。

②按图10-13所示布点测量被测表面，测量数据中最大值与最小值的差，即为该零件的垂直度误差。

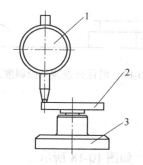
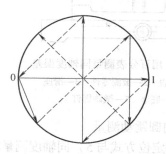

图 10-12　用百分表测量垂直度误差　　　图 10-13　垂直度误差测量线路图
1—百分表　2—被测零件　3—支承座

4）平行度测量。

①将被测零件放在平板上，如图10-14所示。

②按图10-15所示线路测量被测表面，测量数据中最大值与最小值的差，即为该零件的平行度误差。

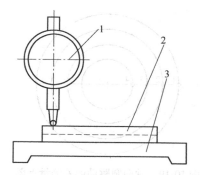
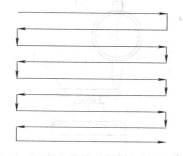

图 10-14　用百分表测量平行度误差　　　图 10-15　平行度误差测量线路图
1—百分表　2—被测零件　3—平板

5）同轴度测量。

①将百分表（架）、滑座、底座组装成测量仪，并将测量轴装在滑座的两个顶尖上，用微调螺钉定位，如图10-16所示。

②分别用百分表放在垂直基准轴线的径向截面若干点位置上，旋转被测零件，测量数据中各点的最大差值即为该零件的同轴度误差。

6）倾斜度测量。将零件的基准B置于工作台上，如图10-17所示。设置游标万能角度尺于52°并锁紧。游标角度尺的基座放置在花岗石工作台或钳工工作台上，用塞尺检测缝隙的大小即为倾斜度。

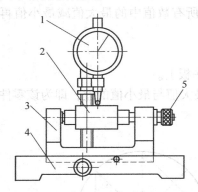

图 10-16 用百分表测量同轴度误差
1—百分表 2—被测零件 3—滑座
4—底座 5—微调螺钉

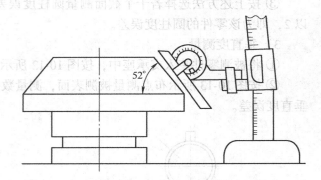

图 10-17 用百分表测量倾斜度误差

7）径向圆跳动测量。

① 安装定位方式与5）同轴度测量的定位方式相同，如图 10-18 所示。

② 在被测零件回转一周过程中百分表读数最大差值，即为单个测量平面上的径向圆跳动误差。

③ 沿轴向选择若干个测量平面进行测量，测量数据中各点的最大差值即为该零件的径向圆跳动误差。

④ 分别在端面选择若干测量点，如图 10-19 所示，测量数据中各点的最大差值即为该零件的轴向圆跳动误差。

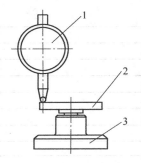

图 10-18 用百分表测量轴向圆跳动
1—百分表 2—被测零件 3—支承座

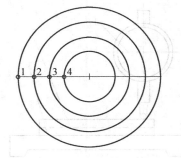

图 10-19 轴向圆跳动误差测量点图

（3）测量数据处理与分析 将零件各测量结果填入表 10-5 中，测量值在允许的公差范围内，则检测结果合格；否则为不合格。

表 10-5 测量结果

序 号	测 量 项 目	理论值/mm	实际测量值/mm	几何误差值/mm	是 否 合 格
1	圆度	φ0.1			
2	圆柱度	φ0.1			

（续）

序　号	测量项目	理论值/mm	实际测量值/mm	几何误差值/mm	是否合格
3	垂直度	0.06			
4	平行度	0.05			
5	同轴度	ϕ0.1			
6	倾斜度	0.1			
7	径向圆跳动	ϕ0.10			

4. 常见问题与分析

1）分析圆度误差和圆柱度误差的区别。

2）阐述轴向圆跳动和径向圆跳动的区别。

3）除了利用百分表测量几何公差以外，还有什么方法可以测量几何误差？

项目三　表面粗糙度测量实训

1. 训练的目的和要求

1）了解表面粗糙度的基本概念和检测原则。

2）掌握表面粗糙度检测常用仪器的原理与使用方法。

3）加深对参数 Ra、Rz 的理解。

2. 训练设备与待测样件

1）设备：表面粗糙度仪型号 2205，如图 10-20 所示。

2）待测样件：表面粗糙度待测样件，如图 10-21 所示。

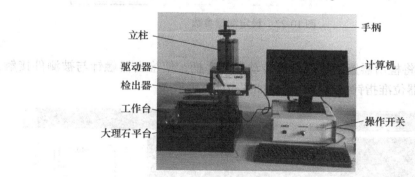

图 10-20　表面粗糙度仪结构

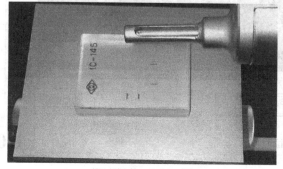

图 10-21　表面粗糙度待测样件

3. 实践训练的步骤

（1）表面粗糙度仪测量原理　表面粗糙度仪是利用金刚石触针（或金属触针）针尖与被测表面相接触，由驱动器带动检出器在零件表面上以一定的速度移动进行采样，被测表面的微观高低不平将使触针在垂直于表面轮廓方向上产生上下移动，将这种上下移动转换为电量信号经放大处理、滤波，经 A-D 转换为数字信号，再经 CPU 处理计算出测量值，从而获得被测量表面的表面粗糙度。

待测表面粗糙度的样件如图 10-21 所示。首先选择垂直于加工痕迹的方向作为测量方向，针对不同部位的多次测量平均值作为最终测量值，选用 Ra 作为评定参数。

（2）实际案例测量方法及步骤

1）测量前的准备工作。将待测零件安装在表面粗糙度仪上，注意摆放方向要使触针滑动方向与加工痕迹相垂直，并将触针对准选取的测量部位的起始点，接通电源，打开电源开关。

2）设定测量条件及参数。设定测量范围、取样长度、评定长度、测量方式等，如图 10-22 所示。

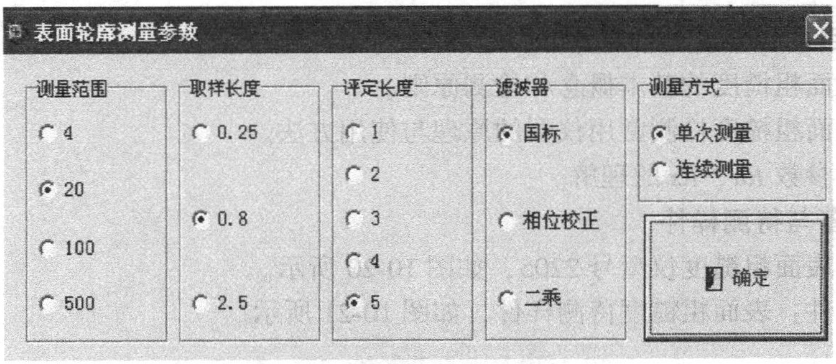

图 10-22　设定测量参数

3）正式测量。

① 位准归零。将检出器置于零件上，转动调节手柄，使检出器触针与被测件接触，观察液晶屏上的检出器位准指针指到 0 位准，如图 10-23 所示。

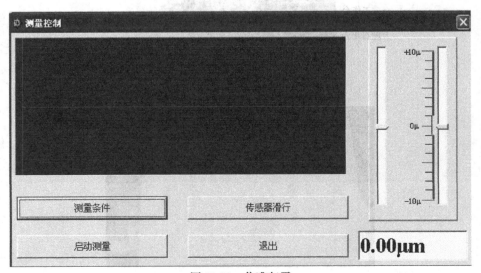

图 10-23　位准归零

② 开始测量。红宝石触针由起始位置向右滑动评定长度的距离，如图 10-24 所示。

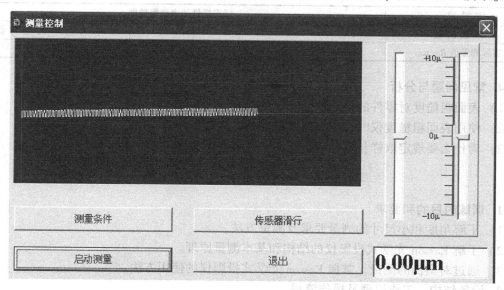

图 10-24　测量开始

③ 测量结果。测量结束后，测量结果参数及图形显示如图 10-25 所示。

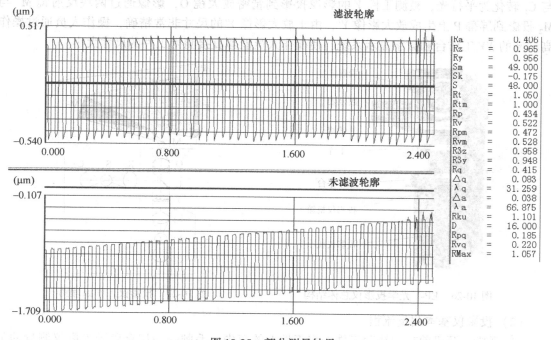

图 10-25　部分测量结果

④ 测量结束工作。取下被测零件，关闭表面粗糙度仪，关闭总电源。

（3）测量数据处理与分析　对样件不同部位按照测量步骤测量 4～5 次，将 Ra 作为表面粗糙度评定参数，取其平均值作为最终测量结果，具体测量数据见表 10-6。

表 10-6　标准样件表面粗糙度值数据处理

测 量 项 目	标准样件的表面粗糙度					
测 量 次 数	1	2	3	4	5	测 量 均 值
实际测量值 Ra/μm						

4. 常见问题与分析

1）表面粗糙度对零件的使用性能有哪些影响？

2）使用表面粗糙度仪时，应如何摆放被测零件？为什么？

3）为什么要规定取样长度和评定长度？两者有何关系？

项目四　角度及小尺寸测量训练

1. 训练的目的和要求

1）了解角度和小尺寸的测量要求及测量方法。

2）了解 Easson 光学式投影仪的结构和基本测量原理。

3）通过对案例的测量，掌握 Easson 光学式投影仪的使用方法。

2. 设备结构、工作原理及操作流程

（1）投影仪结构及工作原理　EP-1 光学投影仪总体结构如图 10-26 所示。投影仪工作原理如图 10-27 所示。被测工件 Y 放在工作台上，启动平行光源 S_1，灯光 S_1 经过光学镜 K_1 与 C_1 转化为平行光，被测工件 Y 的影像投影到精密放大镜 O，影像通过两块反射镜 M_1 与 M_2 投影到屏幕 P 上生成放大影像 Y'，由于放大影像 Y' 的尺寸非常精确，操作人员通过操作高精密的 XY 工作台和数字显示系统，使操作人员能够直接测得工件的尺寸大小。

图 10-26　EP-1 光学投影仪总体结构

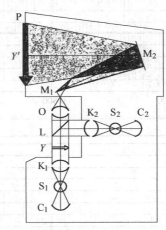

图 10-27　投影仪工作原理图

（2）投影仪基本测量流程

1）开机。开机前首先清理工件，将工件上的灰尘、毛刺等一切有碍于投影仪测量的脏物清除干净。工件放置于工作台的玻璃板上，依次打开电源开关、投射灯电源开关、投射灯强弱控制开关。

2）调整影像清晰。通过控制上升和下降平台，进行焦距调节直至投影屏显示零件轮廓清晰为止。

　　3）建立绝对直角坐标系。开机后数显表的功能状态提示窗有"X REF"闪烁，即提示找 X 方向尺，如图 10-28 所示。首先松开 X 轴锁紧手柄，使工作台沿 X 方向缓慢移动，数显表找到 X 方向尺后，功能状态提示窗中显示"Y REF"，随即复位 X 轴锁紧手柄，如图 10-29 所示。再松开 Y 轴锁紧手柄，使工作台沿 Y 方向缓慢移动，找到 Y 方向尺后，数显表提示窗中显示"ABS"，随即复位 Y 轴锁紧手柄，此时投影仪的绝对直角坐标系建立完成，数显表进入正常工作状态，如图 10-30 所示。注意：零件测量时尽可能在绝对坐标（即 ABS）状态下进行。

图 10-28　提示窗中显示"X REF"

图 10-29　提示窗中显示"Y REF"

图 10-30　提示窗中显示"ABS"

3. 实际案例测量方法及步骤

　　（1）案例分析　依据角度及小尺寸测量要求，案例选择零件如图 10-31 所示，样件理论值及要求公差范围见表 10-7。

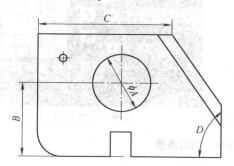

图 10-31　零件样件及待测尺寸

表 10-7　样件理论值与要求公差范围

零件元素	理 论 值	要求公差范围
ϕA	$\phi 17.53$mm	±0.005mm
B	22.35mm	±0.005mm
C	33.32mm	±0.005mm
D	50°	±1′

（2）测量实例 待测零件摆放如图 10-32 所示，对其需进行点、直线、圆基本元素及点到直线、点到点的距离、夹角的测量。利用数显表各功能键进行测量，数显表各功能键如图 10-33 所示。

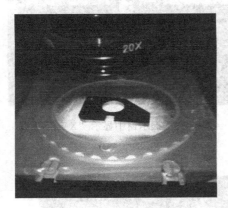

图 10-32 待测零件摆放

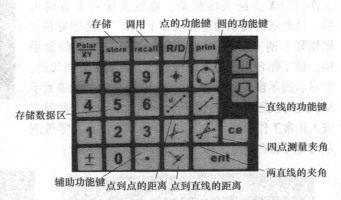

图 10-33 数显表功能键

1）元素 ϕA：圆的测量。按圆的测量功能键（即多点测圆），数显表闪烁提示"ENT PT. 1"，即在被测圆的圆周上"选取第一点"，将投影仪的米字线交点移到圆周上的第一点，按"ent"键确认。依据数显表提示"ENT PT. 2""ENT PT. 3"分别在圆周上依次"选取第二点""选取第三点"，每次均需要按"ent"键确认，最后再次按圆的测量功能键结束取点，即可在数显表上显示该圆的圆心位置及半径或直径，如图 10-34 所示。

a) 圆心位置坐标

b) 所测圆的直径尺寸

图 10-34 圆的测量

2）元素 B：点到直线的测量。

① 将元素圆 A 的圆心存储在 1 号存储号上，按"store"键（即存储键），投影仪提示要存储的记忆位置为"0－99"，此时按数字键"0、1"即表示要存储在 1 号位置。

② 按直线的测量功能键（即多点测直线），在被测直线上选取两个点，最后再次按直线的测量功能键结束取点，数显表上显示两点确定了一条直线，然后将此条直线存在 2 号位置。

③ 按点到直线的距离功能键，数显表闪烁提示"SEL LI. 1"，按"recal"调用键和数字键"0""2"，再按"ent"键确认，选择存储号 2 对应的直线；数显表闪烁提示"SEL

PT. 2", 按 "recal" 调用键和数字键 "0""1", 再按 "ent" 键确认, 选择存储号 1 对应的圆心坐标; 数显表显示 "PEND PT.", 要求操作者确认是否要计算垂直投影点, 按 "ent" 键确认, 数显表显示圆 A 的圆心到底边直线垂直投影点的坐标, 再按 "." 键 (辅助功能键), 数显表即可显示计算的距离, 如图 10-35 所示。

a) 确定点和直线

b) 点到直线距离的显示

图 10-35　点到直线的测量

3) 元素 C: 点到点的测量。

① 按点的测量功能键, 将投影仪的米字线交点移到直线一端点处, 按 "ent" 键确认, 并将其存储到 4 号位置。用同样方法, 存储另一端点到 5 号位置。

② 按点到点的距离功能键, 按照数显表的提示, 依次调取存储的两个顶点, 即可计算出两点间的距离。此功能键也可测量圆心距, 如图 10-36 所示。

4) 元素 D: 角度测量。利用直线功能键存储两条直线, 然后按两直线的夹角功能键测量两直线间的夹角, 如图 10-37 所示。

图 10-36　点到点的测量

a) 确定两条直线

b) 两直线夹角的显示

图 10-37　角度测量

（3）测量数据处理与分析　根据测量方法及步骤对每个元素重复测量3~4次，将平均值作为最终的测量结果与对应的理论值比较，判断是否合格，测量数据及处理结果见表10-8所示。

表10-8　测量数据及处理结果

零件元素	实测尺寸（3次）/mm	平均值/mm	理论值/mm	合格性判断（合格/不合格）
ϕA			ϕ（17.53±0.005）	
B			22.35±0.005	
C			33.32±0.005	
D			50°±1′	

4. 常见问题与分析

1）投影仪的成像原理是什么？并说明被测零件与投影成怎样的关系？

2）投影仪用下光测量和上光测量有区别吗？为什么？

3）如何调整投影仪影像清晰？

项目五　逆向测量实训

1. 训练的目的和要求

1）了解逆向工程的基本流程及逆向测量方法。

2）了解三维扫描仪的结构和工作原理。

3）掌握三维扫描仪的操作方法及点云数据处理方法。

2. 训练设备与待测件

1）训练设备：三维扫描仪型号 Smart Scan 3D，如图10-38所示。

2）待测件：样件实物，如图10-39所示。

图10-38　Smart Scan 3D 三维扫描仪

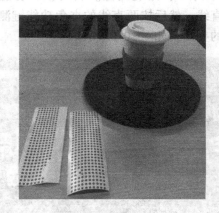

图10-39　样件实物

3. 逆向测量实训的步骤

（1）逆向工程概念及工作流程　逆向工程（Reverse Engineering，RE），也称为反求工程，是基于实物模型或影像获得实物造型数据，应用现代设计理论、方法和技术，重构出光滑连续的三维几何模型，对产品进行解剖和分析，研究产品的生产制造特点，掌握其关键技术，加以修改、完善，以达到更加完美的效果，并设计开发出更先进的同类产品的过程。逆向工程的基本流程如图 10-40 所示。

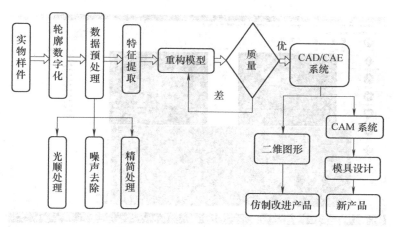

图 10-40　逆向工程的基本流程

（2）实际案例扫描方法及步骤

1）待测样件如图 10-39 所示，样件细节特征较多，采用三维扫描仪对其进行非接触式外形扫描，获取点云数据。

2）待扫描样件尺寸较小，可将其放置在旋转的圆盘上，在样件周围圆盘上贴标记点。

3）合理调整相机与待测样件的位置与角度，如图 10-41 所示。

4）单击"scan"按钮开始扫描，每扫完一张，旋转一定角度（一般为 10°～20°），再扫描下一张，直至数据完整，软件会根据重合的标记点自动拼合形成完整的点云数据，如图 10-42 所示。

图 10-41　相机拍摄角度

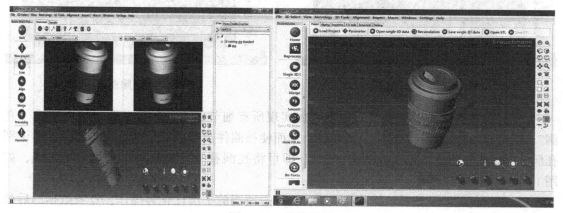

图 10-42　扫描过程

（3）点云数据处理　扫描完成后，需要对所获取的点云数据进行处理，包括标记点对齐、数据面片的合成、孔洞补缺等。

1）标记点对齐。单击工具栏中的"align"按钮，进行所有标记点整体对齐，如图10-43所示。

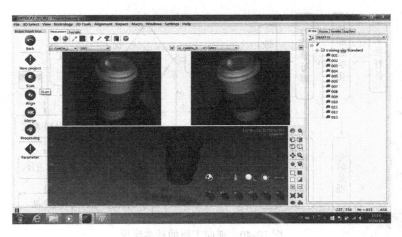

图 10-43　整理数据

2）数据面片合成。单击工具栏中的"merge"按钮，进行扫描数据面片合成，如图10-44所示。

3）删除多余面片。鼠标左键框选多余面片，选中的面片呈现红色，单击删除按钮，可进行手动删除，如图10-45所示。

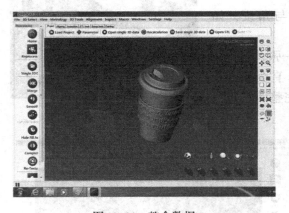

图 10-44　整合数据

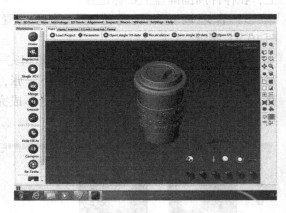

图 10-45　删除多余面片

4）孔洞补缺。由于扫描过程中不可能实现所有细节的点云数据获取，就会造成"孔洞"，后处理时需要对这些孔洞进行填充，从而使被测件数据更加完整。软件可以自动识别孔洞，然后以白色线条显示，单击"Fill"即可将孔洞补充完整，并以红色区域呈现，如图10-46、图10-47所示。

5）平滑优化。孔洞补缺操作完成后，再经过适当的平滑优化等操作，点云数据的后处理完成。

图 10-46　孔洞补缺　　　　　　　　　　　　　　　图 10-47　基本处理完成

6）保存与导出。将处理完后的数据进行保存及导出，选择所需格式的文件类型如 STL 等进行输出。

4. 常见问题与分析

1）逆向测量贴标记的作用是什么？逆向测量时，可以测量铝合金、碳钢等金属制品？如何测量？

2）扫描获得的点云数据为什么要经过后处理？

3）点云数据通常需要经过哪些后处理？

模块十一 电火花线切割加工训练

一、训练模块简介

电火花线切割是利用移动的金属丝作为工具电极,工件按所需形状和尺寸做轨迹运动切割导电材料的。电火花线切割简称为 WEDM,它主要应用于精密机械、汽车、电子、仪器仪表、轻工、航空等行业。如新产品开发、加工特殊材料、加工模具零件、电火花成形电极制作、轮廓量具的微细加工等。通过本模块的实践训练,使学生能够了解电火花线切割加工技术的基本原理和基本应用,从而为以后的工作和学习打下一定的基础。

二、电火花线切割机床的结构与工作原理

电火花线切割机床的结构如图 11-1 所示。工件装夹在机床的工作台上,作为工件电极,接脉冲电源的正极;采用细金属丝作为工具电极,称为电极丝,接入负极。若在电极间施加脉冲电压,不断喷注具有一定绝缘性能的水基工作液,并由伺服电动机(或步进电动机)驱动工作台,按预先编制的数控加工程序沿 X、Y 两个坐标方向移动,当极间距离小到一定程度时,工作液被脉冲电压击穿,引发火花放电,蚀除工件材料。控制两极间始终维持一定的放电间隙,并使电极丝沿其轴向以一定速度做走丝运动,避免电极丝因放电总发生在局部位置而被烧断,即可实现电极丝沿工件预定轨迹边蚀除、边进给,逐步将工件切割成形。

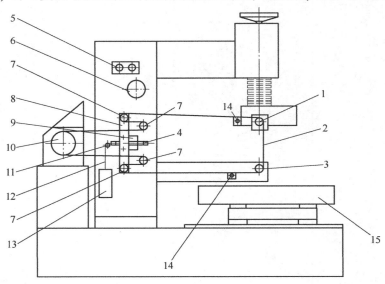

图 11-1 电火花线切割机床的结构

1—上导轮 2—电极丝(钼丝) 3—下导轮 4—滑动导轨 5—冷却液控制旋钮 6—上丝电动机输出轴

7—张紧轮 8—张力控制杆 9—滑块 10—储丝筒 11—张力配重导向轮 12—钢丝绳

13—配重 14—导电块 15—X、Y 坐标工作台

三、安全技术操作规程

1. 开机前，操作者应充分了解机床性能、结构，以及正确的操作步骤。

2. 工作时，操作者必须穿戴好工作服。

3. 工作前，操作者应检查各连接部分插接件是否一一对应连接。

4. 工作前，操作者必须严格按照润滑规定进行润滑，以保持机床精度。

5. 工作前，操作者应检查工作液箱中的工作液是否足够，水管和喷嘴是否畅通，不应有堵塞现象。

6. 工件装夹必须牢靠，且置于工作台行程的有效范围内。工件及夹具在切割过程中，不应碰到线架的任何部位。

7. 切割工件时，必须先合上切割台上的工作液电动机开关和运丝电动机开关，待调好工作液流量后方能进行切割。

8. 切割工件的过程中，操作者禁止用手或导体接触电极丝或工件，也不准用湿手接触开关或其他电器部分。

9. 机床工作时，操作者不得离开现场，也不准远距离操作。如发生故障，要立即切断机床电源，查明原因，排除故障后方可继续工作。

10. 未经指导教师的允许，操作者不得擅自操作机床。

11. 加工完后，操作者应将工作台上冷却液擦拭干净，并打扫现场卫生。

四、问题与思考

1. 电火花线切割加工特点及应用范围是什么？

2. 实用的电火花加工设备应满足哪些基本要求？

3. 试分析电规准对工件加工造成的影响，如何保证工件精度及尺寸公差？

4. 线切割加工的切割路径如何规划？

5. 线切割过程中可能出现断丝的原因有哪些？如何排除？

6. 线切割加工的编程与数控切削加工编程有何不同？

7. 快走丝线切割机床和慢走丝线切割机床各有什么样的加工特点？

8. 特种加工与切削加工有什么不同？其应用范围如何？

五、实践训练

项目一 钳工角度样板的数控线切割加工训练

1. 训练目的和要求

1）掌握数控线切割加工过程的安全操作规范。

2）熟悉 CAXA 线切割软件对工件的自动编程。

3）熟悉数控电火花线切割加工机床的操作。

4）完成对钳工角度样板的数控线切割加工。

2. 训练内容与要求

1）内容：钳工角度样板，如图 11-2 所示。

2）要求：采用数控电火花线切割机床加工。

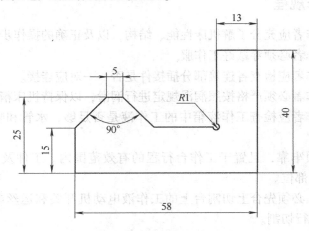

图 11-2　钳工角度样板

3. 训练设备与材料

1）设备：苏州三光集团的 DK7732，如图 11-3 所示。

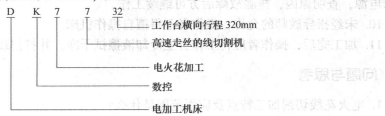

2）材料：45 钢，尺寸 210mm×297mm×1mm。

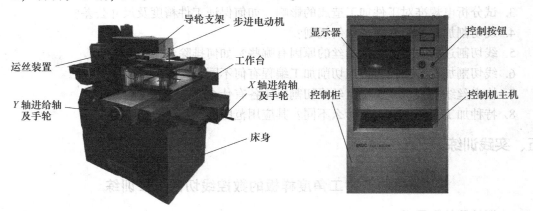

图 11-3　DK7732 电火花线切割机床

4. 熟悉电火花线切割的加工工艺流程

（1）工艺准备与工艺过程（见图 11-4）

（2）线切割加工操作步骤　①工件材料选择；②工艺基准的确定；③切割路线选择；④穿丝孔的加工；⑤电极丝的选择、安装与找正；⑥工件的装夹；⑦工件的找正；⑧程序编制与校验；⑨工作液的选择与配制；⑩电参数的确定；⑪线切割加工；⑫检查加工状况。

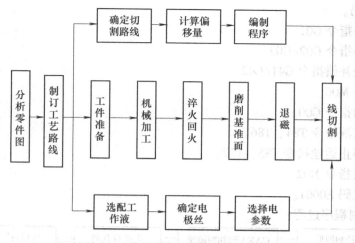

图 11-4　工艺准备与工艺过程流程图

（3）线切割机床的基本操作　①电源接通与关闭；②上丝操作、穿丝操作；③储丝筒行程调整；④建立机床坐标系；⑤程序编制与校验；⑥电极丝找正；⑦电参数的选择。

5. 实践训练的步骤

（1）加工工艺分析　根据图 11-2 所示钳工角度样板的加工要求可知，穿丝点设定在坐标（-5，7.5），穿丝点和结束加工点为同一位置。通常采用直径为 0.18 mm 的钼丝，单边放电间隙为 0.01 mm，在编程时必须考虑到电极丝和放电间隙补偿，否则加工工件无法达到尺寸精度要求。程序采用顺时针编程，因此补偿指令为左补偿 G41，电极丝补偿量为（0.18 mm/2）+0.01 mm=0.1 mm，如图 11-5 所示。图示中用数字静态展示了切割路径，将沿数字由小到大的顺序加工。

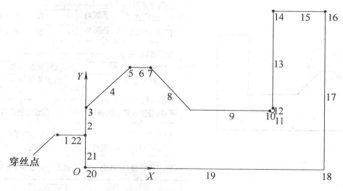

图 11-5　线切割软件仿真的切割路线图

（2）主要知识点

1）ISO 格式（G 代码）数控编程。数控线切割机床的 ISO 格式（G 代码）为：

① 程序名。

② 程序主体。

③ 程序结束指令。

2）常用代码。

① 直线插补指令 G01。

② 圆弧插补指令 G02/G03。

③ 刀具半径补偿指令 G41/G42。

④ 暂停指令 M00。

⑤ 快速移动指令 G00。

⑥ 开关加工液指令 T84、T86。

⑦ 开启和停止运丝指令 T85、T87。

⑧ 程序结束指令 M02。

⑨ 电参数代码 E0001。

3）自动编制程序过程：

（3）具体操作步骤

1）在计算机上，打开 CAXA 线切割软件，绘制图 11-2 所示钳工角度样板图。

2）在 CAXA 线切割软件中，使用"线切割"模块，进入编程操作，首先完成"轨迹生成"，如图 11-6 所示，然后完成"轨迹仿真"，如图 11-7 所示，最后是"生成 G 代码"，参见表 11-1。

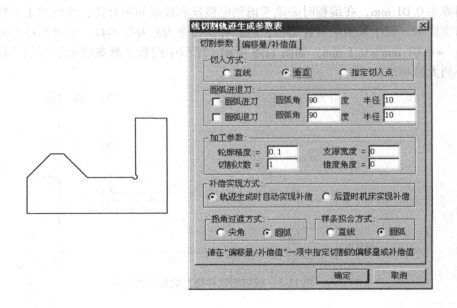

图 11-6 在 CAXA 中的"线切割"模块中"轨迹生成"参数表

3）退出 CAXA 线切割编程软件，回到机床控制界面。按控制面板上的"运行"按键，弹出编程的文件名，选取该文件后，按键盘上的"回车"键，完成程序的装入过程，如图 11-8 所示。

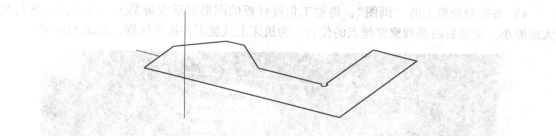

a) 动态仿真过程

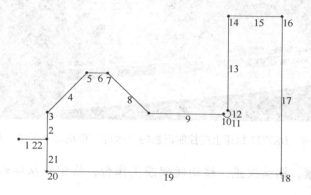

b) 静态仿真过程

图 11-7 CAXA 软件中 "轨迹仿真"

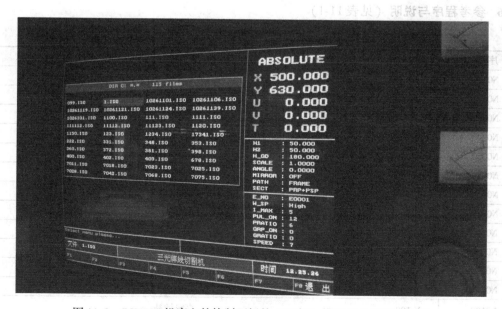

图 11-8 DK7732 机床上的控制面板的 "运行" 模块之文件装入界面

4）按控制面板上的"画图"，将钳工角度样板的图形展示在屏幕上，可对图形进行放大或缩小。主要目的是观察穿丝点的位置，为机床上放置工件提供依据，如图 11-9 所示。

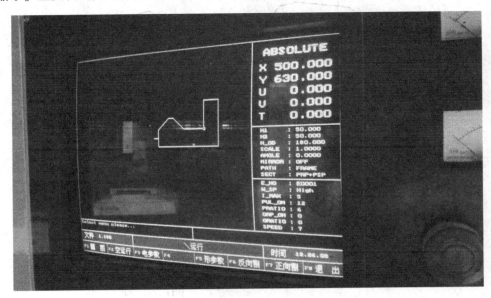

图 11-9　DK7732 机床上的控制面板的"运行"模块之"画图"界面

5）工件放置夹紧，钼丝找正，移动丝架或工作台，将钼丝从穿丝孔中穿过，并完成"自动找中心"操作。

6）切割加工，按"正向割"，机床将按编程指令的顺序完成切割。若遇到断丝或无法切割的情况时，可以按"反向割"，机床则将逆着编程指令的方向进行切割。

7）切割后，拆工件，关机床，清理加工现场。

6. 参考程序与说明（见表 11-1）

表 11-1　钳工角度样板的数控电火花线切割加工程序

程序段号	程序指令	说　明
N0010	G90 G92 X-5000 Y7500;	绝对编程，制订穿丝点位置
N0020	T84 T86;	打开工作液，开启运丝
N0030	E0001;	指定电规准
N0040	G01 X-100;	直线插补
N0050	Y15041;	直线插补
N0060	X9959 Y25100;	直线插补
N0070	X15041;	直线插补
N0080	X25041 Y15100;	直线插补
N0090	X44106;	直线插补
N0100	G03 X44900 Y15894 I 894 J-100;	圆弧插补
N0110	G01 Y40100;	直线插补
N0120	X58100;	直线插补
N0130	Y-100;	直线插补

（续）

程序段号	程序指令	说　明
N0140	X-100；	直线插补
N0150	Y7500；	直线插补
N0160	X-5000；	直线插补
N0280	T85 T87；	关闭工作液，停止运丝
N0290	M00；	暂停，取切割件
N0300	T84 T86；	开启工作液，运丝
N0310	E0001；	指定电规准
N0330	G01 X-5000 Y7500；	返回穿丝点
N0340	T85 T87；	关闭工作液，停止运丝
N0350	M02；	程序结束

7. 加工操作注意事项

1）切割不同材料时，应选择使用不同的电规准来加工。

2）线切割工作液需根据工件的厚薄来调制浓度。

3）装夹工件应保证切割路径通畅。

4）电极丝必须与导电块良好接触。

5）手动上丝时，用摇把匀速转动丝筒即可将丝上满，结束时，必须及时取下摇把，避免人身事故的发生。

6）工件切割快要完毕时，可将机床短暂暂停，固定好即将被切割下的工件，然后再加工至加工完毕。

7）若发生断丝现象，且无法原地穿丝的话，先将机床回到切割原点（穿丝点），再重新上丝，最后沿切割路线的反方向切割工件。

项目二　线切割作品的创新训练

1. 训练目的和要求

1）初步掌握线切割加工技术。

2）充分发挥抽象思维能力，提高动手能力。

3）完成平面或三维作品制作。

4）了解一个产品由设计到制作的全过程，树立工程概念。

2. 训练内容与要求

1）内容：线切割创新作品展示，如图 11-10 所示。

2）要求：综合设计自选作品，并采用 DK7732 数控电火花线切割机床加工。

3）材料：45 钢，尺寸自定。

3. 实践训练

（1）线切割作品创新训练步骤

1）提出方案，讨论比较。

2）利用绘图软件设计二维或三维创新作品，进行图形矢量化转换。

3）编制程序。

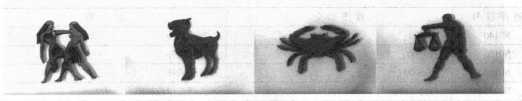

a）二维创新作品实例

b）三维创新作品实例

图 11-10　线切割创新作品展示

4）将编制的程序用局域网将零件的加工信息传送到机床。

5）利用线切割机床完成作品。

6）分析总结作品，讨论影响加工工艺、加工成本的因素。

（2）线切割创新作品设计流程

1）二维平面作品。

① 设计流程。

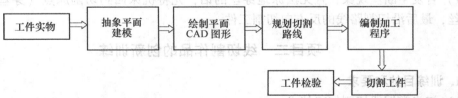

② 设计技巧与方法。线切割切割路线和切割起点与终点、工件边缘开窄缝的设计方法，如图 11-11 所示。注意内孔、内腔等在切割时必须钻穿丝孔，穿丝切割。

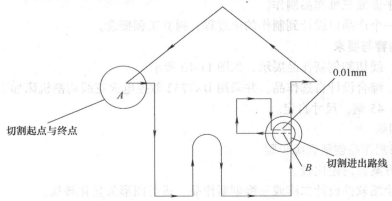

图 11-11　线切割切割路线与切割技巧

2）三维立体作品。

① 设计流程（见图11-12）。

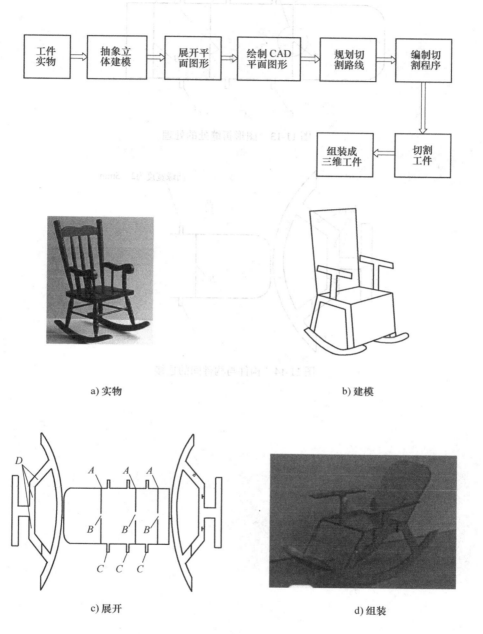

a) 实物　　　　　　　　　　　b) 建模

c) 展开　　　　　　　　　　　d) 组装

图11-12　线切割三维作品设计流程

② 设计技巧与方法。

➤ 图形折缝处的处理，如图11-13所示。

➤ 构件与构件间的连接，如图11-14所示。

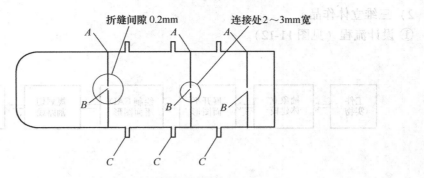

图 11-13　图形折缝处的处理

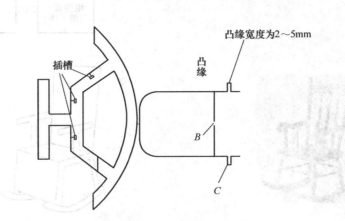

图 11-14　构件与构件间的连接

模块十二　激光雕刻加工训练

一、训练模块简介

　　激光雕刻加工是利用高功率密度的聚焦激光光束作用在材料表面，通过控制激光的能量、光斑大小、光斑运动轨迹和运动速度等相关参量，使材料形成要求的立体图形或图案，图 12-1 为激光加工原理示意图。由于激光加工技术与计算机技术的结合，只要在计算机专用软件上设计、编程、输出，即可实现激光切割、雕刻。通过本模块的实践训练，使学生能够加深对激光加工技术的理解和认识，从而为以后的工作和学习打下一定的基础。

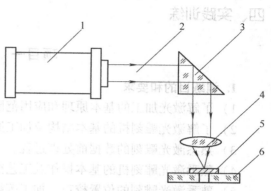

图 12-1　激光加工原理
1—激光器　2—激光束　3—全反射棱镜
4—聚焦物镜　5—工件　6—工作台

二、安全技术操作规程

　　1. 本机使用的激光为不可见光，对人体有害，出光时严禁将身体的各个部位伸入光路，以免烧伤。

　　2. 严禁手或其他物件接触镜片，以免导致镜片镀膜的损坏。

　　3. 使用前检查冷却水是否冻结，是否有水垢、脏物堵塞，循环冷却水泵运转是否正常，以免造成激光器破损，严禁在无冷却水的状态下使用。

　　4. 使用前检查空气泵是否正常，保证雕刻时一直在吹气。

　　5. 机器开启后，严禁用手去推动导轨，以避免其传动系统的损坏。

　　6. 激光加工可能产生高温和明火，加工时严禁离开机器，以避免燃烧而导致各种安全事故的发生。

　　7. 雕刻机机内存在高压，严禁在过于潮湿的环境中使用，以免引起高压打火。

　　8. 保证通风除尘系统的畅通，防止机箱因烟尘、湿气堆积过多而引起腐蚀，损坏电子元件。

　　9. 使用后保持设备内外清洁，去除雕刻残余物，用机油擦拭导轨等易生锈的零部件。镜片清洁只能用脱脂棉蘸无水乙醇轻轻擦拭。

　　10. 未经培训人员不得擅自操作机器。

　　11. 雕刻任务完成后，必须切断电源和水源后方可离开。

三、问题与思考

　　1. 试述激光加工的原理、特点和应用。

　　2. 光束模式对切割质量有什么影响？

3. 聚焦光斑及焦点位置对切割质量有什么影响？

4. 光束偏振对切割质量有什么影响？

5. 材料表面反射率对切割质量有什么影响？

6. 材料表面状态对切割质量有什么影响？

7. 材料切割厚度对切割质量有什么影响？

8. 激光切割速度对切割质量有什么影响？

四、实践训练

项目一　激光刻章

1. 训练目的和要求

1）了解激光加工的基本原理和应用范围。

2）了解激光雕刻机的基本结构及加工原理。

3）熟悉激光雕刻的数据前处理过程。

4）熟悉激光雕刻机的基本操作及工艺能力。

5）熟悉激光雕刻的位置校正、加工等操作。

6）熟悉激光加工技术的安全技术操作规范。

7）独立完成自主设计的激光雕刻作品。

2. 训练内容与要求

1）内容：印章制作，如"蓝雪"。

2）要求：激光雕刻达到的深度适当，文字清晰。印章后，字迹轮廓清晰。

3. 训练设备与材料

1）设备：R60 激光雕刻机，如图 12-2 所示；激光切割加工软件（ACE-USB）。

2）材料：橡皮。

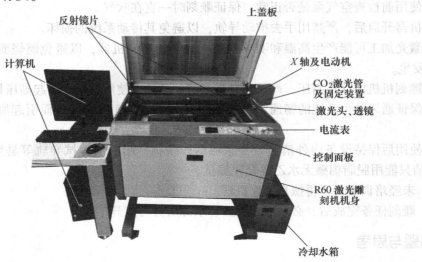

图 12-2　R60 激光雕刻机

4. 实践训练的步骤

1）打开激光切割加工软件 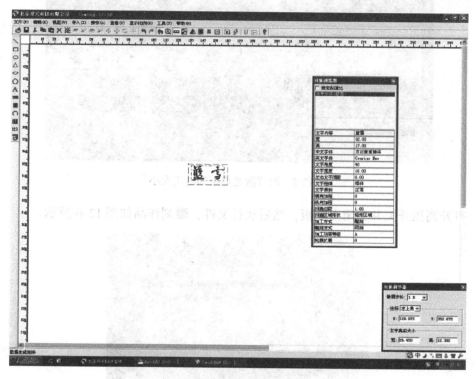（ACE-USB）。

2）使用水平文字绘制出需要雕刻的文字图案，如"蓝雪"两字，如图12-3所示。

图 12-3　水平文字绘制

3）对需要雕刻的文字图案设计（如大小、字体、倾斜角度、加工方式的选择）。

4）修改激光切割加工参数并生成激光加工轨迹数据。

5）把生成的激光加工轨迹数据传输至 R60 激光雕刻机。

6）把加工材料放置于蜂窝板上，并进行加工定位，如图12-4所示。

图 12-4　加工定位

7）调节激光焦距和电流大小，如图12-5所示。

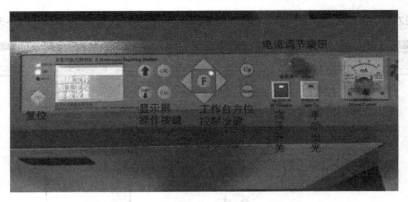

图 12-5　调节激光焦距和电流大小

8）打开高压开关并关闭上盖板，然后执行文件，雕刻作品如图12-6所示。

图 12-6　雕刻作品

5. 容易出现的问题与注意事项（见表12-1）

表 12-1　容易出现的问题与注意事项

序　号	问　题	措　施
1	数据输出后，雕刻机不工作	关掉电源，检查雕刻机电源线和数据线是否接好
2	激光器不出光	1）确定高压开关已经按下 2）检查"电流调节"旋钮是否处在零位（逆时针旋到底，此时激光器的正常工作状态即为不出光），如果是，请将其调至适当位置
3	加工效果不好，但激光器工作正常、加工参数正确	1）检查加工平面是否在聚焦镜的焦点平面上 2）判断激光器功率是否已经开始衰减，如为这种情况，则应适当加大输出电流或考虑更换激光器 3）检查光路是否偏转

（续）

序　号	问　　题	措　　施
4	加工时出现多余线条	1）检查数据线，必要时应更换新线 2）检查雕刻机机箱与计算机机箱的接地情况，确保地线连接正常
5	切割时线条有锯齿	应在切割参数设置时减小切割速度，提高切割品质
6	加工时，只输出了图形的一部分	出现这种情况的原因可能是排版时超出了排版界面，应该在编辑软件中把图形移动到排版界面之内

项目二　激光内雕照片制作

1. 训练目的和要求

1）了解激光加工的原理和应用范围。

2）了解激光内雕机的基本结构及加工原理。

3）熟悉激光内雕机的基本操作及工艺能力。

4）熟悉激光内雕机的安全技术操作规范。

5）独立完成自主设计的激光内雕刻作品。

2. 训练内容与要求

1）内容：图片水晶内雕。

2）要求：水晶保持完整，无裂纹或破裂，内雕图形清晰、完整，图形内雕位置适当。

3. 训练设备与材料

1）设备：PHANTOM Ⅲ激光内雕机，如图12-7所示。

2）材料：50mm×50mm×80mm人造水晶。

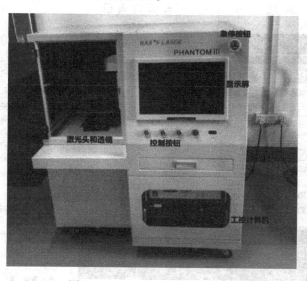

图12-7　PHANTOM Ⅲ激光内雕机

4. 实践训练的步骤

1）打开桌面内雕软件，将出现主界面，如图12-8所示。

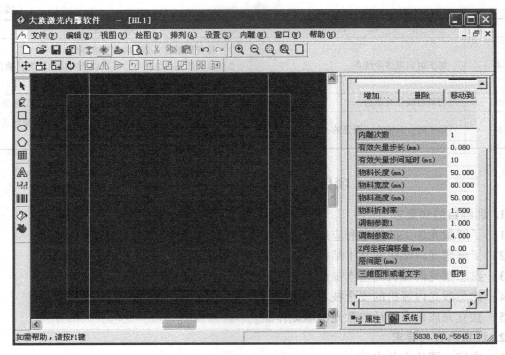

图 12-8　内雕软件主界面

2）单击工具栏导入按钮，导入图像，如图 12-9 所示。

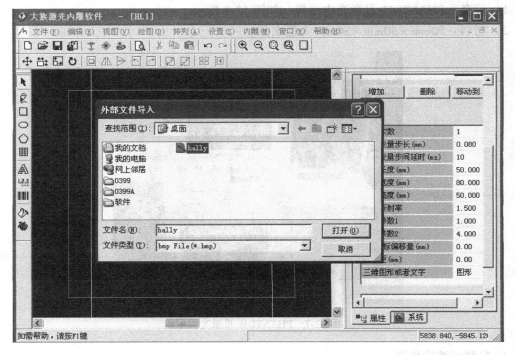

图 12-9　导入图像

3）修改图像的大小，如图 12-10 所示。

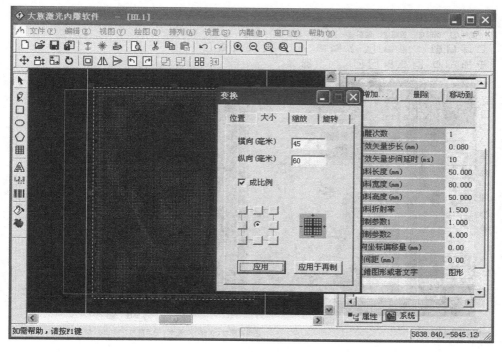

图 12-10　修改图像大小

4）选择位图按钮设置图像参数，如图 12-11 所示。

图 12-11　设置图像参数

5）设置物料高度参数，物料高度必须和要雕刻材料的物料高度一致，如图 12-12 所示。

图 12-12　设置物料高度

6）选择通用内雕按钮进行内雕，如图 12-13 所示。

图 12-13　通用激光内雕

7）激光水晶内雕完成作品，如图 12-14 所示。

图 12-14　激光水晶内雕作品

5. 容易出现的问题与注意事项（见表 12-2）

表 12-2　容易出现的问题与注意事项

序　号	问　　题	原　　因	措　　施
1	按总启动按钮没反应	① 总电源没接通	① 接通总电源
		② 空气开关没合上	② 合上空气开关
		③ 急停开关被按下	③ 松开急停开关
		④ 钥匙开关没打开	④ 打开钥匙开关
2	雕刻时无激光输出	① 激光关闭（LASER OFF）	① 激光开启（LASER ON）
		② 电流太小	② 调大电流，不可超过 25A
		③ 光路偏离或遮挡	③ 查看光路
		④ 激光器故障	④ 与维修工程师联系
3	雕刻时激光较弱，雕不出点或漏点	① 电流偏小	① 调大电流，不可超过 25A
		② 扫描速度太快	② 降低扫描速度
4	雕刻图形的 XYZ 坐标不准确	① 工作台未预先复位归零	① 工作台预先复位归零
		② XYZ 工作台故障	② 查看工作台

模块十三　快速成型技术训练

一、训练模块简介

快速成型（Rapid Prototyping，简称 RP）技术，是基于材料堆积法的一种高新制造技术。简单地说，RP 技术就是由三维转成二维（用软件将三维模型离散化），再由二维到三维（材料堆积）的工作过程，如图 13-1 所示。先由 CAD 软件设计出三维曲面或实体模型（见图 13-1a）；再将三维模型按一定厚度进行切片，获得二维信息，并将分层后的二维信息转换成数控代码（见图 13-1b）；最后将数控代码传到快速成型机中，形成各个截面轮廓，同时逐步累积，直到完成整个零件（见图 13-1c、d）。

RP 技术集机械工程、CAD、逆向工程技术、分层制造技术、数控技术、材料科学、激光技术于一身，可以自动、直接、快速、精确地将设计思想转变为具有一定功能的原型或直接制造零件，从而为零件原型制作、新设计思想的校验等方面提供了一种高效低成本的实现手段。通过本模块的实践训练，使学生能够了解快速成型技术的基本原理和基本应用，从而为以后的工作和学习打下一定的基础。

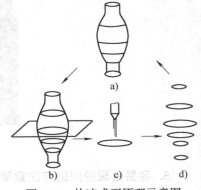

图 13-1　快速成型原理示意图

二、安全技术操作规程

1. 保持工作区域干净、干燥、整洁。

2. 在加载模型时，请勿关闭电源或者拔出 USB 线，否则会导致模型数据丢失。

3. 当打印机工作时，禁止用手触摸模型、喷嘴、打印平台或机身其他部分，以免高温造成烫伤。

4. 取出托盘、样件，处理样件支撑时需戴专用手套。

三、问题与思考

1. 说明快速成型技术的原理及其特点。

2. 说出几种典型的快速成型技术。

3. 说明快速成型的基本工艺流程。

4. 在进行 3D 打印之前，为什么要进行数据前处理？

5. 三维模型有哪些常见的构造方法？

6. 3D 打印技术与传统加工方法相比，主要优势是什么？有什么技术局限和缺点？

7. 3D 打印和快速模具技术的应用领域有哪些？

8. 为什么说快速模具技术是 3D 打印技术的补充和延伸？

四、实践训练

项目一　数据处理训练

1. 训练目的

1）了解常用的 3D 建模软件。

2）了解数据前处理的基本方法。

3）熟悉 UG NX 8.0 三维建模软件的建模思想和操作方法，能够完成简单零件的数据建模及修复处理。

4）掌握三维模型的 STL 格式文件导出方法。

2. 训练内容与要求

以 UG NX 8.0 三维建模软件为例，绘制"高脚杯"三维模型，转换为 STL 格式并保存。熟悉三维模型的基本构造与操作方法。

3. 训练设备

设备：计算机，UG NX 8.0 软件，如图 13-2 所示。

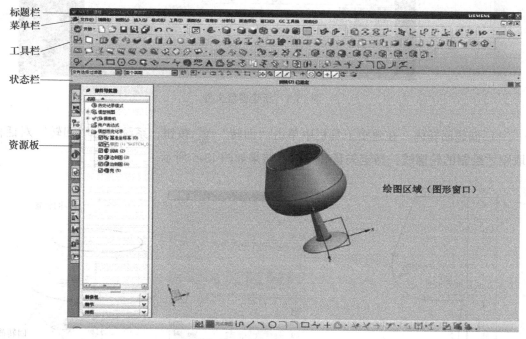

图 13-2　UG NX 8.0 主操作界面

4. 实践训练的步骤

（1）新建模型文件　双击桌面上 UG 软件快捷方式 ，打开软件并新建模型文件，如图 13-3 所示。注意新文件名选项组中的"名称"文本框中不能有中文字，"文件夹"文本框中不能选择带有中文字的保存路径。

（2）绘制草图　在菜单栏中选择"插入"→"任务环境中的草图"命令，选取草图平面为 XY 平面，绘制草图如图 13-4 所示。注意草图中各轮廓线应封闭，多余的线条可单击"快速修剪"  按钮修剪掉。

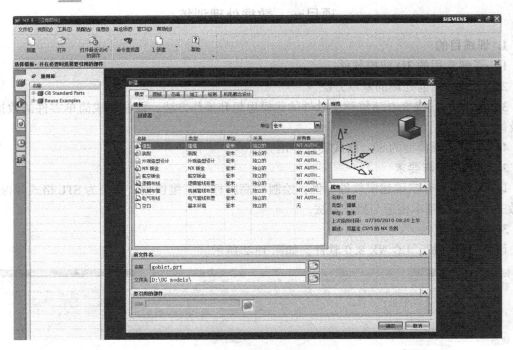

图 13-3 新建模型文件

（3）创建回转体 在建模工具栏中单击"回转"  按钮，系统弹出"回转"对话框，选取刚才绘制的轮廓线，指定矢量和轴点，结果如图 13-5 所示。

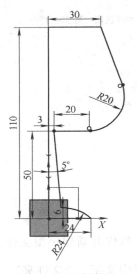

图 13-4 绘制草图

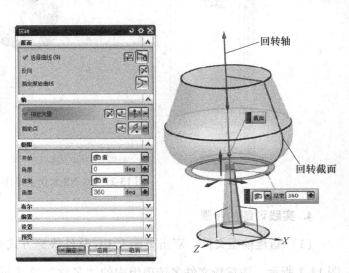

图 13-5 创建回转体

（4）边倒圆 在建模工具栏中单击"边倒圆"  按钮，系统弹出"边倒圆"对话框，

选取要倒圆角的边，分别输入倒圆角半径值 1 和 0.5 后单击"确定"按钮，结果如图 13-6 所示。

图 13-6　创建边倒圆

（5）抽壳　在建模工具栏中单击"抽壳" 按钮，系统弹出"抽壳"对话框，选取要移除的面，再输入抽壳厚度 2，结果如图 13-7 所示。

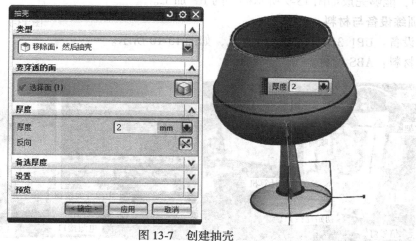

图 13-7　创建抽壳

（6）导出 STL 格式并保存　在菜单栏中选择"文件"→"导出"→"STL..."命令，设置输出类型和公差，选择保存路径，输入目标文件名，再选择导出对象，即可将三维模型文件导出为 STL 格式，如图 13-8 所示。注意输入的目标文件名不能带有中文字。

图 13-8　导出为 STL 格式文件

5. 操作中常见问题与分析

1) 如果绘制的草图尺寸不合适，如何返回草图进行修改？

2) 创建回转体时，无法完成回转并提示"无法添加至截面"，该如何处理？

3) 如何进一步完善本模型，如添加杯垫、刻字等？

项目二　"球于盒中"实践案例

1. 训练目的

1) 了解常见的 RP 基本工艺原理。

2) 了解不同种类的快速成型设备的基本结构及工作原理。

3) 掌握 UP! 3D 打印机的工艺准备、加工、零件后处理等操作。

2. 训练内容与要求

通过本案例熟悉 UP! 3D 打印机制作样件的整个过程，熟悉和了解熔融沉积成形（Fused Deposition Modeling，简称 FDM）工艺制造样件的方法，掌握 UP! 3D 打印机的基本操作与应用，能够完成如图 13-9 所示样件的 RP 加工。

3. 训练设备与材料

1) 设备：UP! 3D 打印机、计算机，如图 13-10 所示。

2) 材料：ABS 丝材。

图 13-9　球于盒中

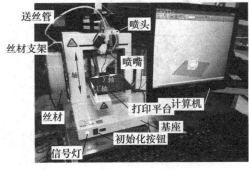

a) 正面图

b) 后视图

图 13-10　UP! 3D 打印机基本组成结构

4. 熟悉 FDM 制造样件的原理及工艺流程

1) 熔融沉积成形（FDM）原理如图 13-11 所示。利用热塑性细丝在移动头中进给熔化，熔化后的材料在移动的过程中被挤压出来堆积零件。

2) 3D 打印基本工艺流程如图 13-12 所示。

5. 实践训练的步骤

(1) 绘制"球于盒中"三维模型　采用 UG NX 8.0 三维软件绘制"球于盒中"的三维模型，并命名为 ball in box. Prt。

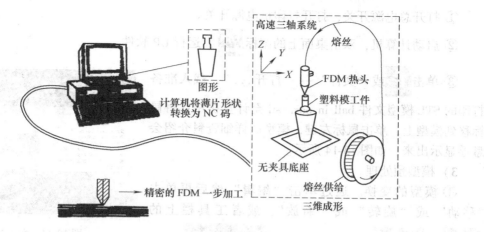

图 13-11 熔融沉积成形（FDM）原理示意图

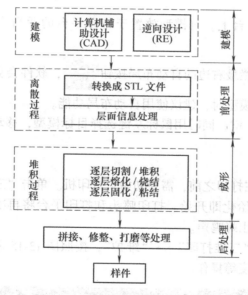

图 13-12 3D 打印基本工艺流程

（2）模型数据的前处理　将绘制的三维模型文件导出为 STL 格式，并命名为 ball in box. stl。如果转换成 STL 文件出现错误，则可在 UP 软件中选择模型的错误表面并单击"编辑"→"修复"即可进行一键简单修复，如图 13-13 所示，或者通过专业的数据处理软件进行修复，如 MeshLab 和 Netfabb 等。

（3）模型的制作

1）开机前的准备工作。清理并装好托盘，检查成形丝材，确保打印机准备就绪。

2）开机操作。

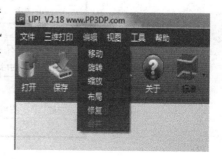

图 13-13 STL 文件的修复

① 打开总电源开关，打开打印机电源开关。

② 启动计算机，双击桌面上的图标 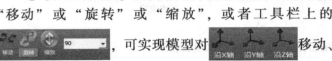，运行 UP 软件。

③ 单击 或 "文件" → "打开..."，载入准备
打印的 STL 模型文件 ball in box. stl 至计算机中；将鼠
标移到模型上，单击鼠标左键，模型的详细资料介绍会
悬浮显示出来，如图 13-14 所示。

图 13-14　载入模型

3）模型预处理。

① 模型的变换。通过单击 "编辑" 然后再单击
"移动" 或 "旋转" 或 "缩放"，或者工具栏上的
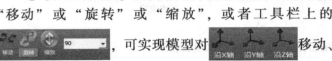，可实现模型对 移动、
旋转和缩放。

② 将模型放到打印平台上。将模型放置于打印平台的适当位置，有助于提高打印的
质量。

自动布局：单击工具栏最右边的自动布局按钮 ，软件会自动调整模型在平台上的
位置。当平台上不止一个模型时，建议使用自动布局功能。

手动布局：按〈Ctrl〉键，同时用鼠标左键选择目标模型，移动鼠标，拖动模型到指定
位置。

（4）准备打印

1）初始化打印机。在打印之前，需要初始化打印机。单击 "三维打印" → "初始化"，
当打印机发出蜂鸣声，初始化即开始。打印喷头和打印平台将再次返回到打印机的初始位
置，当准备好后将再次发出蜂鸣声。

2）维护操作。单击 "三维打印" → "维护"，按照图 13-15 所示的对话框进行材料的
更换以及手动校准喷嘴高度等操作。

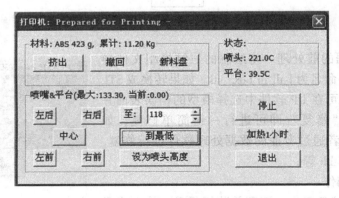

图 13-15　打印机维护

3）打印参数设置。单击 "三维打印" → "设置"，按照图 13-16 所示的对话框进行打

印参数的设置。

4）模型打印。单击"三维打印"→"打印预览"，在"打印"对话框中设置打印参数（如质量），如图13-17所示，单击"确定"按钮，弹出的对话框中将展示打印所用材料以及所需时间，如图13-18所示。

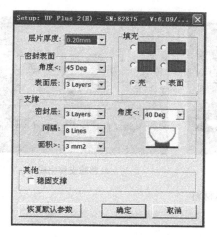

图 13-16　打印参数设置

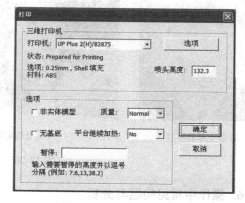

图 13-17　选择打印质量

图 13-18　打印耗材耗时情况

单击 **打印** 或"三维打印"→"打印"，在"打印"对话框中设置打印参数（如质量），单击"确定"按钮，模型开始打印。

5）移除模型。当模型完成打印时，打印机会发出蜂鸣声，喷嘴和打印平台会停止加热。打开打印平台弹簧，从打印机上撤下打印托盘。把铲刀慢慢地滑动到模型下面，来回撬松模型，如图13-19所示。将托盘清理干净后装回打印平台。切记在撬模型时要佩戴手套以防烫伤和划伤。

图 13-19　模型的移除

（5）模型的后处理　模型由两部分组成，一部分是模型本身，另一部分是支撑材料。支撑材料和模型主材料的物理性能是一样的，只是支撑材料的密度小于主材料，所以很容易从主材料上移除支撑材料。支撑材料可以使用多种工具来拆除，一部分可以很容易地用手拆除，越接近模型的支撑，使用钢丝钳或尖嘴钳等更容易移除，如图 13-20 所示。

a) 带支撑的模型　　　　　b) 后处理常用工具　　　　　c) 移除支撑完成

图 13-20　移除支撑材料

6. 操作中常见问题与分析

1）在 FDM 过程中，为什么必须加支撑结构？

2）打印层片厚度、填充类型，与打印时间、打印质量之间有什么关系？

3）可否打印彩色模型？打印机工作期间，如何更换材料？

4）在打印大尺寸模型时，有时会出现边缘翘起的情况，怎么解决？

5）在移除模型之前，为什么要求先撤下打印托盘？

第三单元　电工电子基础实践

模块十四　电工工具使用和照明线路实训

一、训练模块介绍

本实训模块包括电工工具的使用和照明线路两部分。

本模块的知识目标是：

1. 掌握电工常用工具、仪表的工作原理和使用方法。

2. 掌握安全用电的常识和人体触电的急救方法。

3. 掌握导线的连接以及绝缘层的去除和恢复。

4. 知道交流电路中相线（俗称火线）中性线（俗称零线）的定义及相电压、线电压之间的关系等常识性知识。

5. 理解低压线路的安装过程，掌握室内配电、布线的设计与规范。

6. 掌握常用低压电器的选择与安装。

7. 掌握照明线路的检修与维护的方法。

本模块的能力目标是：

1. 正确使用电工常用工具，能用电工仪表对低压电路进行测量。

2. 能正确选用、安装各种照明装置与电度表，并能排除常见故障。

3. 能够根据照明电路的原理图和安装图，正确安装照明电路，在完成照明电路安装的同时，能检测和排除照明电路的故障。

二、安全技术操作规程

1. 安装灯头时，开关必须控制相线，灯口处必须接在中性线上。灯头的绝缘外壳不得有损伤和漏电，相线应接在中心触头上，中性线接在螺口相连的一端。

2. 照明灯具的金属电器外壳都必须实行可靠接地，接地电阻不得大于 4Ω。

3. 单相照明回路的开关箱内必装设漏电保护器，实行"左零右火"制。

4. 学生必须学会正确和合理使用电工工具和仪表，并做好维护和保养工作。

5. 学会各种照明元器件的安装和接线方法，且操作一定要规范。按任务要求完成线路的安装和调试工作。

6. 实施过程中，必须时刻注意安全用电，严格遵守安全操作规程。严禁带电作业，线路在未经验明确实无电前，应一律视为有电，不准用手触摸，不可绝对相信绝缘体。

7. 学生必须具有团队合作的精神，以小组的形式完成工作任务。

8. 学生应树立职业意识，并按照企业的"6S"（整理、整顿、清扫、清洁、素养、安全）质量管理体系要求自己。

三、问题与思考

1. 发现有人被电击应如何处理？

2. 电流通过人体内部，对人体伤害的严重程度与哪些因素有关？

3. 什么是中性线（零线）和相线（火线）？

4. 什么是三相四线制？什么是线电压、相电压、线电流和相电流？

5. 三相电源和三相负载的连接方式有几种？线电压与相电压、线电流与相电流的关系分别是什么？

6. 照明电路的布局、布线、走线、安装的基本要求有哪些？

7. 照明电路有哪些常见的故障？应如何检查？

8. 导线连接的基本要求是什么？导线的连接种类有哪些？

9. 安装照明电路有哪些技术要求？

10. 单股铜芯导线的"一字形"和"T字形"连接方法。

11. 插座、开关、白炽灯、荧光灯、漏电保护器、熔断器、断路器和单相电度表的安装接线方法是什么？

12. 低压安全线路和照明装置有哪些常见故障？

四、实践训练

项目一　安全用电与触电急救

1. 训练的目的

学会安全用电常识，学会触电急救常识。

2. 训练内容与要求

掌握安全用电常识和人体触电急救常识，能对人体触电事故进行急救处置。

3. 训练设备

安全用电视频、心肺复苏模拟人。

4. 实践训练步骤

步骤1：学习安全用电知识。

（1）电流对人体的伤害　触电一般有两种类型，分别为电击和电伤。

电击是指电流通过人体，影响呼吸系统、心脏和神经系统，造成人体内部组织的破坏乃至死亡。

电伤是指电流的热效应、化学效应、机械效应及电流本身作用造成人体外部的伤害。电伤会在人体皮肤表面留下明显的伤痕，常见的有电弧烧灼伤、电烙伤和皮肤金属化等现象。

常用的 50～60Hz 的工频交流电对人体伤害最为严重，频率偏离工频越远，交流电对人体的伤害越轻，但对人体依然是十分危险的。

（2）人体触电的类型

1）单相触电。

① 电源中性点接地的单相触电。人站在大地上，接触到一根带电导线（例如 L3 相导线），电流从导线经人体流向大地形成回路，如图 14-1a 所示。

② 电源中性点不接地系统的单相触电。人体接触某一相时，若导线与地面间的绝缘性能不良，甚至有一相接地，这时人体中就有电流通过，如图 14-1b 所示。

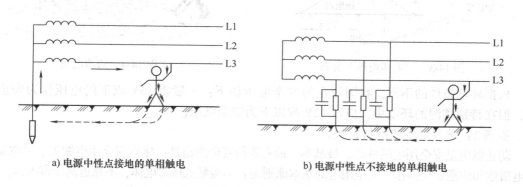

a) 电源中性点接地的单相触电   b) 电源中性点不接地的单相触电

图 14-1 电源中性点单相触电示意图

2）两相触电。人体同时接触两相带电的导线，电流一相通过人体到另一相。这类触电事故后果很严重。两相触电如图 14-2 所示。

3）跨步触电。人站在地上，两脚之间所承受的电压差称为"跨步电压"。

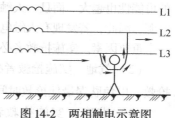

图 14-2 两相触电示意图

当高压输电线路发生断线故障使导线接地时，导线与大地构成回路，导线中有电流通过。电流经导线入地时，会在导线周围的接地点地面形成一个电位分布不均匀的强电场。如果以接地点为中心画很多同心圆，则在同心圆圆周上的电位各不相同，其同心圆半径越大，圆周上的电位越低；其同心圆半径越小，圆周上的电位越高，如图 14-3 所示。当人体接近接地点时，如果人体双脚分开站立，双脚之间就会承受到地面上不同点之间的电位差，此电位差就是"跨步电压"，如图 14-4 所示。沿半径方向的双脚距离越大，则跨步电压越高，一般在接地点 20m 之外，跨步电压就降为零。人体因两脚之间承受跨步电压而触电，电流通过人体会使人体双脚抽筋而跌倒在地，这样会使电流流经人体的重要器官而引起触电死亡。如果误入接地点附近，应双脚并拢或单脚跳出危险区。

4）高压电弧触电。高压电的电压等级比低压电要高出很多，可以有几十到几百千伏，因此当人体靠近高压带电体时，人与高压带电体之间的空气会被击穿，产生放电现象，使大电流通过人体，造成电弧触电。所以人体不能靠近高压带电体（比如高压电线）。

（3）安全电压 按照对人有致命危险的工频电流 50mA 和人体最小电阻 800~1000Ω 来计算，可知对人有致命危险的电压为

$$U = 0.05\text{A} \times (800 \sim 1000)\,\Omega = (40 \sim 50)\,\text{V}$$

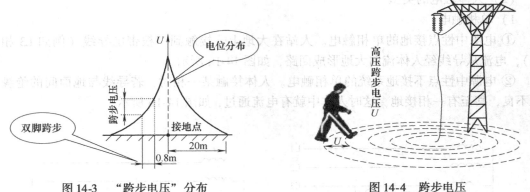

图 14-3 "跨步电压"分布   图 14-4 跨步电压

根据环境条件的不同，我国规定的安全电压如下：一般将 36V 以下的电压作为安全电压，但在特别潮湿的环境中，应以 12V 或以下为安全电压。

步骤 2：学习触电防范与急救。

防止触电是安全用电的核心。最基本、最有效的安全措施是：建立安全用电制度、采取安全用电措施和注意安全操作。安全用电的基本原则是：不接触低压带电体，不靠近高压带电体。

现场触电急救的原则可总结为八个字：迅速、就地、准确、坚持。

（1）迅速 在其他条件都相同的情况下，触电者的触电时间越长，造成心室颤动乃至死亡的可能性也越大。而且，人触电后，由于痉挛或失去知觉等原因，会紧握带电体而不能自主摆脱电源。因此，若发现有人触电，应采取一切可行的措施，迅速使其脱离电源，这是救活触电者的一个重要因素。实施抢救者必须保持头脑清醒，安全、准确、争分夺秒地使触电者脱离电源。

（2）就地 实施抢救者必须将触电者在现场附近就地进行抢救，千万不要长途送往医院抢救，以免耽误最佳抢救时间。

（3）准确 实施抢救者的人工呼吸动作必须就位准确、动作规范。

（4）坚持 只要有百分之一的希望就要尽百分之百的努力去抢救。

步骤 3：触电急救训练。

（1）心肺复苏法 心肺复苏法指救护者在现场应及时对呼吸、心跳骤停的触电者实施人工胸外心脏按压和人工呼吸的急救技术，建立含氧的血液循环，维持基础生命所需。为避免脑死亡，应在心跳停止 4min 内进行有效的心肺复苏法。

图 14-5 为心肺复苏法步骤，

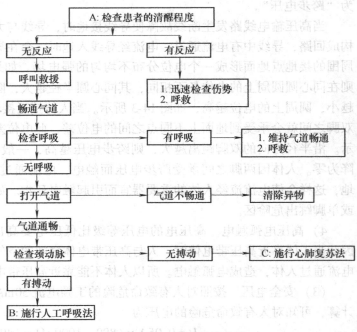

图 14-5 心肺复苏法步骤

按 A→B→C 的顺序进行救治。

（2）心肺复苏法的三项基本措施　心肺复苏法有三项基本措施为畅通气道、人工呼吸法和胸外按压法。具体操作参见安全用电视频。

项目二　电源配电箱与室内配电盘的安装与调试

1. 训练目的

1）了解一般低压量配电线路和照明线路的设计规范。

2）掌握配电箱、室内配电盘和单相电度表的安装接线方法。

2. 训练内容与要求

1）学会常用照明设备、开关、插座和电度表的安装接线方法。

2）完成简单照明线路的安装接线。

3. 训练设备

民用电工实训装置（见图 14-6）、单控开关。

图 14-6　民用电工实训装置

1—配电箱　2—室内配电盘　3—86 暗盒（用于安装开关、插座等）　4—壁灯　5—白炽灯　6—荧光灯　7—信息布线箱

4. 实践训练步骤

步骤 1：了解配电箱安装与选型。

配电箱应安装在安全、干燥、易操作的场所，一般多设在门庭、楼梯间或走廊的墙壁内。配电箱有明装、暗装和半暗装三种方式，多采用暗装或半暗装的方式，配电箱的下端距地一般大于 1.4m。

配电箱内的主断路器的额定电流有许多等级，如 5～20A、10～30A、10～40A、20～40A 等。可以根据所有会同时使用的家用电器的功率总和，按照电功率计算公式 $P = UI$，计算出实际需要的额定电流的大小。

配电箱的配线一定要选择载流量大于或等于实际电流量的绝缘线，一般采用硬铜线，不能采用花线或软线，暗敷在管内的导线不能采用有接头的导线，必须是一根完整的导线。

步骤2：了解室内布线设计与规范。

单相交流电由配电箱引入住户室内后，需根据每家每户用电设备的不同，将用电线路合理分为多条支路。用电线路的多条支路必须经由室内配电盘进行合理的分配和管理，以便用户安全使用和维护。

（1）配电盘的安装环境　一般家庭用室内配电盘装在客厅入户大门旁的墙壁高处。配电箱（盘）一般采用暗装，其底口距地一般大于或等于1.5m；明装时底口距地1.2m

（2）支路设计与分配　配电盘内支路分配需根据家庭用电的实际情况来设计，一般来说照明线路和动力线路应分开设置，大功率电器应用单独支路，如空调器。也可按照房间来设计支路。每一电灯支路的灯和插座的总数，一般不超过25只，每一支路的最大负荷不应超过15A。每一电热支路装接插座数一般不超过6只，每一支路的最大负荷不应超过30A。

配电盘内应该分设中性线（N线）端子板和地线（PE线）端子板。中性线端子板必须和金属电器安装板绝缘，地线端子板必须与金属电器安装板做电气连接。室内配电盘支路示意图如图14-7所示。

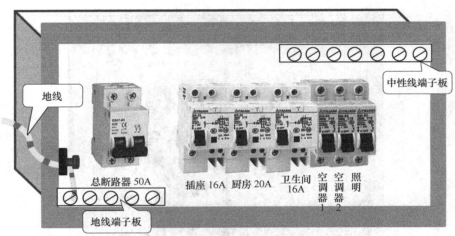

图14-7　室内配电盘支路示意图

步骤3：根据电气原理图（见图14-8），配齐各元器件。

1）开关、导线、工具箱（一字与十字螺钉旋具、剥线钳、尖嘴钳）。

2）民用电工实训装置上已有：电度表、断路器、白炽灯。

步骤4：按电气原理图（见图14-8）完成配电箱与配电盘的接线，要求元器件之间连线暗敷设，走在线管内。

（1）电度表的接线　单相电度表共有4个接线柱，从左到右按1、2、3、4编号。一般单相电度表接线柱1、3接电源进线（1为相线进，3为中性线进），接线柱2、4接出线（2为相线出，4为中性线出）。接线方法如图14-9所示。

（2）断路器的安装接线　断路器是低压断路器的一种，电路中只要有过电流和短路现象，开关内的检测电路就会自动驱动开关进行跳闸断路，同时具备了传统刀开关和熔断器的功能，而且，当检测到电路中电流量超出额定电流时，会立即跳闸，排除故障后，重新合上开关即可。

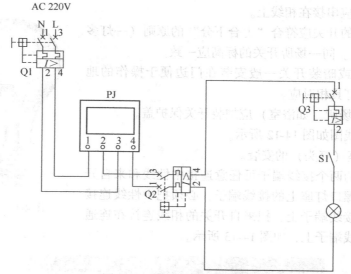

图 14-8　项目二电气原理图

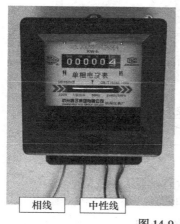
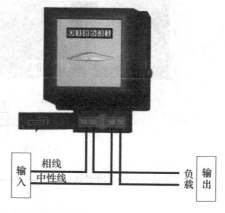

图 14-9　电度表接线方法

双进双出断路器（见图 14-10a）可以同时控制相线和中性线，出现过电流现象，同时切断相线和中性线，一般用在配电箱内电度表出线侧，用作入户总开关。单进单出断路器（见图 14-10b）只控制相线，只检测和控制相线支路是否有过电流情况，通常被用在供电支路上。

（3）完成照明分支（白炽灯）接线

1）白炽灯。白炽灯由玻壳、灯丝、芯柱和灯头等组成，如图 14-11 所示。玻璃泡内抽真空或抽真空后再充入惰性气体。白炽灯灯头的螺纹部分接中性线，底座接相线。

2）开关。开关连接线应注意以下几点：

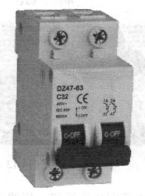

a) 双进双出断路器　　　b) 单进单出断路器

图 14-10　断路器

① 照明开关应串接在相线上。

② 垂直安装的开关应符合"上合下分"的原则（一灯多开关控制的除外）。同一场所开关的标高应一致。

③ 照明开关或暗装开关一般安装在门边便于操作的地方，开关位置与灯具相对应。

④ 多尘潮湿场所（如浴室）应加装开关保护盖。

单控开关接线图如图 14-12 所示。

步骤 5：灯座（灯头）的安装。

插口灯座上的两个接线端子可任意连接中性线和来自开关的相线；但是螺口灯座上的接线端子，必须把中性线连接在连通螺纹圈的接线端子上，把来自开关的相线连接在连通中心铜簧片的接线端子上，如图 14-13 所示。

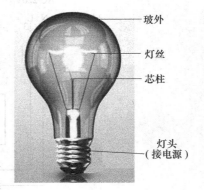

图 4-11　白炽灯示意图

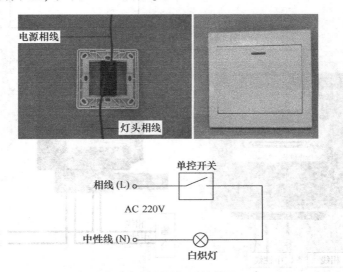

图 14-12　单控开关接线图

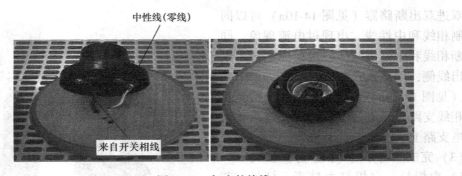

图 14-13　灯座的接线

步骤 6：按图检查所有连接线路，接线必须规范、正确；经指导教师检查后接通电源，观察分支回路状态是否正确。

步骤 7：如果回路状态不正确，进行排故。

照明电路的常见故障主要有断路和短路。

（1）断路　相线、中性线均可能出现断路。断路故障发生后，负载将不能正常工作。产生断路的原因：主要是灯丝熔断、线头松脱、断线、开关没有接通、压到导线绝缘部分等。

断路故障的检查：如果一个白炽灯不亮而其他白炽灯都亮，应首先检查不亮的白炽灯灯丝是否烧断；若灯丝未断，则应检查开关和灯头是否接触不良、有无断线等。为了尽快查出故障点，可用验电器检测灯座（灯头）的两极是否有电，若两极都不亮说明相线断路；若两极都亮（带灯泡测试），说明中性线断路；若一极亮一极不亮，说明灯丝未接通。对于荧光灯来说，应对辉光启动器进行检查。

（2）短路　短路故障表现为断路器跳闸；短路点处有明显烧痕、绝缘碳化，严重的会使导线绝缘层烧焦甚至引起火灾。

造成短路的原因如下：

1）用电器具接线不好，以致接头碰在一起。

2）灯座或开关进水，螺口灯头内部松动或灯座顶芯歪斜碰及螺口，造成内部短路。

3）导线绝缘层损坏或老化，并在中性线和相线的绝缘处碰线。

当发现短路打火或断路器跳闸时，应先查出发生短路的原因，找出短路故障点，处理后恢复。

5. 容易产生的问题和注意事项

1）布线时需要穿管走线，先处理好导线，将导线拉直，消除弯、折，布线要横平竖直、整齐，导线转弯要成直角，并做到高低一致或前后一致，少交叉，应尽量避免导线接头。在走线的时候记着"左零右火"的原则（即左边接中性线，右边接相线）。

2）接线时由上至下，先串后并；接线应正确、牢固，各接点不能松动，敷线平直整齐，无松动、露铜、压绝缘层等现象。每个接线端子上连接的导线根数一般不超过两根。红色线接电源相线（L），黑色线接中性线（N），黄绿双色线专作为地线（PE）；相线过开关，中性线不进开关。

3）检查线路时用肉眼观看电路，看有没有接出多余线头。参照照明电路安装图检查每条线是否严格按要求来接，有没有接错位，注意电度表有无接反，断路器、开关、插座等元器件的接线是否正确。

4）操作各功能开关时，若不符合要求，应立即切断电源，判断照明电路的故障，可以用万用表电阻档检查线路，要注意人身安全和万用表档位。

项目三　双控开关照明控制线路与调试

1. 训练目的

1）了解双控开关的结构和作用。

2）理解双控开关的控制原理。

3）能排除各类照明装置的常见故障。

2. 训练内容与要求

1）掌握双控开关控制线路的正确连接。

2）掌握荧光灯线路的接线。

3）掌握三孔插座的接线规范。

4）掌握照明线路的故障检测与排除方法。

3. 训练设备

民用电工实训装置（见图14-6）、双控开关、三孔插座。

4. 实践训练步骤

步骤1：根据电气线路图（见图14-14），完成配电箱的接线，要求元器件之间的连线暗敷设。

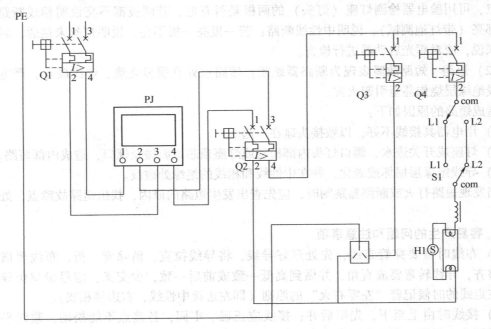

图 14-14　项目三电气线路图

步骤2：完成双控开关控制照明灯具的分支电路接线。

（1）荧光灯的接线　荧光灯是靠汞蒸气放电时辐射的紫外线去激发灯管内壁的荧光物质，使之发出可见光。荧光灯由灯管、灯架、镇流器、辉光启动器等组成（见图14-15）。辉光启动器是一只充满氩气的小灯泡，内有一对电极，利用氩气的辉光放电热量可使这对电极闭合，从而接通灯丝，随即辉光放电停止，电极冷却后断开。镇流器由电感线圈和铁心组成。利用电感线圈在短路/断路瞬间电流不能突变的特性，使电感两端瞬间产生高反电动势，使灯管中气体被击穿，灯管点燃。荧光灯的接线图如图14-16所示。

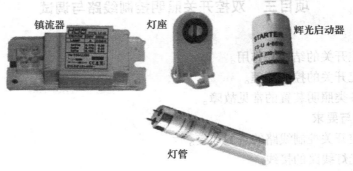

图 14-15　荧光灯构成

（2）双控开关的接线　开关按照控制方式可分为单控与多控。单控开关是只对一条线路进行控制（见图14-12）。多控是指可对多条线路进行控制，用在两个开关控制一盏灯或多个开关控制一盏灯的环境。双控开关的接线图如图14-17所示。

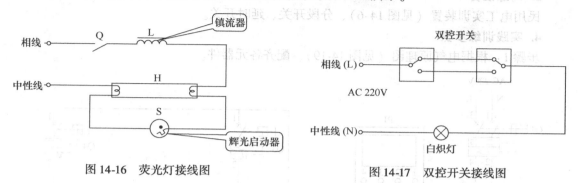

图 14-16　荧光灯接线图　　　　　　　　　图 14-17　双控开关接线图

步骤3：完成配电分支（单相三孔插座）接线，接线图如图14-18所示。

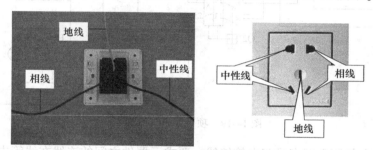

图 14-18　插座接线示意图

插座安装应符合下列要求：

1）插座的离地高度一般为1.3m。如有特殊需要时，可以放低安装，但安装的离地高度不得低于15cm，而且应选用安全插座。对幼儿园、托儿所及地势低容易进水的场合，不得将插座放低安装。

2）单相二孔插座，面对插座的右侧孔接相线，左侧孔接零线。

3）单相三孔插座的上端孔上应接地线保护接地线。

步骤4：按图检查所有连接线路，接线必须规范、正确；经指导教师检查后接通电源，观察分支回路状态是否正确。

步骤5：如果回路状态不正确，进行排故。排故方法见项目二步骤7。

项目四　分段调光及声光延时照明控制

1. 训练目的

1）了解各种照明控制形式。

2）能排除各类照明装置的常见故障。

2. 训练内容与要求

1）认识分段开关并了解其作用。

2）掌握用分段开关控制多路照明灯具的正确接线方法。

3）认识声光延时开关并了解其作用。

4）掌握用声光延时开关控制照明灯具的正确接线方法。

3. 训练设备

民用电工实训装置（见图14-6）、分段开关、延时开关。

4. 实践训练步骤

步骤1：根据电气原理图（见图14-19），配齐各元器件。

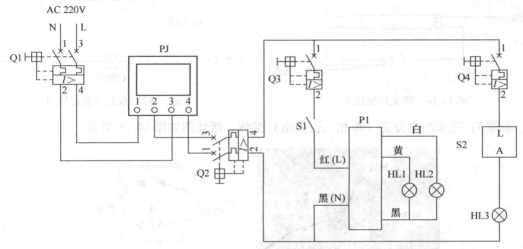

图 14-19 项目四电气原理图

步骤2：按电气原理图完成配电箱接线，要求元器件之间的连线在线管内行走。

步骤3：完成用分段开关控制多路照明灯具的接线，接线图如图14-20所示。

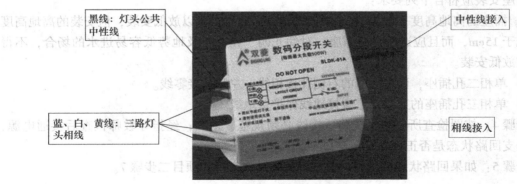

图 14-20 分段开关接线图

步骤4：完成用声光延时开关控制照明灯具的接线。

步骤5：按图14-19检查所有连接线路，接线必须规范、正确。

步骤6：经指导教师检查后接通电源，观察各分支回路状态是否正确。

项目五 智能照明控制线路的安装与调试

1. 训练目的

1）了解智能家居控制技术。

2）了解智能照明控制技术。

2. 训练内容与要求

1）了解智能照明系统的构成。

2）了解远程控制器的控制原理，并学会使用。

3）掌握智能照明系统和电动窗帘控制器的接线与调试。

3. 训练设备

民用电工实训装置（见图14-6）、智能照明开关、智能窗帘开关、三孔插座。

4. 实践训练步骤

步骤1：认识智能家居系统。

（1）智能家居的构成与功能　智能家居系统可以看作一个信息交互平台，这个平台以家庭网络为基础，实现智能家居的各个功能。这些功能包括：家庭娱乐与教育、家庭安全防范、家居控制、家居管理。智能家居系统图如图14-21所示。智能家居可以通过家居智能管理系统来实现家庭安全、舒适、信息交互与通信的能力。

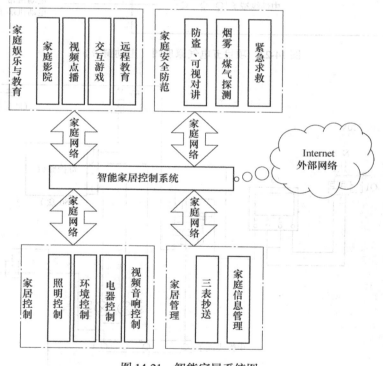

图14-21　智能家居系统图

（2）智能家居的控制技术与协议　智能家居控制技术包括有线和无线两类。有线技术包括电力线总线技术、现场总线技术等。无线技术包括 ZigBee 技术、蓝牙、WiFi 技术和射频技术等。

步骤2：根据电气原理图（见图14-22、图14-23），配齐各元器件。

步骤3：按电气原理图完成配电箱的接线，要求各元器件之间连线穿管布线。

步骤4：完成灯控面板支路的接线。

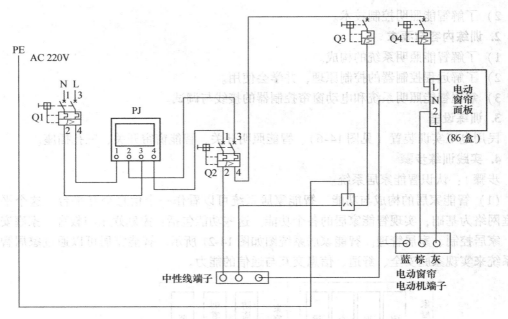

图 14-22　项目五电气原理图（电动窗帘）

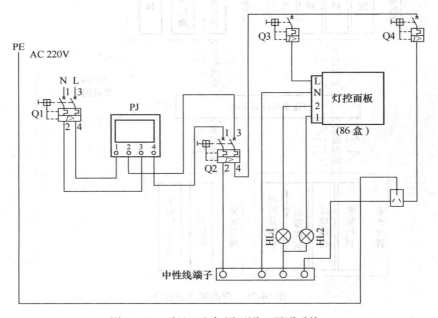

图 14-23　项目五电气原理图（照明系统）

　　安装水晶面板（86 盒）控制器时，首先把水晶面板取下来，然后根据标志接好线，即 L 和 N 分别接相线和中性线，1 和 2 分别接两路灯控线。接线图如图 14-24 所示。接好线后用螺钉固定好开关，然后再把水晶面板直接扣装上去即可，设置完地址就可以用多种方式来控制了。

　　步骤 5：完成电动窗帘支路的接线，如图 14-25 所示。

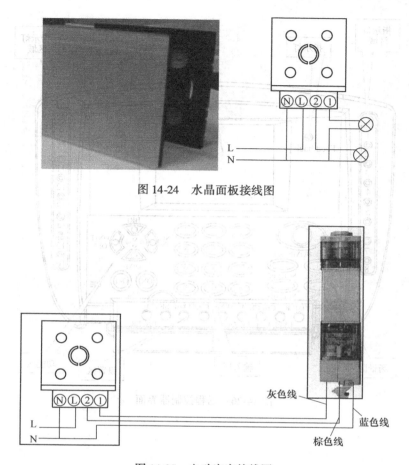

图 14-24 水晶面板接线图

图 14-25 电动窗帘接线图

步骤 6：经指导教师检查后接通电源，调试系统，用灯控面板操作照明设备。

步骤 7：用远程控制器控制照明设备，并编辑 1~2 个场景。

电话远程控制器界面如图 14-26 所示。具体使用方法如下：

更换房间码（#键）：先按一下输入区的"#"键，显示屏显示"HFF"，然后输入相应的房间码对应的数字键（房间码相对应的数字键如下：A 房间对应数字 1，B 房间对应数字 2，以此类推），当对应的数字键小于 10 时，在数字前先补充输入"0"。

设备开/关（UNIT ON/UNIT OFF）：先通过"#"键更换想要的房间码，在输入区输入单元码，再按一下"UNIT ON"（开）或"UNIT OFF"（关）键即可。

白炽灯调光（BRI 和 DIM）：若被控设备为白炽灯，且控制器为白炽灯控制器，则可对白炽灯进行调光控制，先把目标地址白炽灯打开，然后，直接按一下"Bri"键（调亮），灯光调亮一级；按一下"Dim"（调暗），灯光调暗一级，亮度调节级别分为 6 级。

全开全关（ALL LIGHTS ON 和 ALL UNITS OFF）：更换到想要的房间码，然后直接按"全开"键，所有响应"全开"指令的控制器所接设备全部开启；直接按"全关"键，所有响应"全关"指令的控制器所接设备全部关掉。

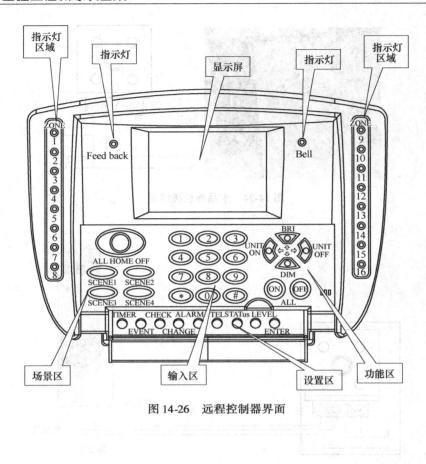

图 14-26　远程控制器界面

步骤 6：将指导教师给定的电话线连通电脑，剪去多余线，用打码钳制线并测两端连接。

步骤 7：出示程控机芯片和的设备，并编出 1～2 个场景。

电话线各电脑插口的间隔 14～20 厘米，具体编排内容如下。

改编后的按键（*键），也就是一个输入区的 *键，等，也可以按，"#键"。就将输入人的设置的所有程序执行（如果我们再次启动按 ON，人键可以的将它关闭 OFF），使按两次启动按上一步，执行 2 上键光关，它的起始时长为 10 秒，你就可以将大约达人。

按结开关（UNIT ON/UNIT OFF），按键往 1～3，如果单元要执行的操作为元单元按，单元区，按键一下 "UNIT ON" 或 OFF "UNIT OFF" 关闭即可。

启明灯暗度（DRI 和 DIM）：若想控制器暗为上键，在上选按上/人按键即可，则会对启动灯的进行明暗度，你要它就就调出上选 DIM 即可，若要按 BRI 一键时等，作等。

少水调出一键按上 "FeeDbac" DRISO，灯光 3 秒，等，你家最需要度即可。

令开全关（ALL LIGHTS ON 和 ALL UNITS OFF）：若某调，在上关，关时同关有全部程序，间灯按 ON，若想关闭一个上 OFF，除去则设启控步行将多区域关灯的，且关灯 "全灯亮"，则即可将全部程序，这它 "全关闭"，还可以的将可控器灯按键最多场景完成操作。

模块十五 交流电动机控制实训

一、训练模块介绍

本实训模块包括低压电器设备和电动机控制系统两部分。

本模块的知识目标是：

1. 掌握各种开关的种类、符号、工作原理及其选择方法。
2. 掌握各种继电器、接触器、断路器的工作原理、电路连接和使用方法。
3. 知道漏电保护器的工作过程和使用方法。
4. 掌握三相异步电动机的起停控制电路连接。
5. 掌握三相异步电动机的正反转控制电路连接。
6. 掌握三相异步电动机星-三角减压起动的电路连接。

本模块的能力目标是：

1. 能对三相异步电动机直接起动的控制线路进行连接和工作控制。
2. 能对三相异步电动机正反转的控制线路进行连接和工作控制。
3. 能对三相异步电动机星-三角减压起动的控制线路进行连接和工作控制。

二、安全技术操作规程

为了按时完成电力系统继电保护实验，确保实验时人身安全与设备安全，要严格遵守如下规定的安全操作规程：

1. 实验时，人体不可接触带电线路和带电体。
2. 接线或拆线都必须在切断电源的情况下进行。
3. 学生独立完成接线或改接线路后必须经指导教师检查和允许，并提醒组内其他同学引起注意后方可接通电源。实验中如发生事故，应切断电源，待查清问题和妥善处理故障后，才能继续进行实验。
4. 通电前应先检查所有仪表量程是否符合要求，是否有短路回路存在，以免损坏仪表或电源。
5. 总电源应由实验指导教师来控制，其他人员只能经指导教师允许后方可操作，不得自行合闸。

三、问题与思考

1. 三相异步电动机的额定电压和额定电流是如何定义的？
2. 三相异步电动机的主要保护有哪些？
3. 三相异步电动机铭牌上的额定数据的意义是什么？
4. 点动自锁的控制原理是什么？辅助回路接触器的常开触头不起作用，会产生什么后果？

5. 正反转的控制原理是什么？电路中是否可以不加互锁，若只有正转没有反转，会由哪些故障引起？

6. 三相异步电动机减压起动的方法有什么？工作原理是什么？

7. 延时起动控制回路中时间继电器的作用是什么？

四、实践训练

项目一 交流电动机控制的操作规范与起停控制

1. 训练目的

1）能正确选用断路器、接触器和继电器。

2）掌握电动机控制的操作规范。

3）能正确连接三相异步电动机的起停控制线路。

2. 训练内容与要求

1）了解常用低压电器的结构性能及型号规格的含义。

2）掌握电动机单向运转控制的工作原理及按图接线的基本技能及接线工艺。

3）掌握电动机单向运转控制线路的检查调试、通电运行及简单故障排除的技能。

4）掌握常用电工仪表的使用方法。

3. 训练设备

1）工程训练柜，如图 15-1a 所示。

2）三相异步电动机，如图 15-1b 所示。

3）总断路器，主电路断路器，控制电路断路器，变压器，接触器，如图 15-1a 所示。

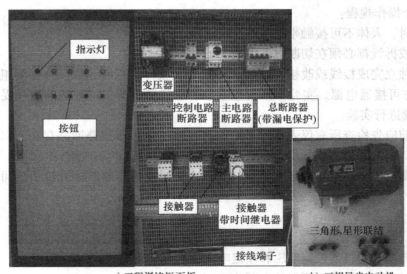

a) 工程训练柜面板　　　　b) 三相异步电动机

图 15-1　工程训练柜和三相异步电动机

4. 实践训练步骤

步骤1：认识三相异步电动机。

（1）电动机的分类以及三相异步电动机介绍　电动机是一种将输入的电能转换为机械能输出的旋转动力设备。电动机广泛应用于现代各种机械中作为驱动和控制设备，可减轻繁重的体力劳动，提高生产率，实现自动控制和远距离操纵。

交流异步电动机因其结构简单、制造方便，是我国目前在生产上用途最广泛的一种电动机。

三相交流异步电动机可分为两个基本部分：定子为固定部分，转子为旋转部分。异步电动机的外形与拆分结构如图15-2所示。

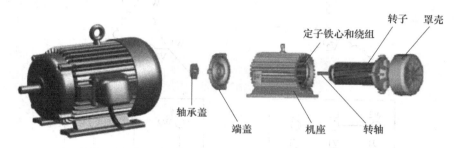

图15-2　三相交流异步电动机的外形与拆分结构

异步电动机的定子主要由定子铁心、定子绕组和定子机座组成。定子铁心是安装在机座内的，由硅钢片叠成圆筒形，构成电动机的一部分磁路。定子的三相绕组在空间上两两相隔120°对称地嵌装在定子铁心内圆表面的槽内，绕组和铁心之间有绝缘材料隔离。

异步电动机的转子主要由转子铁心、转子绕组和转轴三部分组成。按转子结构不同，可分为笼型和绕线型两种。转子铁心也由硅钢片叠成圆柱状，外表面冲有槽，构成电动机的另一部分磁路。铁心装在转轴上，转轴带动机械负载转动。笼型的转子绕组就是在转子铁心外表面的槽中放置铜条，两端用两个环把所有的铜条都连接起来，形状像鼠笼，如图15-3a所示。也有在槽中浇铸铝液，铸成笼型铁心，如图15-3b所示。

绕线转子的绕组和定子相似，也是三相的，用绝缘导线嵌装在转子铁心表面的槽内，每相的始端分别接到三个彼此绝缘的铜制集电环上，集电环固定在转子轴上。

a) 笼型绕组　　　　　　　　　　　　　　　　　b) 铸铝笼型转子

图15-3　笼型转子

（2）三相交流异步电动机的接法　三相交流异步电动机的接法是指电机定子三相绕组的接法，在一般笼型电动机的接线盒中，有 6 根定子三相绕组引出线，通常标有 U1、V1、W1 和 U2、V2、W2，分别表示三相绕组的两端。如果将 U1、V1、W1 分别视为三相绕组的始端（头），则 U2、V2、W2 便为相应绕组的未端（尾）。

通常笼型电动机定子绕组的接法有星形（Y）联结和三角形（△）联结两种。对 3kW 以下的电动机一般采用Y联结，而对 4kW 以上的电动机则一般采用△联结。

电动机星形（Y）联结和三角形（△）联结的方法如图 15-4 所示。

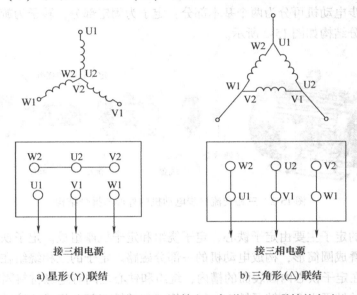

a) 星形(Y)联结　　　　　b) 三角形(△)联结

图 15-4　电动机星形（Y）联结和三角形（△）联结的方法

步骤 2：认识低压电器。

（1）按钮　按钮又称控制按钮，是一种短时间接通或断开小电流电路的手动控制器，一般用于电路发出起动或停止指令。

（2）接触器　接触器是一种能频繁地接通或断开交、直流电路和大容量控制电路，能实现远距离自动控制的电器，主要用于控制电动机、电热设备、电焊机、电容器组等。它具有低电压释放保护功能，在电力拖动自动控制线路中被广泛应用。

（3）断路器　断路器是能够关合、承载和开断正常回路条件下的电流，也能在规定的时间内承载和开断异常回路条件下的电流的开关装置。断路器可用来分配电能，不频繁地起动异步电动机，对电源线路及电动机等实行保护，当发生严重的过载或者短路及欠电压等故障时能自动切断电路，其功能相当于熔断器式开关与热继电器等的组合。

步骤 3：三相异步电动机起停控制线路的原理与功能。

（1）三相异步电动机的起动　由于刚接通电源时，定子绕组产生的旋转磁场相对于静止的转子（此时 $n=0$）来讲相对速度很大，即转子导条切割磁力线的速度很大，所以转子绕组中的感应电动势也较大，形成的转子电流很大，使得定子电流也相应增大（原理同变压器一、二次电流之关系）。一般中小型笼型异步电动机起动电流 I_{st} 为额定电流 I_N 的（5～7）倍；电动机的起动转矩为额定转矩的（1.0～2.2）倍。所以频繁起动会造成热量积累，使电动机过热，而大电流更使电网电压降低，影响邻近负载的工作。

三相异步电动机的起动方法有如下三种：

1）直接起动。30kW 以下的三相异步电动机一般都可采用直接起动。

2）减压起动。减压起动适用于笼型异步电动机。减压起动的过程是先减小定子电压，以减小起动电流，待起动完毕后再加上额定电压。减压起动方式有星形-三角形（Y-△）换接起动和自耦减压起动等。

3）转子串电阻起动。转子串电阻起动适用于绕线转子异步电动机。

（2）三相异步电动机直接起动控制　当供电变压器容量足够大时，小容量笼型三相异步电动机可直接起动。直接起动的优点是电气设备少，线路简单；缺点是起动电流大，引起供电系统电压波动，干扰其他用电设备的正常工作。

电动机直接起动控制线路如图 15-5 所示。

三相异步电动机直接起动工作过程如下：合上开关 QS，控制电路加上电源 U，按下控制电路的起动按钮 SB2，KM1 线圈得电，KM1 主触点合上，主电路得电，电动机 M 起动。与此同时，并联于 SB2 的 KM1 的常开辅助触点合上，此时即使放开 SB2，控制电路也不会断电，这种按钮并联接触器辅助触点的方式称为并自锁；当按下控制电路的停止按钮 SB1 时，KM1 线圈断电，使得主电路断电，电动机 M 停转。

当电动机发生短路故障时，主电路中的熔断器 FU1 快速熔断，使电动机 M 断电停转，熔断器 FU1 起到短路保护作用。

当电动机过载时，主电路的热继电器 FR 动作，使得其在控制电路中的触点打开，同样使KM1 线圈断电，电动机 M 停转，FR 起到了过载保护作用。

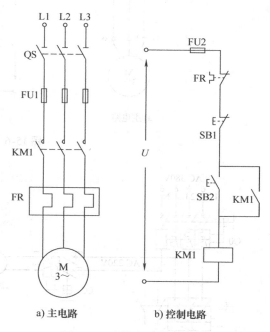

a）主电路　　　　b）控制电路

图 15-5　直接起动控制线路

（3）三相异步电动机点动控制　所谓点动控制是指按下按钮时，电动机就得电运转；松开按钮时，电动机就失电停转。这种控制方法常用于起重电动机控制和机床上的手动调校控制。

三相异步电动机点动控制线路如图 15-6 所示。三相异步电动机点动工作过程如下：合上断路器 Q1，控制电路加上电源 U 后，按下点动按钮 SB4，其常开触点合上，KM1 线圈得电，KM1 主触点合上，主电路得电，电动机 M 起动；同时 SB4 的常闭触点断开，切断了自锁回路，所以只要放开 SB4 按钮，KM1 线圈就会断电，电动机 M 停转，如此实现了电动机的点动功能。

当按下控制电路的起动按钮 SB3 时，工作过程同上直接起动过程。电动机可连续工作。

步骤 4：主电路及控制电路接线。

按照原理图（见图 15-7）从主电路的电源进线开始，先接主电路，后接控制电路。断路器、接触器等器件必须遵循"垂直安装，接线上进下出"原则；柜体内安装板上所有器件之间的连线必须全部进走线槽。

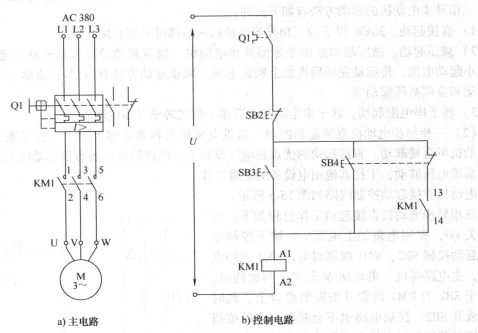

a) 主电路
b) 控制电路

图 15-6　点动控制线路

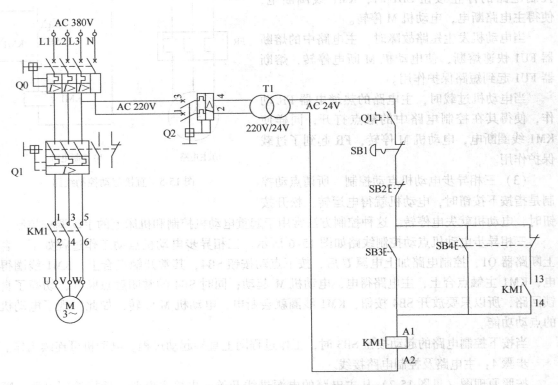

图 15-7　三相异步电动机的点动和自锁控制原理图

步骤5：检查调试。

按照原理图检查所接电路是否正确。在不通电的情况下，可用万用表的电阻档检测器件之间的连线情况是否与原理图相符，测试 L1、L2、L3 和 N 之间的电阻及电动机上的 U、V、W 之间的电阻是否为无穷大，以此来判断是否有短路的情况。

步骤6：通电试车。

1）检查电路连接后，先合上电控柜的进线电源开关 Q0，然后合上主电路的断路器 Q1，用万用表的交流电压 500V 档测试断路器 Q1 的 3 个下出线端之间的电压，应有 380V 左右的交流电压。

2）在确认主电路通电情况正常后，再合上控制电路的断路器 Q2，用万用表的交流电压 500V 档测试断路器 Q2 的 2 个下出线端之间的电压，应有 220V 左右的交流电压。

3）完成上述步骤后，可分别按下正常起动按钮 SB3、点动按钮 SB4 及停止按钮 SB2，观察电动机是否能按要求正常起动、点动和停止。SB1 为急停按钮，按下后电动机应立即停转，且 SB1 按钮不会自动复位，需要手动复位。

4）若出现故障必须断电检修，再检查，再通电，直到试车成功。

项目二　电动机的正反转控制

1. 训练目的

1）熟悉常用电器元件的使用方法及其在控制线路中的作用。

2）熟悉电控柜接线的基本要求。

3）能正确连接三相异步电动机的正反转控制线路。

2. 训练内容与要求

1）掌握电动机正反转控制的工作原理及按图接线的基本技能及接线工艺。

2）掌握电动机正反转控制线路的检查调试、通电运行及简单故障排除的技能。

3. 训练设备

1）工程训练柜，如图 15-1a 所示。

2）三相异步电动机，如图 15-1b 所示。

3）总断路器，主回路断路器，控制回路断路器，变压器，接触器，如图 15-1a 所示。

4. 实践训练的步骤

步骤1：交流电动机正反转控制线路的原理与功能。

在实际应用中，往往要求生产机械改变运动方向，如电梯的上升下降、机床工作台的移动，其本质就是要求电动机能正、反转。要实现电动机的反转，只要将接至电动机三相电源进线中的任意两相对调接线即可，如图 15-8 所示，这可通过两个接触器来改变电动机定子绕组的电源相序来实现。

三相异步电动机正反转工作过程如图 15-9 所示。

（1）正转　合上断路器 Q1，控制电路加上电源 U 后，按下正转按钮 SB3，KM1 线圈得电，KM1 主触头合上，电动机 M 正转，同时 KM1 的常闭辅助触头断开

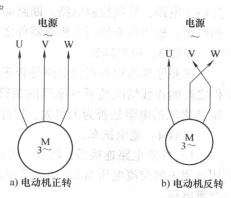

a) 电动机正转　　　b) 电动机反转

图 15-8　三相异步电动机的正反转

KM2 的线圈回路，从而保证了 KM1 动作时 KM2 绝对不会动作。在电动机正反转控制线路中，这种利用两个接触器的常闭辅助触头相互闭锁控制的方法叫作互锁，而两对起互锁作用的触头叫作互锁触头。

（2）反转　要电动机反转，按图 15-9 的控制方式必须先按停止按钮 SB2 让电动机停止，解除互锁后才能反向起动，否则电动机是不会反转的，故常称为"正-停-反"控制电路。按下反转按钮 SB4 后 M2 线圈得电，KM2 主触头合上，电动机 M 反转，同时 KM2 的常闭辅助触头断开 KM1 的线圈回路，从而保证了 KM2 动作时 KM1 绝对不会动作。

图 15-9 所示的控制线路中，短路保护和过载保护都由 Q1 来完成。

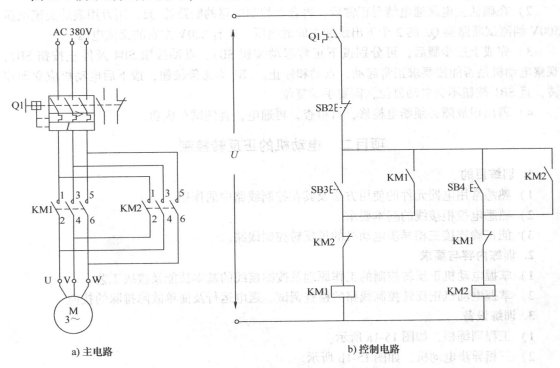

a) 主电路　　　　　　　　　　　　　b) 控制电路

图 15-9　三相异步电动机正反转控制线路

步骤 2：主电路及控制电路接线。按照原理图（见图 15-10）从主电路的电源进线开始，先接主电路，后接控制电路。断路器、接触器等器件必须遵循"垂直安装，接线上进下出"的原则；柜体内安装板上所有器件之间的连线必须全部进走线槽。

步骤 3：检查调试。

按照原理图检查所接电路是否正确。在不通电的情况下，可用万用表的电阻档检测元器件之间的连线情况是否与原理图相符，测试 L1、L2、L3 和 N 之间的电阻及电动机 U、V、W 相之间的电阻是否为无穷大，以此来判断是否有短路的情况。

步骤 4：通电试车。

1）检查电路连接后，将合上电控柜的进线电源开关 Q0，然后合上主电路的断路器 Q1，用万用表的交流电压 500V 档测试断路器 Q1 的 3 个下出线端之间的电压，应有 380V 左右的交流电压。

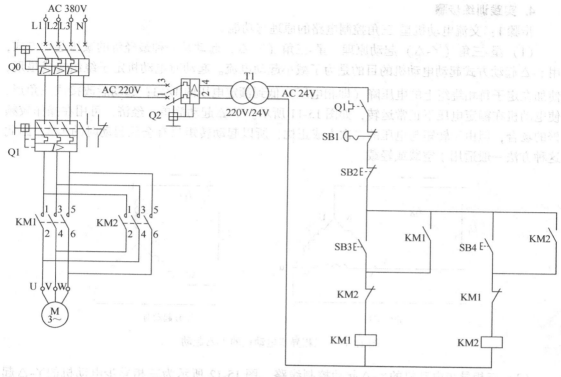

图 15-10 三相异步电动机的正、反转控制原理图

2）在确认主电路通电情况正常后，再合上控制回路的断路器 Q2，用万用表的交流电压 500V 档测试断路器 Q2 的 2 个下出线端之间的电压，应有 220V 左右的交流电压。

3）完成上述步骤后，可分别按下正转按钮 SB3、停止按钮 SB2 及反转 SB4，观察电动机是否能按要求正转、停止、反转。SB1 为急停按钮，按下后电动机应立即停转，且 SB1 按钮不会自动复位，需要手动复位。

步骤5：若出现故障必须断电检修，再检查，再通电，直到试车成功。

项目三 电动机星-三角减压起动

1. 训练目的

1）了解电动机减压起动的方式和丫-△起动的基本原理。

2）了解时间继电器的原理、结构和性能。

2. 训练内容与要求

1）掌握电动机丫-△起动控制的电路接线的基本技能及接线工艺。

2）掌握电动机丫-△起动控制线路的检查调试、通电运行及简单故障排除的技能。

3. 训练设备

1）工程训练柜，如图 15-1a 所示。

2）三相异步电动机，如图 15-1b 所示。

3）总断路器、主电路断路器、控制电路断路器、变压器、接触器、时间继电器，如图 15-1a 所示。

4. 实践训练步骤

步骤1：交流电动机星-三角控制电路的原理与功能。

（1）星-三角（Y-△）起动原理 星-三角（Y-△）起动是一种最经济的减压起动方式，用Y-△起动方式起动电动机的目的是为了减小起动电流。起动时电动机定子绕组接成星形，使加在定子每相绕组上的电压降（即相电压）低到额定电压的 $1/\sqrt{3}$；起动后改接成三角形，使电动机在额定电压下正常运转，如图15-11所示。Y-△起动简单、经济，可用在操作较频繁的场合，但由于转矩与电压的二次方成正比，所以起动转矩只有全压起动时的1/3，因此这种方法一般适用于空载或轻载。

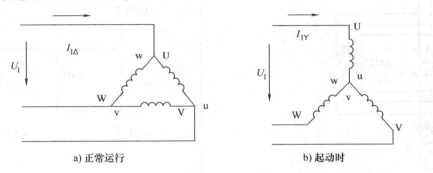

a) 正常运行 b) 起动时

图15-11 三相异步电动机的Y-△起动

（2）三相异步电动机的Y-△起动控制线路 图15-12所示为三相异步电动机的Y-△起动控制线路。

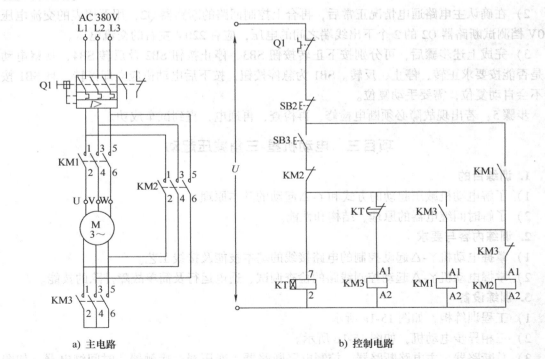

a) 主电路 b) 控制电路

图15-12 三相异步电动机的Y-△起动控制线路

　　三相异步电动机丫-△起动工作过程如下：合上断路器 Q1，按下控制电路的起动按钮 SB3，时间继电器 KT 和接触器 KM1、KM3 线圈得电，而接触器 KM2 线圈失电，此时主电路中的电动机为丫联结减压起动；当时间继电器 KT 延时时间到后，其延时断电触头断开了 KM3 线圈，使得 KM3 失电，而其常闭触头又使 KM2 线圈得电，此时主电路中的电动机为△联结正常运行，如此完成了从丫联结到△联结的转换。

　　当电动机发生短路故障时，断路器 Q1 瞬时动作，断开主电路的同时，其辅助触头断开控制回路电源，电动机 M 停转，起到了短路保护作用。

　　当电动机过载时，断路器 Q1 的过载脱扣器会动作，其动作特性与电动机的特性相匹配，过载电流越大，则 Q1 的动作延时就越短，过载电流小，则 Q1 的动作延时允许长一些。Q1 断开主电路的同时，其辅助触头断开控制回路电源，电动机 M 停转，起到了过载保护作用。

　　步骤 2：主电路及控制电路接线

　　按照原理图从主电路的电源进线开始，先接主电路，后接控制电路。断路器、接触器等器件必须遵循"垂直安装，接线上进下出"的原则；柜体内安装板上所有器件之间的连线必须全部进走线槽。

　　步骤 3：检查调试

　　按照原理图（见图 15-13）检查所接电路是否正确。在不通电的情况下，可用万用表的电阻档检测器件之间的连线情况是否与原理图相符，测试 L1、L2、L3 和 N 之间的电阻及电动机 U、V、W 相之间的电阻是否为无穷大，以此来判断是否有短路的情况。

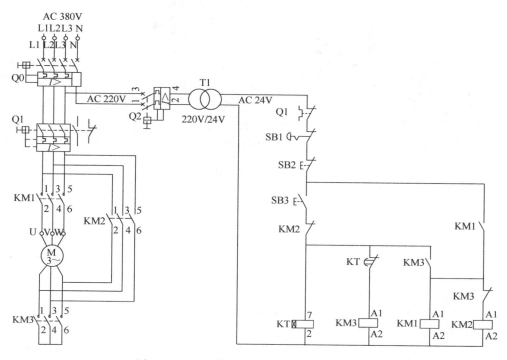

图 15-13　三相异步电动机的丫-△控制原理图

步骤 4：通电试车。

1）检查电路连接后，将合上电控柜的进线电源开关 Q0，然后合上主电路的断路器 Q1，用万用表的交流电压 500V 档测试断路器 Q1 的三个下出线端之间的电压，应有 380V 左右的交流电压。

2）在确认主电路通电情况正常后，再合上控制电路的断路器 Q2，用万用表的交流电压 500V 档测试断路器 Q2 的两个下出线端之间的电压，应有 220V 左右的交流电压。

3）完成上述步骤后，可按下起动按钮 SB3，此时应看到接触器 KM1 和 KM3 合上，电动机按丫联结减压起动；延时一段时间后，应看到 KM3 断开而 KM2 合上，此时电动机按△联结正常运转，可调节时间继电器 KT 的整定时间来调节起动时间的长短。

步骤 5：若出现故障必须断电检修，再检查，再通电，直到试车成功。

模块十六 电子技能实训

一、训练模块介绍

本实训模块包括常用电子元器件和焊接技术两部分。

本模块的知识目标是：

1. 了解万用表的结构原理。
2. 了解电阻器、电容器、电感器和半导体器件的类别、型号、规格和主要性能。
3. 掌握电阻器、电容器和二极管、晶体管的基本检测方法。
4. 了解焊接和拆焊的基本知识。

本模块的能力目标是：

1. 掌握用万用表识别与检测半导体二极管的方法。
2. 掌握焊接的基本技能、焊接步骤和顺序及手工焊接的技巧。
3. 掌握拆焊的基本技能。
4. 掌握电路组装与故障检测的方法。

二、安全技术操作规程和要求

1. 认真学习实训指导书，掌握电路或设备工作原理，明确实训目的、实训步骤和安全注意事项。

2. 学生分组实训前应认真检查本组仪器、设备及电子元器件状况，若发现缺损或异常现象，应立即报告指导教师或实训室管理人员处理。

3. 认真阅读实训报告，按工艺步骤和要求逐项逐步进行操作。不得私设实训内容，扩大实训范围（如乱拆元器件、随意短接等）。

4. 焊接过程中所用的电烙铁等发热工具不能随意摆放，以免发生烫伤或酿成火灾。

5. 拆焊操作时，热风枪温度不能过高，不用时立刻关闭或调低温度待用。

6. 调节仪器旋钮时，力量要适度，严禁违规操作。

7. 测量电路元件电阻值时，必须断开被测电路的电源。

8. 使用万用表、毫伏表、示波器、信号源等仪器连接测量电路时，应先接上接地线端，再接上电路的被测点线端；测量完毕拆线时，则先拆下电路被测点线端，再拆下接地线端。

9. 使用万用表、毫伏表测量未知电压，应先选最大量程档进行测试，再逐渐下降到合适的量程档。

10. 用万用表测量电压和电流时，不能带电转动转换开关。

11. 万用表使用完毕，应将转换开关旋至空档或交流电压最高档位。

12. 毫伏表在通电前或测量完毕时，量程开关应转至最高档位。

13. 实训结束后，应先关闭仪器电源开关，再拔下电源插头，避免仪器受损。

三、问题与思考

1. 电阻器有何作用？如何分类？怎样通过色环读出阻值？

2. 电容器和电感器有何作用？如何用万用表测量它们的好坏？

3. 三相异步电动机铭牌上的额定数据的意义是什么？

4. 二极管有何特点？如何用万用表测量二极管的极性？

5. 晶体管有何作用？如何分类？如何用万用表测量判断晶体管的三个极以及类型？

6. 手工焊接需要哪几个步骤？

7. 电子线路的组装和故障检测的方法有哪些？

四、实践训练

项目一 常用电子元器件的识别

1. 训练目的

1）熟悉常用电子元器件的类别、型号、规格和主要性能。

2）熟悉常用电子元器件的性能与检测方法。

2. 训练内容与要求

1）熟悉电感器、电阻器、电容器、半导体器件的类别、型号、规格及主要性能。

2）掌握电阻器和电容器的基本检测方法。

3. 训练设备与器材

1）不同类型、规格的电阻器、电容器、电感器和半导体分立器件。

2）万用表。

4. 实践训练步骤

步骤1：电阻器的识别

（1）电阻器类型和符号　电阻是电子电路常用元件，对交流、直流都有阻碍作用，常用于控制电路电流和电压的大小，图16-1列出的是常规的电阻类型。

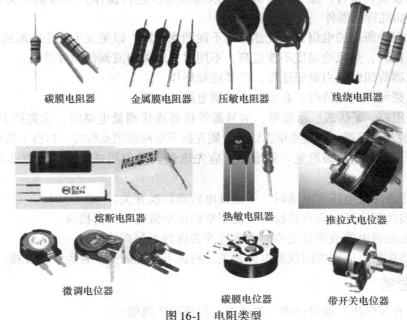

碳膜电阻器　　　金属膜电阻器　　　压敏电阻器　　　　线绕电阻器

熔断电阻器　　　　　　热敏电阻器　　　　　推拉式电位器

微调电位器　　　　碳膜电位器　　　带开关电位器

图16-1　电阻类型

电阻器和电位器在电路中均用字母"R"表示，常见电阻器的图形符号如图16-2所示。

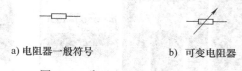

　a) 电阻器一般符号　　　　　　　　　　b) 可变电阻器

图16-2　常见电阻器的图形符号

（2）电阻器的色标法　电阻器的色标法见表16-1。

表 16-1　电阻器的色标法

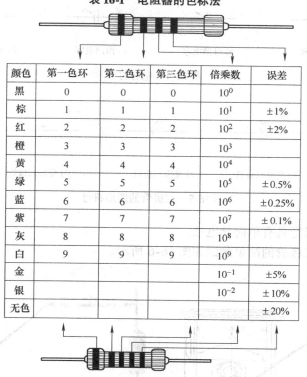

颜色	第一色环	第二色环	第三色环	倍乘数	误差
黑	0	0	0	10^0	
棕	1	1	1	10^1	±1%
红	2	2	2	10^2	±2%
橙	3	3	3	10^3	
黄	4	4	4	10^4	
绿	5	5	5	10^5	±0.5%
蓝	6	6	6	10^6	±0.25%
紫	7	7	7	10^7	±0.1%
灰	8	8	8	10^8	
白	9	9	9	10^9	
金				10^{-1}	±5%
银				10^{-2}	±10%
无色					±20%

若电阻的四个色环颜色依次为黄、紫、棕、银，则表示470Ω的电阻器，允许误差为±10%；若四个色环颜色依次为棕、绿、绿、银，则表示1.5MΩ的电阻器，允许误差为±10%。

精密电阻用五个色环表示阻值及误差。若电阻上的五个色环颜色依次为棕、蓝、绿、黑、棕，则表示165Ω的电阻器，允许误差为±1%；若五个色环颜色依次为红、蓝、紫、棕、棕，则表示2.67kΩ的电阻器，允许误差为±1%。

步骤2：电容器的识别与检测

（1）电容器的类型和符号　电容器是电子电路常用元件，在电路中起耦合、滤波、旁路、调谐和振荡等作用。常用电容实物图和图形符号如图16-3和图16-4所示。

（2）检测法　数字式万用表检测的电容的简单方法：表笔两端分别接电容两端，无短路即可。

步骤3：二极管的识别与检测

（1）二极管在电路中常起整流、检波和稳压作用。文字符号为VD，图形符号如图16-5所示。

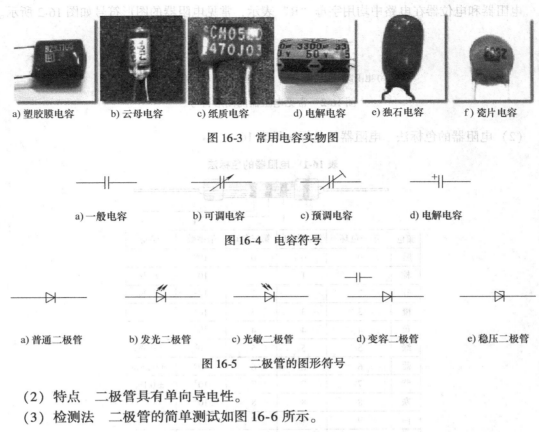

a) 塑胶膜电容　　b) 云母电容　　c) 纸质电容　　d) 电解电容　　e) 独石电容　　f) 瓷片电容

图 16-3　常用电容实物图

a) 一般电容　　　　b) 可调电容　　　　c) 预调电容　　　　d) 电解电容

图 16-4　电容符号

a) 普通二极管　　b) 发光二极管　　c) 光敏二极管　　d) 变容二极管　　e) 稳压二极管

图 16-5　二极管的图形符号

（2）特点　二极管具有单向导电性。

（3）检测法　二极管的简单测试如图 16-6 所示。

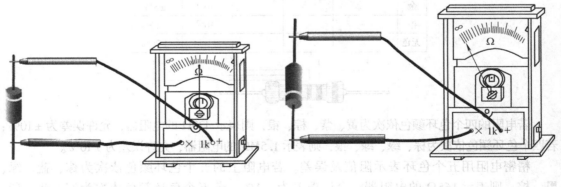

a) 二极管正向时电阻小　　　　　　　　　　b) 二极管反向时电阻大

图 16-6　二极管检测

把万用表拨至 Ω×100 或 Ω×1k 档，用两支表笔分别接触二极管的两个引出脚。若表针的示数较小（锗管为 100 ~ 200Ω，硅管为 700Ω ~ 1.2kΩ）时，与黑表笔相接的引出脚为正极。接着调换两支表笔再测量，若表针的示数较大（锗管为几百千欧，硅管为几兆欧）时，说明该二极管是好的，并且原先判明的极性是正确的。如果正反向电阻均为 0 或无穷大，表明该管已经击穿或断路，不能使用。

项目二 焊接练习

1. 训练目的

掌握基本的焊接技能。

2. 训练内容与要求

1) 掌握焊接的基本技能，焊接步骤和顺序，手工焊接的技巧。

2) 掌握电感器、电阻器、电容器、半导体器件的焊接方法。

3) 掌握拆焊的基本知识和基本技能。

3. 训练设备与器材

（1）装接工具　手工焊接的装接工具如下：

1) 尖嘴钳（见图16-7）：头部较细，用于夹小型金属零件或弯曲元器件引线。尖嘴钳的内部有一剪口，用来剪断 1mm 以下细小的导线；还可以配合斜口钳用于剥线。尖嘴钳不宜用于敲打物体或夹持螺母。

2) 镊子钳（见图16-8）：有尖嘴镊子和圆嘴镊子两种。尖嘴镊子用于夹持较细的导线，以便于装配焊接。圆嘴镊子用于弯曲元器件引线和夹持元器件焊接等，用镊子夹持元器件焊接还起散热作用。

图 16-7　尖嘴钳

图 16-8　镊子钳

3) 偏（斜）口钳（见图16-9）：常用来剪断导线、零件脚；配合尖嘴钳用于剥线。斜口钳剪线时，应将线头朝向下，以防止断线时伤及眼睛或其他人；不可用来剪断铁丝或其他金属的物体，以免损伤器件口，超过 1.6mm 的导线不可用斜口钳剪断。

（2）焊接工具——电烙铁

1) 分类。电烙铁的外形和分类如图16-10所示。电烙铁可分为圆锥形、斜角形和锥斜面形三种。

图 16-9　偏口钳

圆锥形适用于焊接热敏感元器件；斜角形适用于焊接端子点，因有尖端表面，所以热更易于传导；锥斜面形通常用在一般焊接和修理上。

2) 电烙铁检测。

外观检查：检查电源线是否完整。

用万用表检查：电烙铁是揑在手里的，使用时千万注意安全。使用电烙铁前，先要用万用表电阻档检查一下它的插头与金属外壳之间的电阻值，万用表指针应该不动。

3) 电烙铁的接触加热方法。用电烙铁加热被焊工件时，烙铁头上一定要粘有适量的焊锡，这样做有利于把热量传到焊接件的表面上去。然后再用烙铁的侧平面接触被焊工件表面，加热时应尽量使烙铁头同时接触印制板上焊盘和元器件引线，这样加热有利于待焊工件吸收热量。

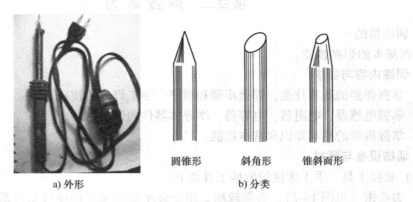

圆锥形　　　斜角形　　　锥斜面形

a) 外形　　　　　　　　　　b) 分类

图 16-10　电烙铁的外形和分类

4）电烙铁的使用要求。电烙铁使用时的握法有三种：反握法、正握法、握笔法，如图 16-11 所示。反握法就是用五指把电烙铁的柄握在掌内。此法适用于大功率电烙铁，焊接散热量较大的被焊件。正握法使用的电烙铁也比较大，且多为弯形烙铁头。握笔法适用于小功率的电烙铁，焊接散热量小的被焊件，如焊接收音机、电视机的印制电路板及其维修等。

a) 反握法　　　　　　　b) 正握法　　　　　　　c) 握笔法

图 16-11　电烙铁的握法

（3）焊接练习板　焊接练习板如图 16-12 所示，注意元器件插装到正确位置，按照符号、极性正确插装。

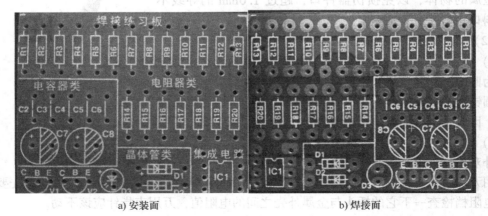

a) 安装面　　　　　　　　　　　　b) 焊接面

图 16-12　焊接练习板

（4）焊锡丝　在焊接的过程中，焊锡丝一般有两种拿法。图 16-13 所示是焊锡丝的基本拿法。进行连续焊接时采用图 16-13a 所示的拿法，自然收掌，用拇指、食指和中指夹住焊锡丝，另外两个手指配合，这种拿法可以连续向前送焊锡丝。只焊接几个焊点或断续焊接时适用图 16-13b 所示的拿法。

a) 连续焊接　　　　b) 只焊几个焊点或断续焊接

（5）助焊剂　通常用的助焊剂是松香。

图 16-13　焊锡丝的基本拿法

4. 实践训练步骤

步骤 1：学习手工焊接的基本方法——五步焊接法。

手工焊接的具体步骤如图 16-14 所示。

a) 准备施焊　　　b) 加热焊件　　　c) 熔化焊锡　　　d) 移开焊锡丝　　　e) 移开烙铁

图 16-14　五步焊接法

（1）准备施焊　烙铁头和焊锡靠近被焊工件并定准位置，处于随时可以焊接的状态，此时必须保持烙铁头干净，以便于沾上焊锡。

（2）加热焊件　将烙铁头放在工件上进行加热，注意加热方法要正确，烙铁头应接触热容量较大的焊件，这样可以保证焊接工件和焊盘充分加热。

（3）熔化焊锡　将焊锡丝放在工件上，熔化适量的焊锡。在送焊锡过程中，可以先将焊锡接触烙铁头，然后移动焊锡至与烙铁头相对的位置，这样做有利于焊锡的熔化和热量的传导。此时注意焊锡一定要润湿被焊工件表面和整个焊盘。

（4）移开焊锡丝　待焊锡充满焊盘后，迅速拿开焊锡丝。此时注意熔化的焊锡要充满整个焊盘，并均匀地包围元器件的引线。待焊锡用量达到要求后，应立即将焊锡丝沿着元器件引线的方向向上提起。

（5）移开烙铁　焊锡的扩展范围达到要求后，拿开烙铁，注意撤烙铁的速度要快，注意移开烙铁的方向应该是大致 45°的方向。

步骤 2：按照电子元器件符号位置正确插装相应的元器件。

步骤 3：按照五步焊接法焊接元器件，待焊点完全冷却后，剪掉多余的长引脚。

步骤 4：按照焊点合格标准进行检查，修补。

焊点合格的标准如下：

1）焊点有足够的机械强度：为保证被焊件在受到振动或冲击时不致脱落、松动，就要求焊点要有足够的机械强度。

2）焊接可靠并保证导电性能：焊点应具有良好的导电性能，必须要焊接可靠，防止出现虚焊。

3）焊点表面整齐、美观：焊点的外观应光滑、圆润、清洁、均匀、对称、整齐、美观。

满足上述三个条件的焊点，才算是合格的焊点。

5. 容易产生的问题和注意事项

1）焊接前需要对焊件进行表面清理，去除焊接面上的锈迹、油污等影响焊接质量的杂质，常用机械刮磨或酒精擦洗等简易的方法进行清理。

2）元器件引线进行镀锡，将要进行焊接的元器件引线或导线的焊接部位预先用焊锡湿润。

3）助焊剂不要过量使用，过量的助焊剂易造成"夹渣"缺陷。若使用有松香芯的焊锡丝，则基本上不需要再涂助焊剂。

4）保持烙铁头清洁，烙铁头长期处于高温状态，其表面很容易氧化形成一层黑色杂质，使烙铁头失去了加热作用，因此要随时在烙铁架上蹭去杂质，用一块湿布或者湿海绵随时擦蹭烙铁头。

5）焊接时间与钎料用量控制。焊盘上钎料多少的控制如图 16-15 所示。

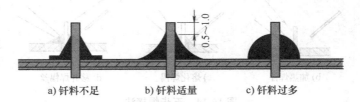

a) 钎料不足   b) 钎料适量   c) 钎料过多

图 16-15 钎料用量的控制

项目三 小型电子产品的制作与调试

1. 训练目的

掌握电子线路组装与检测方法。

2. 训练内容与要求

1）学习电路组装技能与故障检测排除方法。

2）组装音乐门铃。

3. 训练设备与器材

1）电烙铁。

2）音乐门铃散件与电路板，如图 16-16 所示。

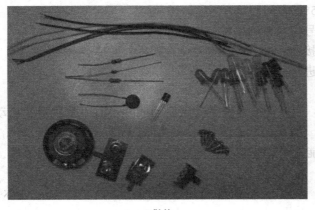

a) 散件   b) 电路板

图 16-16 音乐门铃散件与电路板

4. 实践步骤

步骤1：学习电路组装与检测的基本方法。

（1）组装方法

1）元器件安装时应遵循先小后大、先低后高、先里后外、先易后难、先一般元器件后特殊元器件的基本原则。

2）安装元器件的方向应一致，如电阻、电容、电感等无极性元件，应使标记和色码朝上，以利于辨认。对于插装方向，水平方向安装的元器件的标记读数应从左到右，垂直方向安装的读数应从下到上。

3）装配中任何两个元器件以及元器件引线都不能相碰，若元器件密度比较大，应采用绝缘材料进行隔离或重新调整安装形式。

（2）电路故障检测方法

1）直观检测法。如发现电路有故障时，应对照安装接线图检查电路的接线有无漏线、断线和错线，特别要注意检查电源线和地线的接线是否正确。

摸晶体管管壳是否冰凉或烫手，集成电路是否温升过高，发现异常时应立即断电。电器元件正常工作时，应有合适的工作温度，若温度过高、过低，意味着有故障。

2）电阻法：用万用表测量电路电阻和元器件电阻来发现和寻找故障部位及元器件，这时的检查应在断电条件下进行，主要检查电路中连线是否断路、元器件引脚是否虚连、是否有悬空的输入端，一般采用万用表 R×1 档或 R×10 档进行测量。

3）电压法：用万用表直流电压档检查电源、各静态工作点电压及集成电路引脚的对地电位是否正确。

步骤2：按照表16-2整理需要焊接的元器件

表16-2 音乐门铃材料清单

名 称	文字符号	图形符号	规格型号	名 称	文字符号	图形符号	规格型号
电阻器	R1		430kΩ（300～560kΩ）	扬声器	B		0.25W, 8Ω
	R2		180kΩ（200kΩ）	开关	K		专用
	R3		15kΩ（12～18kΩ）	跳线	J		J1～J11
电容器	C1		5600pF（4700～8200pF）	螺钉			自攻
二极管	V1～V12		φ5 发光管	导线			若干
晶体管	V13		9013				

步骤3：按照从低到高的顺序焊接

（1）跳线 用电阻、电容剪下的引脚当作跳线，如图16-17所示。

（2）电阻　按清单上的顺序插入电阻，然后焊接，电阻的插装如图 16-18 所示。

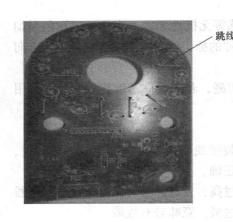

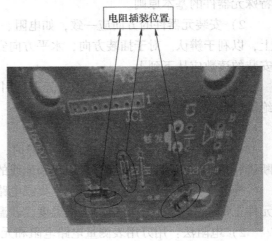

图 16-17　跳线　　　　　　　　　　　　图 16-18　电阻的插装

（3）电容和晶体管　电容和晶体管的插装如图 16-19 所示。

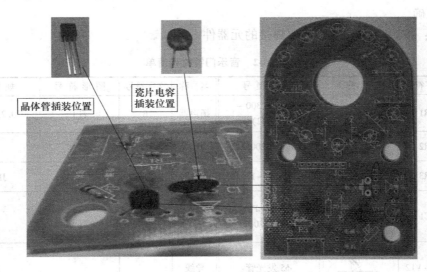

图 16-19　电容和晶体管的插装

（4）发光二极管　发光二极管的插装如图 16-20 所示，插装时应注意极性与插装高度。

（5）电源开关　电源开关共 5 个引脚，可以只焊中间 3 个引脚，电源开关的插装如图 16-21 所示。

（6）扬声器　扬声器的插装如图 16-22 所示。

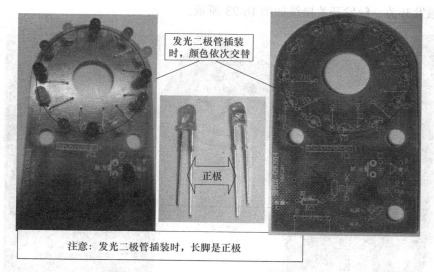

图 16-20　发光二极管的插装

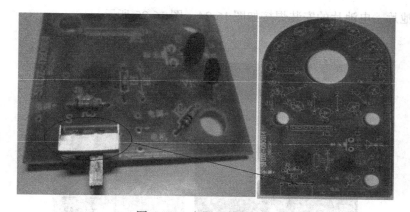

图 16-21　电源开关的插装

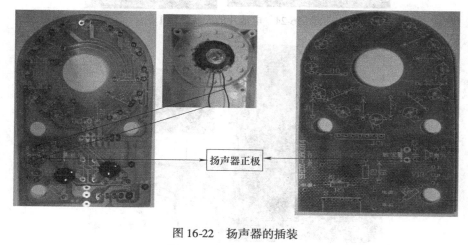

图 16-22　扬声器的插装

（7）触发开关 触发开关接线如图 16-23 所示。

图 16-23 触发开关接线

（8）电池片 电池片的安装焊接如图 16-24、图 16-25 所示。

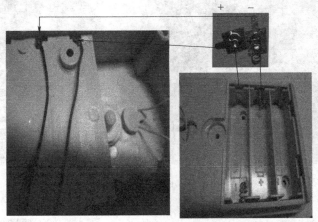

图 16-24 电池片的安装焊接 1

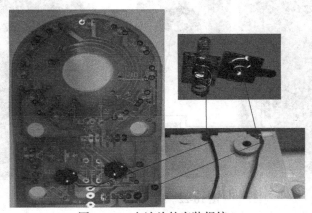

图 16-25 电池片的安装焊接 2

步骤4：调试检测，用螺钉固定，成品如图16-26所示。

图16-26　成品

模块十七 可编程序控制器实训

一、训练模块介绍

可编程序控制器（PLC）是工业自动化控制领域的核心产品，本模块的学习目标是具有PLC基本指令的应用能力，PLC控制系统的安装、接线能力，具有用PLC完成简单机电设备的改造设计能力。

本模块的知识目标是：

1. 掌握PLC的操作方法。

2. 熟悉基本指令与应用指令以及实训设备的使用方法。

本模块的能力目标是：

1. 具有PLC控制系统的安装能力。

2. 具有PLC硬件接线能力。

3. 具有PLC软件系统安装调试能力。

4. 具有PLC基本指令的应用能力。

5. 具有PLC应用系统的调试能力。

6. 具有PLC常见故障分析判断与排除能力。

7. 具有PLC系统设计、安装、接线、调试及故障排除能力。

二、安全技术操作规程

1. 培养和树立"安全第一"的思想，实训前认真检查电源、线路、设备是否正常，防止事故的发生。

2. 实训时，确认一切正常后，方可由指导教师合闸送电，不允许学生随意动用实训用品及合闸送电。

3. 实训中出现异常现象，应立即断电，排除故障后方可继续实训。

4. 实训结束后认真检修设备及线路，如有异常情况及时修理或更换，为下一次实训做好准备工作。

5. 不准随便触摸PLC模板，不准带电拉、插模件，PLC出现死机，需查明原因，未明确原因时，切勿盲目重新启动，严禁随意修改各种地址、跳线、屏蔽信号、取消联锁等遵守先检查外围，再检查PLC的原则。确认外围完好后，方可对PLC进行检查。PLC的维修应由专门人员执行。

6. 实训过程中要有团队合作的精神，乐于思考、敢于实践、做事认真的工作作风。

三、问题与思考

1. PLC主要由哪几部分组成？

2. 试用基本指令设计电动机正-停-反控制电路。

3. 简述用辅助继电器设计单流程控制程序的编程方法。

4. 功能指令有哪些要素？叙述它们的使用意义。

5. GX 编程软件出现无法与 PLC 通信，可能是什么原因？

6. GX 软件能否在指令显示模式下执行监视模式？

7. PLC 诊断和程序检查有什么不同？

8. 请用基本逻辑指令，设计一个既能自动循环正反转，又能点动正转和点动反转的电动机的控制系统。

四、实践训练

项目一　GX Developer 编程软件的使用

1. 训练目的

掌握 PLC 基本编程方法。

2. 训练内容与要求

1）熟悉 GX Developer 软件界面。

2）掌握梯形图的基本输入操作。

3）掌握利用 PLC 编程软件编辑、调试等基本操作。

3. 训练设备与器材

1）PLC 实训设备。

2）计算机。

4. 实践训练步骤

步骤 1：认识编程软件。

GX Developer 编程软件是三菱 PLC 编程软件的最新版本，功能强大、界面友好、使用方便。

应用 GX Developer 编程软件可以编写梯形图程序和状态转移图程序，支持在线和离线编程功能，并具有软元件注释、声明、注解及程序监视、测试、故障诊断、程序检查等功能。此外，该软件还具有运行写入功能，不需要频繁操作 STOP/RUN 开关，方便程序调试。

该编程软件简单易学，具有丰富的工具箱、直观形象的视窗界面。此外，GX Developer 编程软件可直接设定 CC-Link 及其他三菱网络的参数，能方便地实现监控、故障诊断、程序的传送及程序的复制、删除和打印等功能。

GX Developer 编程软件的使用方法如下：

在计算机上安装好 GX Developer 编程软件后，运行软件，其界面如图 17-1 所示。可以看到该窗口编辑区域是不可用的，工具栏中除了新建和打开按钮可见以外，其余按钮均不可见，单击图 17-1 中的 ▢ 按钮，或执行"工程"菜单中的"创建新工程"命令，可创建一个新工程，出现如图 17-2 所示界面。

按图 17-2 所示选择 PLC 所属系列和型号，此外，设置项还包括程序的类型，即梯形图或顺序功能图（SFC），设置文件的保存路径和工程名称等。注意 PLC 系列和 PLC 型号两项必须设置，且必须与所连接的 PLC 一致，否则可能无法将程序写入 PLC。设置好上述各项后，出现如图 17-3 所示窗口，即可进行程序的编制。

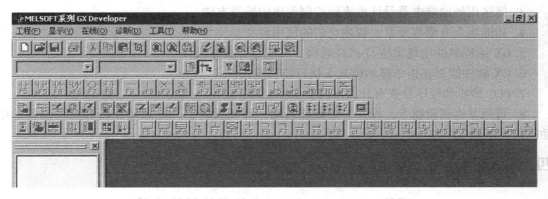

图 17-1　运行 GX 后的界面

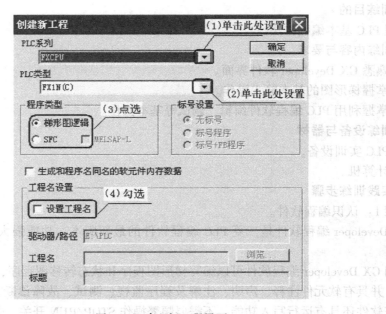

图 17-2　建立新工程界面

1) 菜单栏。如图 17-3 所示，GX Developer 编程软件有 10 个菜单项。"工程"菜单项可执行工程的创建、打开、关闭、删除、打印等；"编辑"菜单项提供图形程序（或指令）编辑的工具，如复制、粘贴、插入行（列）、删除行（列）、画连线、删除连线等；"查找/替换"主要用于查找/替换设备、指令等；"变换"只在梯形图编程方式可见，程序编好后，需要将图形程序转化为系统可以识别的指令，因此需要进行变换才可存盘、传送等；"显示"用于梯形图与指令之间切换，注释、申明和注解的显示或关闭等；"在线"主要用于实现计算机与 PLC 之间的程序的传送、监视、调试及检测等；"诊断"主要用于 PLC 诊断、网络诊断及 CC-Link 诊断；"工具"主要用于程序检查、参数检查、数据合并、清除注释或参数等；"帮助"主要用于查阅各种出错代码等功能。

2) 工具栏。工具栏分为主工具、图形编辑工具、视图工具等，它们在工具栏的位置是可以拖动改变的。主工具栏提供文件新建、打开、保存、复制、粘贴等功能，图形工具栏只在图形编程时才可见，提供各类触头、线圈、连接线等图形，视图工具可实现屏幕显示切换，如可在主程序、注释、参数等内容之间实现切换，也可实现屏幕放大/缩小和打印预览等功能。此外工具栏提供程序的读/写、监视、查找和程序检查等快捷执行按钮。

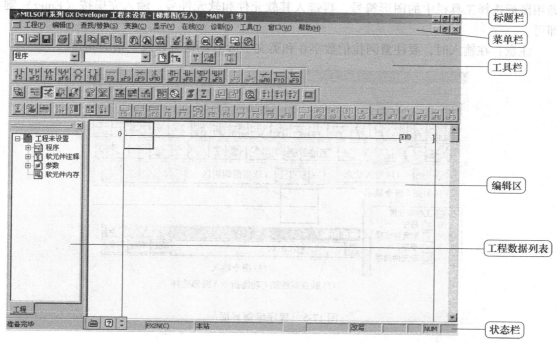

图 17-3　程序的编辑窗口

3）编辑区。编辑区是程序、注解、注释、参数等的编辑的区域。

4）工程数据列表。工程数据列表以树状结构显示工程的各项内容，如程序、软元件注释、参数等。

5）状态栏。状态栏显示当前的状态如鼠标所指按钮功能提示、读写状态、PLC 的型号等内容。

步骤 2：梯形图程序的编制。

用 GX Developer 编程软件在计算机上编制如图 17-4 所示的梯形图程序的操作步骤。

在用计算机编制梯形图程序之前，首先单击图 17-3 中程序编制窗口工具栏中的 ![按钮]按钮或按〈F2〉键，使其为写模式（查看状态栏），然后单击图 17-5 中工具栏的 ![按钮]按钮，选择梯形图显示，即程序在编写区中以梯形图的形式显示。下一步是选择当前编辑的区域，如图 17-5 所示，当前编辑区为蓝色方框。梯形图的绘制有两种方法，一种方法是用键盘

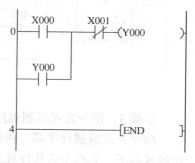

图 17-4　梯形图

操作，即通过键盘输入完整的指令，如在图 17-5 中（4）的位置输入"LD X0"，按〈Enter〉键（或单击确定），则 X0 的常开触头就在编写区域显示出来，然后再输入"LDI X1"

"OUT Y0""OR Y0",即绘制出如图 17-4 所示图形。梯形图程序编制完后,在写入 PLC 之前,必须进行变换,单击图 17-6 中"变换"菜单下的"变换"命令,或直接按〈F4〉键完成变换,此时编写区不再是灰色状态,可以存盘或传送。另一种方法是用鼠标和键盘操作,即用鼠标选择工具栏中的图形符号,再键入其软元件和软元件号,输入完毕按〈Enter〉键即可。

注意:在输入时,要注意阿拉伯数字 0 和英文字母 O 的区别以及空格的问题。

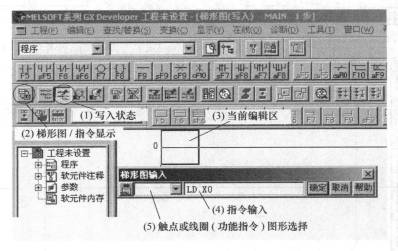

图 17-5　程序编制界面

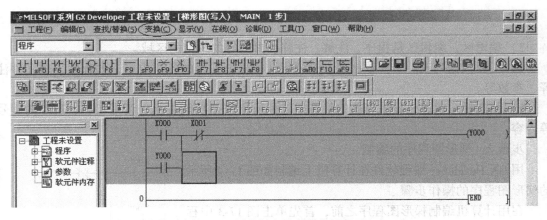

图 17-6　用鼠标和键盘操作的界面

步骤 3:指令方式编制程序。

指令方式编制程序即直接输入指令的编程方式,并以指令的形式显示。对于图 17-4 所示的梯形图,其指令表程序在屏幕上的显示如图 17-7 所示。输入指令的操作与上述介绍的用键盘输入指令的方法完全相同,只是显示不同,且指令表程序不需变换,并可在梯形图显示与指令表显示之间切换(〈Alt + F1〉键)。

步骤 4:程序的传送。

要将在计算机上用 GX Developer 编程软件编好的程序写入到 PLC 中的 CPU,或将 PLC

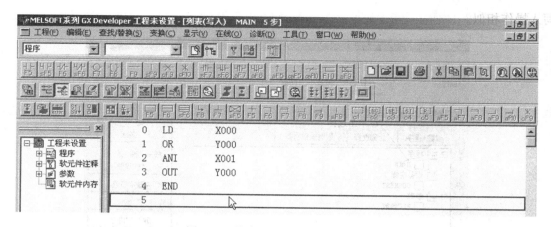

图 17-7　指令方式编制程序的界面

中 CPU 的程序读到计算机中，一般需要以下几步：

（1）PLC 与计算机的连接　正确连接计算机（已安装好了 GX Developer 编程软件）和 PLC 的编程电缆（专用电缆），注意 PLC 接口方向不要弄错，否则容易造成损坏。

（2）进行通信设置　程序编制完后，单击"在线"菜单中的"传输设置"后，出现如图 17-8 所示通信设置画面，设置好 PC I/F 和 PLC I/F 的各项设置，其他项保持默认，单击"确定"按钮。

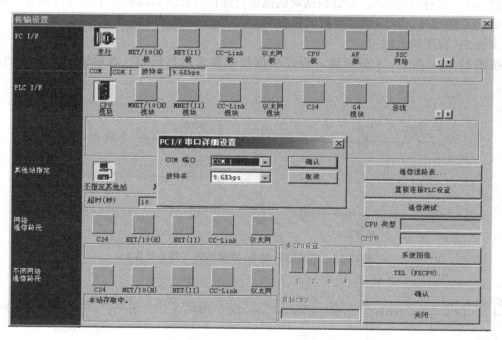

图 17-8　传输设置界面

（3）程序写入、读出　若要将计算机中编制好的程序写入到 PLC，单击"在线"菜单中的"写入 PLC"，则出现如图 17-9 所示程序写入界面，根据出现的对话框进行操作。选中主程序，再单击"开始执行"即可。若要将 PLC 中的程序读出到计算机中，其操作与程序写入操作相似。

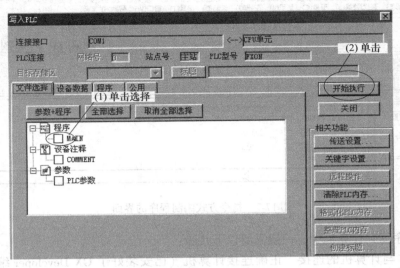

图 17-9　程序写入界面

如要执行单步执行功能，即单击“在线”→“调试”→“单步执行”，可以使 PLC 一步一步依程序向前执行，从而判断程序是否正确。又如在线修改功能，即单击“工具”→“选项”→“运行时写入”，然后根据对话框进行操作可在线修改程序中的任何部分。还有，如改变 PLC 的型号、梯形图逻辑测试等功能。

步骤 5：程序输入练习。

按图 17-10 ~ 图 17-13 分别输入程序根据控制要求运行程序，观察输出指示等的变化情况。

a) 方法 1　　b) 方法 2

图 17-10　电动机的起-保-停梯形图（停止优先）

a) 方法 1　　b) 方法 2　　c) 方法 3

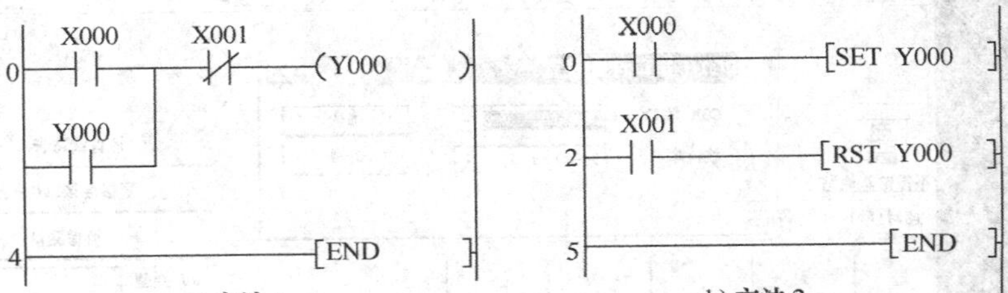

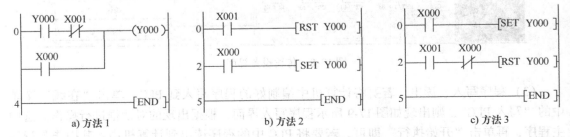

图 17-11　电动机的起-保-停梯形图（起动优先）

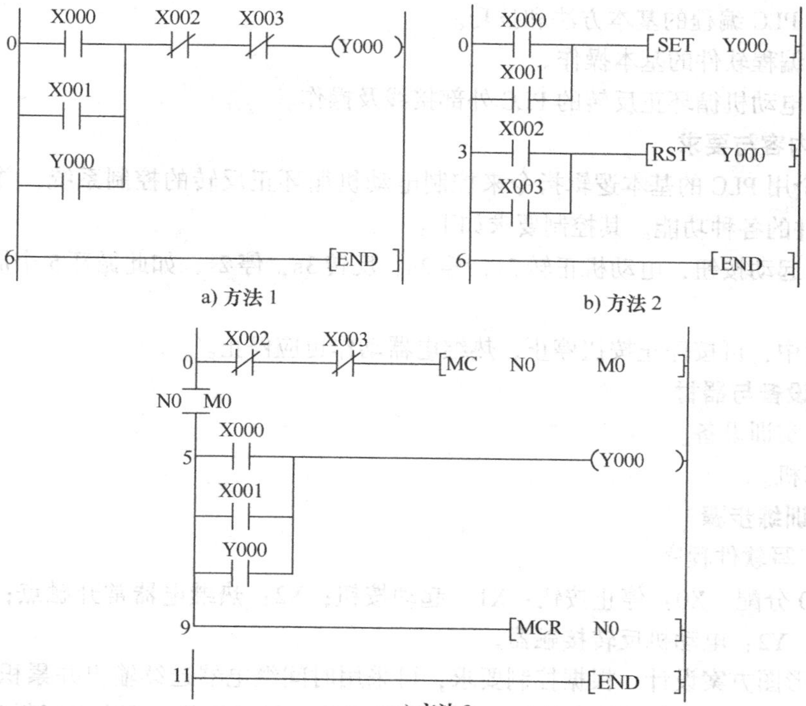

a) 方法 1

b) 方法 2

c) 方法 3

图 17-12 单台电动机的两地控制梯形图

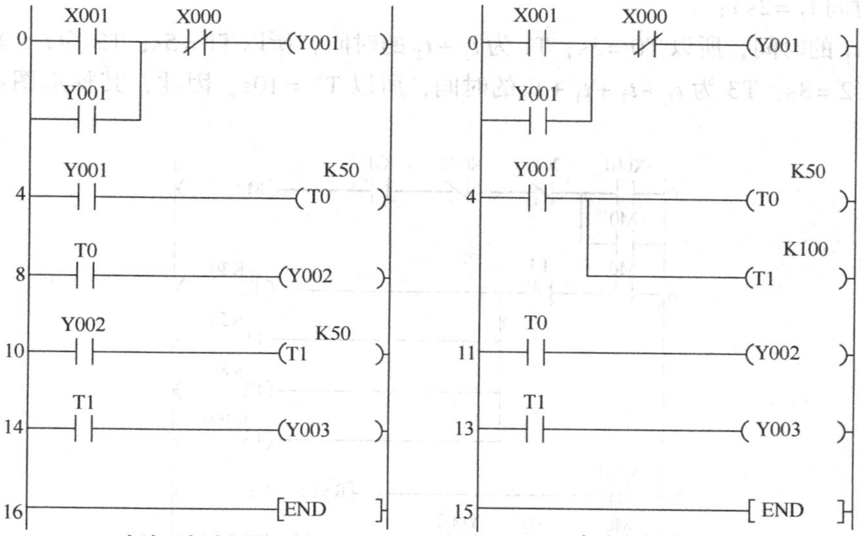

a) 方法 1 定时器分别计时

b) 方法 2 定时器累计计时

图 17-13 三台电动机顺序起动梯形图

项目二 电动机循环正反转的 PLC 控制

1. 训练目的

1）掌握 PLC 的基本逻辑指令。

2）掌握 PLC 编程的基本方法和技巧。

3）掌握编程软件的基本操作。

4）掌握电动机循环正反转的 PLC 外部接线及操作。

2. 训练内容与要求

设计一个用 PLC 的基本逻辑指令来控制电动机循环正反转的控制系统，并在此基础上练习编程软件的各种功能。其控制要求如下：

1）按下起动按钮，电动机正转 3s，停 2s，反转 3s，停 2s，如此循环 5 个周期，然后自动停止。

2）运行中，可按停止按钮停止，热继电器动作也应停止。

3. 训练设备与器材

1）PLC 实训设备。

2）计算机。

4. 实践训练步骤

步骤 1：写软件程序。

（1）I/O 分配 X0：停止按钮；X1：起动按钮；X2：热继电器常开触点；Y1：电动机正转接触器；Y2：电动机反转接触器。

（2）梯形图方案设计 根据控制要求，可采用时间继电器连续输出并累积计时的方法，这样可使电动机的运行由时间来控制，使编程的思路变得很简单，而电动机循环的次数，则由计数器来控制。时间继电器 T0、T1、T2、T3 的用途如下（设电动机运行时间 $t_1 = 3s$；电动机停止时间 $t_2 = 2s$）：

T0 为 t_1 的时间，所以 T0 = 3s；T1 为 $t_1 + t_2$ 的时间，所以 T1 = 5s；T2 为 $t_1 + t_2 + t_1$ 的时间，所以 T2 = 8s；T3 为 $t_1 + t_2 + t_1 + t_2$ 的时间，所以 T3 = 10s。因此，其梯形图如图 17-14 所示。

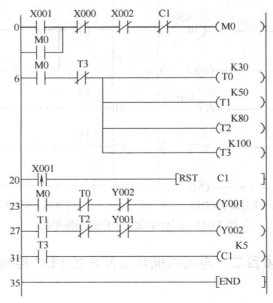

图 17-14 电动机循环正反转的梯形图

步骤2：系统接线。

根据系统控制要求，其系统接线图如图17-15所示。

步骤3：系统调试。

（1）输入程序　通过计算机将图17-14所示的梯形图正确输入PLC中。

（2）静态调试　按图17-15a所示的PLC的I/O接线图正确地连接好输入设备，进行PLC的模拟静态调试。按下起动按钮（X1）后，Y1亮3s后熄灭2s，然后Y2亮3s后熄灭2s，循环5次，在此期间，只要按停止按钮或热继电器动作，都将全部熄灭。观察PLC的输出指示灯是否按要求指示，否则，检查并修改程序，直到指示正确。

（3）动态调试　按图17-15a所示的PLC的I/O接线图正确连接好输出设备，进行系统的空载调试。观察交流接触器能否按控制要求动作，否则，检查电路或修改程序，直到交流接触器要求动作；再按图17-15b所示的主电路图连接好电动机，进行带载动态调试。

（4）修改、打印并保存程序　动态调试正确后，练习删除、复制、粘贴、删除连线、程序传送、监视程序、设备注释等操作，最后，打印程序（指令表及梯形图）并保存程序。

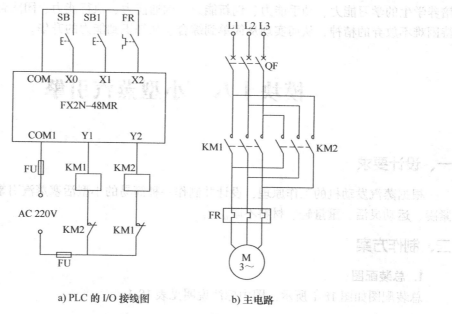

a) PLC 的 I/O 接线图　　　　b) 主电路

图17-15　电动机循环正反转的系统接线图

第四单元　综合创新实践

对工科学生而言，参加综合创新训练是全面提高学生素质的必由之路。本单元以"小型蒸汽引擎"与"自动寻迹无碳小车"为例，详细分析了其设计思想、制作方案及加工方法。目的是使学生建立起设计制造的整体概念，启发和培养学生工程创新意识和实践能力。

通过本单元两个例子的制作，能让学生运用已掌握的知识与信息，学会用多学科交叉融合的视角去独立思考，不断地突破常规、发现问题、解决问题；在"做中学""学中做"，培养学生的学习能力、动手能力、创新能力、沟通能力、执行能力、团队合作能力，以及对待困难不放弃的精神，从而实现从简单到综合、从知识到能力的升华。

模块十八　小型蒸汽引擎

一、设计要求

根据蒸汽发动机的工作原理，设计并制作一种简易的小型活塞蒸汽引擎，要求结构简单紧凑、运动灵活、重量轻、材料不限。

二、制作方案

1. 总装配图

总装配图如图 18-1 所示，图中标注说明见表 18-1。

表 18-1　总装配图标注说明

项　　次	名　　称	材料与规格	数　　量
1	锅炉主体	马口铁易拉罐（190mL），也可自制锅炉	1个
2	注水口衬套	胶皮圈	2个
3	注水口封盖	M6×10 螺钉	1个
4	排气阀	φ10mm 青铜棒料	1根
5	排气管	铜管 φ3mm×15mm	2个
6	硅胶管	φ3mm×60mm	1根
7	螺栓	M6×30	1个
8	弹簧	φ8mm×20mm	1根
9	基板	24mm×112mm×2mm 铜片	1个
10	气缸基座	15mm×30mm×3mm 铜片	1个

（续）

项 次	名 称	材料与规格	数 量
11	气缸	10mm 六角棒（青铜）	1 根
12	活塞及连杆	ϕ8mm 棒料（青铜）	1 根
		ϕ3mm ×45mm 青铜丝	1 根
13	曲柄轴	ϕ4mm ×29mm 不锈钢丝	1 根
		ϕ3mm ×12mm 青铜丝	1 根
		ϕ20mm 棒料（青铜）	1 根
14	枢轴	ϕ8mm 棒料（青铜）	1 根
15	飞轮	ϕ40mm 棒料（青铜）	1 根
		ϕ10mm 棒料（青铜）	1 根
16	底座	有机玻璃	1 块
17	螺钉	M3	6 个
18	支撑架	0.5mm 铜片	1 个
19	防风罩	0.5mm 铜片	1 个

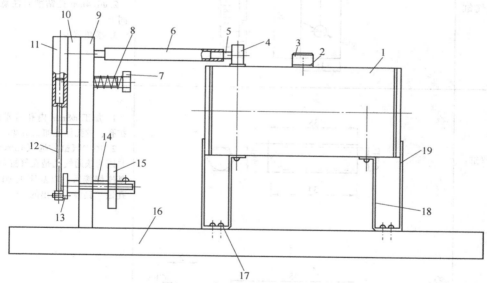

图 18-1　小型蒸汽引擎总装配图

2. 零件图与加工要点

零件图与加工要点见表 18-2。

表 18-2　零件图与加工要点

项次、名称	零 件 图	加工要点
4. 排气阀	ϕ3.2　ϕ8 16　1　5　5　14 ϕ4　ϕ8$_{-0.05}^{0}$	1.ϕ4mm 孔用车床钻孔，注意控制钻孔深度。 2.ϕ3.2mm 孔用钻床，注意该零件较小不宜夹紧。另外在曲面上钻孔，容易出现钻孔引偏，如果用"钻模"为钻头导向，可以减少钻孔开始的引偏

（续）

项次、名称	零 件 图	加工要点
9. 基板	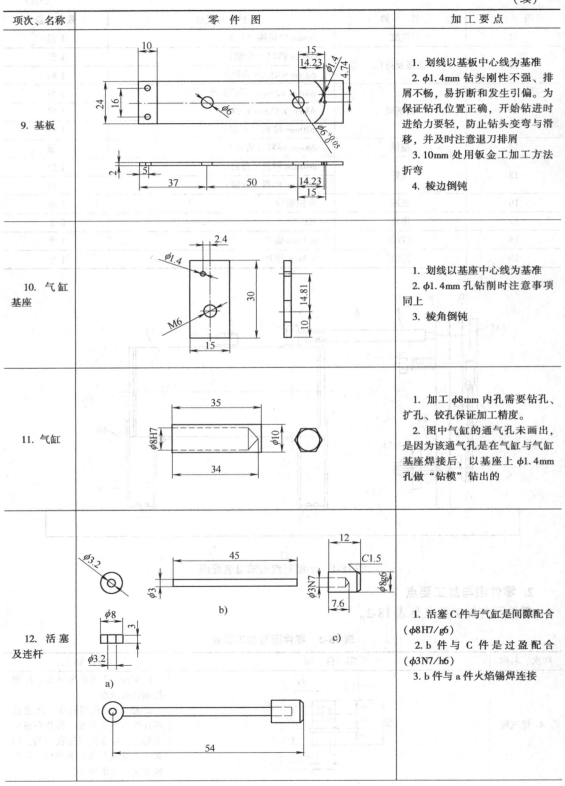	1. 划线以基板中心线为基准 2. φ1.4mm 钻头刚性不强、排屑不畅，易折断和发生引偏。为保证钻孔位置正确，开始钻进时进给力要轻，防止钻头变弯与滑移，并及时注意退刀排屑 3. 10mm 处用钣金工加工方法折弯 4. 棱边倒钝
10. 气缸基座		1. 划线以基座中心线为基准 2. φ1.4mm 孔钻削时注意事项同上 3. 棱角倒钝
11. 气缸		1. 加工 φ8mm 内孔需要钻孔、扩孔、铰孔保证加工精度。 2. 图中气缸的通气孔未画出，是因为该通气孔是在气缸与气缸基座焊接后，以基座上 φ1.4mm 孔做"钻模"钻出的
12. 活塞及连杆		1. 活塞 C 件与气缸是间隙配合（φ8H7/g6） 2. b 件与 C 件是过盈配合（φ3N7/h6） 3. b 件与 a 件火焰锡焊连接

（续）

项次、名称	零件图	加工要点
13. 曲柄轴	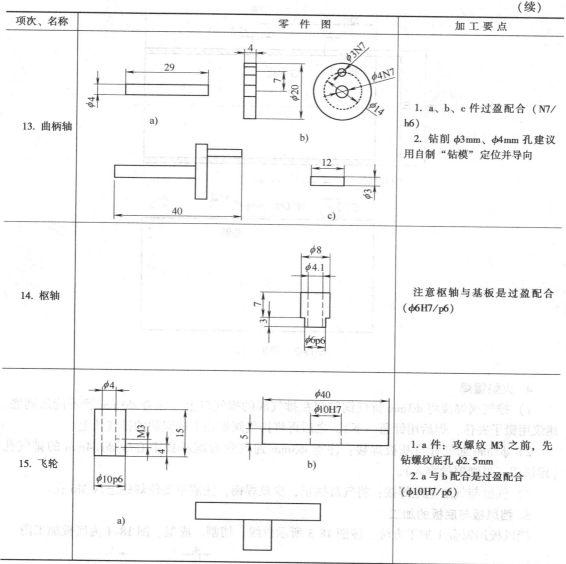	1. a、b、c 件过盈配合（N7/h6） 2. 钻削 ϕ3mm、ϕ4mm 孔建议用自制"钻模"定位并导向
14. 枢轴		注意枢轴与基板是过盈配合（ϕ6H7/p6）
15. 飞轮		1. a 件：攻螺纹 M3 之前，先钻螺纹底孔 ϕ2.5mm 2. a 与 b 配合是过盈配合（ϕ10H7/p6）

3. 锅炉主体加工

锅炉主体如图 18-2 所示，加工要点如下：

1）排气孔与注水口加工：用立体划线，划出排水孔与注水口的位置，用样冲预先在排气孔与注水口位置敲小洞，之后钻排气孔（ϕ5mm 钻、ϕ8mm 扩），将易拉罐的液体用针管吸出，完成排气孔加工；用 ϕ5.2mm 钻头在注水口位置钻注水口，用 M6 丝锥攻螺纹，即完成注水口加工。

2）将排气阀焊在锅炉的排气孔上。

3）测试锅炉密封性：给注水口注水约 190mm，拧紧注水口封盖，检验锅炉是否漏气（锅炉放入水中，用针筒向锅炉排气管打气，看排气孔与注水口是否有气泡出来）。

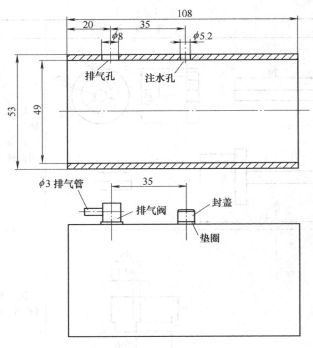

图 18-2　锅炉主体

4. 火焰锡焊

1）排气阀焊接将 $\phi3$mm 排气铜管焊在排气阀的排气口上（注意 $\phi3$mm 管不能通到底，建议用镊子夹住，焊后用针通一下），之后再将排气阀焊在上述锅炉的排气孔上。

2）$\phi3$mm 通气管与基板焊接：注意 $\phi3$mm 通气管对准基板中心线 $\phi1.4$mm 的排气孔（建议用一根细钢丝穿入）。

3）气缸与气缸基座焊接：将气缸摆正，少放焊锡，注意不要使焊锡进入 M6 孔。

5. 挡风板与底板的加工

挡风板用钣金工加工方法，按图 18-3 所示放线、切割、成型。图 18-4 为底板加工图。

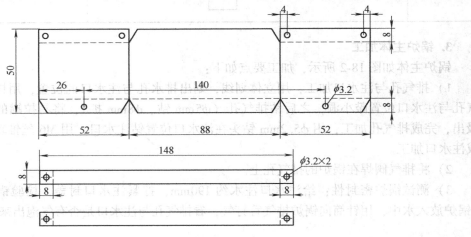

图 18-3　挡风板

6. 组装与调试

根据总装配图（见图 18-1），首先组装小型蒸汽引擎的机械传动部分（7、8、9、10、11、12、13、14、15），组装完成后需要对其进行驱动、调试与磨合（可以先用压缩空气替代蒸汽驱动）。注意气缸基座与基板接触面一定要磨平，否则漏气。然后组装锅炉与底座（1、2、3、4、6、16、17、18、19）。

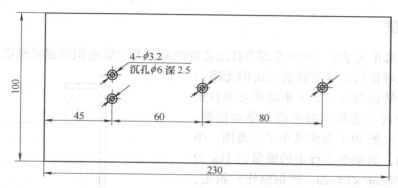

图 18-4 底板加工图

7. 小型蒸汽引擎实验

将锅炉注满水，点燃其下的酒精棉，加热锅炉直到有蒸汽出来，给飞轮一点动力，蒸汽将推动活塞往复运动，再通过曲柄连杆机构把活塞的往复运动转化成旋转运动，以此可以用来推动各种设备做功。实物作品如图 18-5 所示。

图 18-5 实物作品

三、作品特点

1）造价低廉，有创意。
2）结构简单、紧凑，拆装方便。
3）外形小巧、重量轻，几乎不需要润滑油。
4）较少的运动部件，包含了多种加工方法。
5）增强学生的制作热情，激发学生再进一步创新的欲望。

模块十九　自动寻迹无碳小车

一、技术背景

第五届上海市大学生工程训练综合技能竞赛的命题为"轨迹识别螺线赛道常规赛"，要求设计一种能够按指定赛道轨迹行走的无碳小车，根据能量转换原理，小车驱动动力来自重力势能，小车的寻迹转向由电动机驱动控制。具体要求如下：图 19-1 为无碳小车示意图，小车为三轮结构，驱动小车行走的能量由 1kg 的标准砝码（φ50mm×65mm，碳钢制作）给定，砝码的起始高度为（400±2）mm。

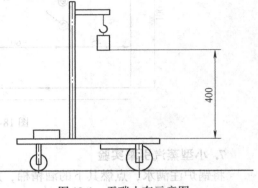

图 19-1　无碳小车示意图

图 19-2 所示为轨迹识别螺线赛道，所有黑色线条均为宽 20mm。要求小车在重力势能的驱动下，用电器元件控制小车能够追寻黑色的轨迹线，自动从外向内前行。小车在前行过程中，后轮只能在两轨迹线间运动，以后轮压线处，或小车翻倒时，后轮的位置作为小车行驶路程终点的位置来计算成绩。

电气控制部分所用电能来自规定的电池：电池型号为 14500，即磷酸铁锂电池，数量 2 节，电压为 3.2V/节，容量为 1200mA·h，其他电器元件以及光电检测装置不限，自行选择。

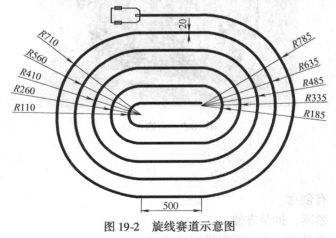

图 19-2　旋线赛道示意图

二、提交文件要求

1）小车装配图：1 幅、要求标注所有小车零件（A3 纸 1 页）。

2）装配爆炸图：1 幅（所用三维软件自行选用，A3 纸 1 页）。

3）转向控制电路图：1 幅（A4 纸 1 页）。

4）设计说明书：1 份（A4 纸不少于 10 页）。

三、小车设计过程

（一）技术分析

1. 自动寻迹无碳小车

本次竞赛"一等奖"作品如图 19-3 所示。

图 19-3　自动寻迹无碳小车竞赛一等奖作品

2. 小车设计流程

小车设计流程如图 19-4 所示。在小车的设计过程中，需要在满足小车基本功能的前提下，综合考虑材料、加工以及制造成本等多方面的因素，同时需要综合考虑机械结构和电气系统，这样才能让小车的设计更加具有系统性、完整性、规范性和创新性。

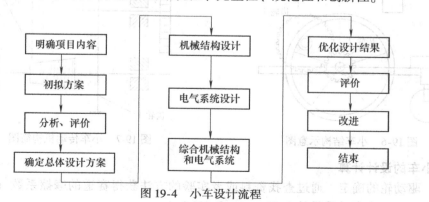

图 19-4　小车设计流程

通过对寻迹赛道特点以及小车寻迹功能的分析，为了简化小车的机械结构和便于小车拆卸，此处根据小车所要完成的功能将小车划分为五个部分进行模块化设计（此结构供参考）。设计框图如图 19-5 所示。

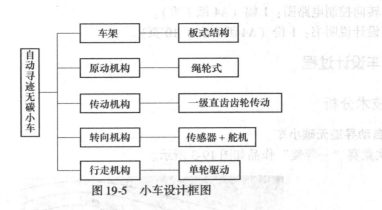

图 19-5　小车设计框图

（二）技术方案

1. 小车机械结构设计方案（参考）

根据能量转换原理，设计一种可将重力势能（给定的）转换为机械能并可用来驱动小车行走的装置。为了使 1kg 砝码从 400mm 高度落下时，小车行走路程最长，转弯平稳可靠，应尽量选择最简单的传动结构，减少轴承直径，充分润滑，增大轮子半径，因此，拟采用一级直齿齿轮进行减速。图 19-6 所示为小车结构，图 19-7 为小车传动机构简图。将绕线套与齿轮 1 固连在轴 1 上，将齿轮 2 与后轮固连在轴 2 上，重物下落，通过缠绕线带动绕线轴和齿轮 1 旋转，进而带动齿轮 2 和后轮旋转，从而推动小车前行。

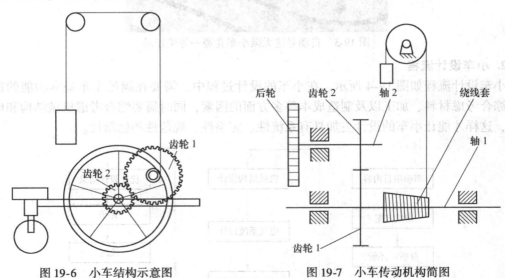

图 19-6　小车结构示意图　　　　图 19-7　小车传动机构简图

2. 小车的设计计算

（1）驱动轮的确定　通过查找资料或者实验的方法获得赛道的摩擦系数（此处假设摩擦系数为 0.06，小车总质量约 1.7kg，$g = 9.8$N/kg）。

先忽略绕线轴的大小，假设重物直接绕在齿轮轴上，粗略计算重物下落 400mm，小车走完全程时的小车后轮大小，同时通过实验，获得保证小车能在赛道最小弯道处平稳转弯的后轮大小。综合考虑两种因素，初步确定驱动轮直径 $D = 150$mm。

（2）绕线轴尺寸的计算　要使小车前行，则驱动轮力矩 > 摩擦力矩，小车后轮受力分析如图 19-8 所示。

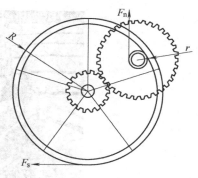

$$F_n r > F_s R$$

$$r > \frac{F_s R}{F_n} = \frac{1.7 \times 75 \times 0.06 \times 9.8}{1 \times 9.8} \text{mm} = 7.65 \text{mm}$$

考虑到小车速度不宜过快，且避免与其他零件发生干涉，初选 $r = 8 \text{mm}$。

（3）齿轮传动比的确定　赛道总长由圆弧段和直线段构成，圆弧段是以公差为 150mm 的等差数列依次减小，中段直线有 11 段，重物下落总高度 $h = 400 \text{mm}$。所以

图 19-8　小车后轮受力分析

$$l = \frac{5\pi(775 + 175) + 5\pi(700 + 100)}{2} \text{mm} + 500 \times 11 \text{mm} = 19237.5 \text{mm}$$

输出轴的转动圈数为

$$n_2 = \frac{l}{2\pi R} = \frac{19237.5}{2\pi \times 75} = 40.8$$

输入轴的转动圈数为

$$n_1 = \frac{h}{2\pi r} = \frac{400}{2 \times 3.14 \times 8} = 7.96$$

传动比为

$$i = \frac{n_1}{n_2} = \frac{40.8}{7.96} = 5.13$$

由于在寻迹过程中，小车并不按直线行走，而是靠不停地寻迹、摆动行走，因此，实际行走距离大于赛道总长 $l = 19.24 \text{m}$，据此适当增加传动比，所以选择齿轮参数如下：大齿轮齿数 $z_1 = 100$；小齿轮齿数 $z_2 = 17$；传动比 $i = 5.88$。齿轮具体参数见表 19-1。

表 19-1　齿轮参数

齿　轮	大　齿　轮	小　齿　轮
齿数	100	17
模数	1	1
压力角	20°	20°

（三）小车加工过程的注意事项

1）保证轴承孔的加工精度。

2）保证齿轮轴的位置精度，保证两齿轮在分度圆上啮合。

3）底板可先采用激光加工，检查其他零件组装后是否有干涉现象，如果功能正确，再采用铝合金材料进行加工。

4）对精度要求不高的零件，可采用 3D 打印的方式进行加工，节约加工成本，提高制造效率。

（四）小车总体实物图

小车总体实物图如图 19-9 所示。

a)   b)

图 19-9　小车总体实物图

（五）小车电气系统设计（参考）

1. 电器元件的选择

（1）循迹传感器　采用 4 组红外光电反射传感器模块。该传感器模块对环境光线的适应能力强，具有一对红外线发射与接收管。发射管发射出一定频率的红外线，当检测方向遇到反射面时，红外线反射回来被接收管接收，经过比较器电路处理之后，绿色指示灯会亮起，同时信号输出接口输出数字信号（一个低电平信号），有效距离范围为 2～30cm。检测角度为 35°，检测距离可以通过电位器进行调节，顺时针调电位器，检测距离增加；逆时针调电位器，检测距离减少。传感器主动红外线反射探测，因此目标的反射率和形状是探测距离的关键。其中黑色探测距离最小，白色最大；小面积物体距离小，大面积距离大。该传感器模块比较器采用 LM393，工作稳定。模块可采用 3～5V 直流电源对模块进行供电。该传感器的探测距离可以通过电位器调节、具有干扰小、便于装配、使用方便等特点。

（2）转向控制器件　采用金属齿模拟舵机控制转向。它由直流电动机、减速齿轮组、传感器和控制电路组成的一套自动控制系统。舵机是一种位置（角度）伺服的驱动器，适用于角度不断变化并可以保持的系统。控制信号由接收机的通道进入信号调制芯片，获得直流偏置电压。它内部有一个基准电路，产生周期为 20ms、宽度为 1.5ms 的基准信号，将获得的直流偏置电压与电位器的电压比较，获得电压差输出。最后，电压差的正负输出到电动机驱动芯片决定电动机的正反转。当电动机转速一定时，通过级联减速齿轮带动电位器旋转，使得电压差为 0，电动机停止转动。可以设置 1.5ms 的外部脉冲信号作为舵机 0° 偏转的基准，当外部信号在 0.5～2.5ms 内变化时，舵机相应在 ±90° 范围内变化，从而带动小车做相应的转弯运动。

（3）电信号控制器件　555 定时器是综合了数字电路与模拟电路特点于一身的集成电路，在一些与时间相关的电路上得到广泛的应用。因为外围电路简单，所以成本极低。这里，可以使用 555 定时器接成单稳态触发电路，如图 19-10a 所示，负脉冲触发，脉冲宽度 $T_W = 1.1RC$。使用 555 定时器接成多谐振荡电路，如图 19-11a 所示，其中振荡周期 $T = 0.7(R_1 + 2R_2)C$，$T_1 = 0.7(R_1 + R_2)C$，$T_2 = 0.7R_2C$。

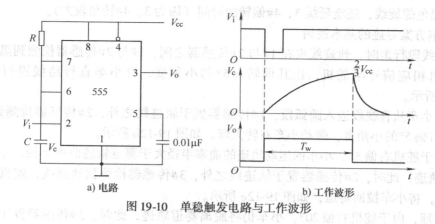

a) 电路　　　　　　　　　　b) 工作波形

图 19-10　单稳触发电路与工作波形

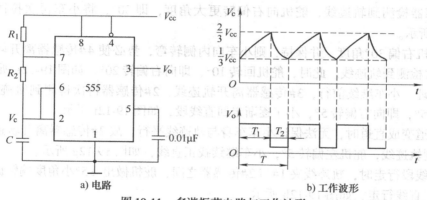

a) 电路　　　　　　　　　　b) 工作波形

图 19-11　多谐振荡电路与工作波形

（4）逻辑控制器件　采用 74CS32N "或"门、CD4068BE "非"门逻辑控制器件。反相器 CD4068BE 是逻辑电路的基本单元。非门有一个输入端和一个输出端。当其输入端为高电平（逻辑 1）时，输出端为低电平（逻辑 0），当其输入端为低电平时，输出端为高电平。也就是说，输入端和输出端的电平状态总是反相的。"非"门的逻辑功能相当于逻辑代数中的"非"，电路功能相当于反相，这种运算亦称"非"运算。几个条件中，只要有一个条件得到满足，某事件就会发生，这种关系叫作"或"逻辑关系。具有"或"逻辑关系的电路叫作"或"门。"或"门有多个输入端、一个输出端，只要输入中有一个为高电平（逻辑 1）时，输出就为高电平（逻辑 1）；只有当所有的输入全为低电平（逻辑 0）时，输出才为低电平（逻辑 0）。这里，使用这两个逻辑芯片构成小车循迹逻辑。

2. 寻迹逻辑控制

（1）红外对管传感器布置逻辑　综合考虑赛道内外圈曲率半径的不同，结合小车转弯的特点，经过实验测试，合理布置 4 路传感器在小车上的位置，以保证每次舵机的转向只有一组传感器控制。

由于红外对管的检测角度为 35°，每两个红外对管的距离为 29mm，为确保每次只有一路红外对管检测到信号并发出 PWM 信号。1# 与 3# 红外对管与小车前端平齐，而 2# 突出小车前端 10mm 是为了提高 2# 红外对管的检测灵敏度。同时，将 4# 红外对管布置在小车右下侧。这样不仅可以确保小车在 1、2、3# 检测转弯时不会因为转弯角度过大而使 4# 红外对管检测到旁边的黑色螺旋线，还能延缓 3、4#偏转的时间（因为 3、4#转角较大）。

（2）本方案寻迹的基本逻辑

1）直线段行走时，轨迹线夹在 1#与 2#传感器之间，1#与 2#传感器检测到黑色的轨迹线，便发出相应信号给舵机，让其偏转 ±5°的小角度，对小车直行路线进行微调，如图 19-12a 所示。

2）当小车从直线段进入圆弧段，1#传感器置于轨迹线之外，2#传感器检测到轨迹线，舵机始终右偏 5°的小角度，带动小车右转大弯，如图 19-12b 所示。

3）由于舵机右偏 5°，小车的运动轨迹的曲率半径大于赛道轨迹曲率半径，小车将向外脱离赛道轨迹，此时，2#传感器置于轨迹线之外，3#传感器检测到轨迹线，舵机始终右偏 20°的角度，将小车拉回赛道，如图 19-12c 所示。

4）同理，由于舵机右偏 20°，小车仍将脱离赛道轨迹，此时，3#传感器置于轨迹线之外，4#传感器检测到轨迹线，舵机向右偏转更大角度，即 30°，将小车再次拉回赛道，如图 19-12d 所示。

5）舵机右偏 30°角度，并保持，则小车向内侧转弯，势必使 4#传感器离开轨迹线，3#传感器再次检测到轨迹线。此时，舵机回转 10°，即向右偏转 20°，如图 19-12e 所示。

6）同理，小车继续前行，3#传感器离开轨迹线，2#传感器再次检测到轨迹线。此时，舵机回转 15°，即向右偏转 5°，小车逐渐走回直线段，如图 19-12f 所示。

7）弯道变成直道时，无法保证小车车身与轨迹线平行，故 2#传感器离开轨迹线，1#传感器检测到轨迹线，舵机左偏转 5°，小车继续找正直线，如图 19-12g 所示。

8）直线段行走时，轨迹线夹 1#与 2#传感器之间，舵机做出 ±5°小角度偏转调整，让小车继续找正直线行走，如图 19-12h 所示。

3. 舵机转向逻辑（见表 19-2）

表 19-2　舵机转向逻辑一览表

舵机序号				转　向
1#	2#	3#	4#	
√				左转 5°
	√			右转 5°
		√		右转 20°
			√	右转 30°

当 1#红外对管传感器检测到黑色螺旋线时（意味着小车已经向右偏离了黑色螺旋线），触发第一路 555 延时电路，将电平信号延长，随后触发 555PWM 脉宽调制电路，使得舵机转到相应的预先设置好的角度。其中，延时电路的使用是保证舵机有足够的时间转至相应角度。舵机转到相应角度的过程主要分为以下几步：首先，舵机在获得脉冲信号时开始转向；接着，计算舵机转过角度与预先设置好的角度的偏差；然后，在脉宽范围内再次向预先设置好的角度进行偏转，来逼近该角度；接下来，继续计算，继续偏转，直到舵机转过角度与预先设置好的一致，这时舵机才完成偏转的任务。因此，第一路 555 延时电路的作用就是保证舵机有足够的时间转至相应角度。当然，延时时间不能过长，若长时间延时则会造成另一路传感器检测到黑色螺旋线时同时发出一个 PWM 信号，造成信号紊乱。

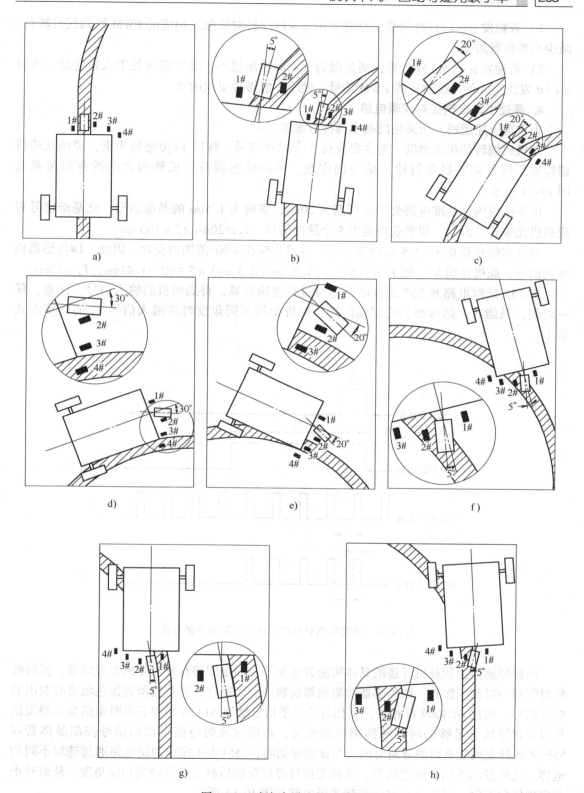

图 19-12　本方案寻迹的基本逻辑

1）若触发 $n-1$#红外对管，则舵机由 $n-1$#红外对管触发相应的 PWM 回调舵机转角，减少小车转弯角度。

2）若触发 $n+1$#红外对管，则是因为 $n-1$#转角过小，此时应该处于大转弯处，则由 $n+1$# 发出更大的角度对应的 PWM 信号，使小车能够转更大的弯。

4. 寻迹小车电气控制逻辑电路

为实现上述逻辑，所采用的基本器件方案如下：

舵机要偏转到相应角度，至少要获得 5 个脉冲信号。现以 1#传感器为例，说明从传感器检测到信号到舵机获得输入信号的实现。单路传感器与舵机转向之间的逻辑关系如图 19-13 所示。

由于舵机内部基准电路会产生周期为 20ms、宽度为 1.5ms 的基准信号，此基准信号对应舵机无偏转。因此，要想获得至少 5 个脉冲信号，$T_2 \geqslant 20\text{ms} \times 5 = 100 \text{ ms}$。

当外部信号在 0.5～2.5ms 内变化时，舵机相应在 ±90° 范围内变化。因此，1#传感器检测到信号，舵机左偏 5°，则 $T_3 = 1.5\text{ms} - (1.5 \text{ ms} - 0.5 \text{ ms}) \times 5 \div 90 \approx 1.44\text{ms}$，$T_4 = 20\text{ms}$。

将 555 延时电路和 555 脉冲电路信号进行逻辑运算，得到舵机的输入信号。注意，任一时刻，只能有一路传感器检测到信号。舵机偏转不同角度时的输入信号 T_3 的计算方式如上。

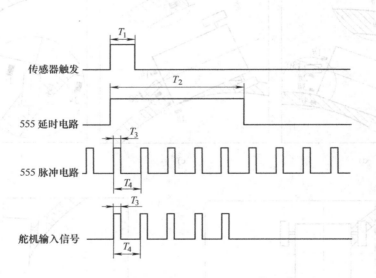

图 19-13　单路传感器与舵机转向之间的逻辑关系

四路传感器控制舵机寻迹的具体实施方案如下：固定四路红外对管的放置位置，使得红外对管同一时刻只能有一路传感器检测到螺旋轨迹。该路红外对管检测到黑色轨迹时发出的电平信号，通过 CD4069 反相器，反相后的电平信号触发 NE555 单稳态延时电路延长触发信号以确保舵机有足够的时间转到响应的角度，再通过延时电路发出的信号控制晶体管对 555PWM 脉宽调制电路的导通时间。当该路导通时，555PWM 脉宽调制电路通过选取不同的电容、电阻发出不同的脉宽信号，该脉宽信号经过反相后触发舵机转到相应角度，从而对小车实现转向控制。寻迹小车电气控制逻辑电路如图 19-14 所示。

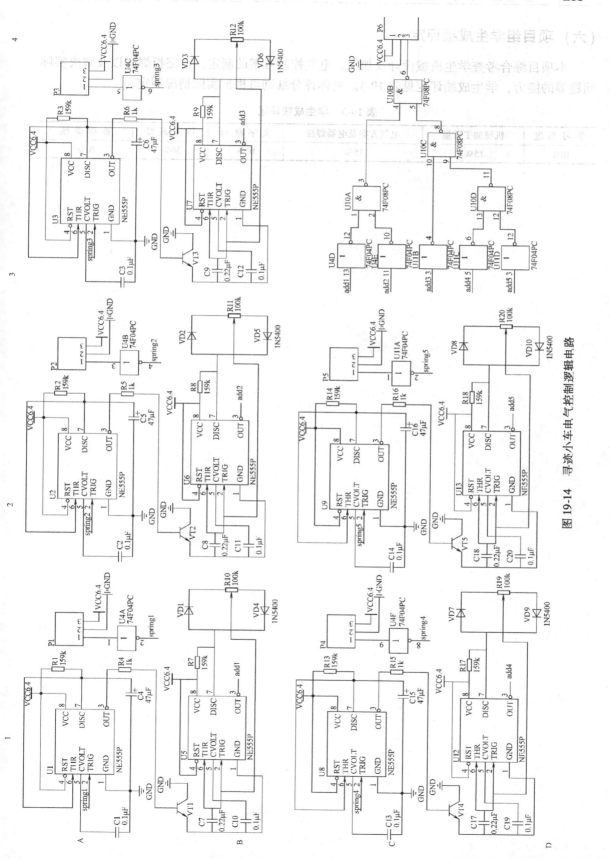

图 19-14 寻迹小车电气控制逻辑电路

（六）项目组学生成绩评定

本项目综合考查学生机械设计及加工、电气控制方案的制定、电路板焊接以及解决实际问题等的能力，学生成绩评定见表19-3。具体评分细则可根据实际情况制定。

表 19-3　学生成绩评定

学 习 态 度	机械加工质量	电气方案及电器焊接	文 字 材 料	寻 迹 成 绩	答 辩 成 绩
10%	15%	15%	10%	30%	20%

参 考 文 献

[1] 丁晓东. 上海市普通高等学校工程实践教学规程 [M]. 北京：机械工业出版社，2014.

[2] 傅水根，等. 机械制造工艺基础 [M]. 3 版. 北京：清华大学出版社，2010.

[3] 胡忠举，宋昭祥. 现代制造工程技术实践 [M]. 3 版. 北京：机械工业出版社，2014.

[4] 龚仲华. 数控技术 [M]. 2 版. 北京：机械工业出版社，2010.

[5] 黄纯颖，等. 机械创新设计 [M]. 北京：高等教育出版社，2004.

[6] 李绍军. 焊工工种操作实训 [M]. 哈尔滨：哈尔滨工业大学出版社，2009.

[7] 潘晓弘，陈培里. 工程训练指导 [M]. 杭州：浙江大学出版社，2008.

[8] 高琪，等. 金工实习教程 [M]. 北京：机械工业出版社，2012.

[9] 高琪，等. 金工实习核心能力训练项目集 [M]. 北京：机械工业出版社，2012.

[10] 张德勤，等. 金工实习教程 [M]. 北京：电子工业出版社，2015.

[11] 周燕飞. 现代工程实训 [M]. 北京：国防工业出版社，2010.

[12] 约瑟夫·迪林格，等. 机械制造工程基础 [M]. 杨祖群，译. 长沙：湖南科学技术出版社，2010.

[13] Michael Fitzpatrick. 机械加工技术 [M]. 卜迟武，等译. 北京：科学出版社，2009.

[14] Steve F. Krar. 机械加工设备及应用 [M]. 段振云，等译. 北京：科学出版社，2009.

[15] 胡庆夕，等. 快速成形与快速模具实践教程 [M]. 北京：高等教育出版社，2011.

[16] 陈雅萍. 电子技能与实训——项目式教学：基础版 [M]. 北京：高等教育出版社，2007.

[17] 胡学林. 可编程控制器教程：实训篇 [M]. 北京：电子工业出版社，2005.

[18] 晏永红，等. 电工电子与控制技术实训与学习指导 [M]. 天津：天津大学出版社，2011.